Hans Eberspächer

MOTORRADFAHREN

mental trainiert

Gutes Fahren beginnt
im Kopf

Hans Eberspächer

MOTORRADFAHREN *mental trainiert*

Gutes Fahren beginnt im Kopf

MOTORRAD
Europas größte Motorradzeitschrift

Motorbuch Verlag

Einbandgestaltung: Luis dos Santos unter Verwendung eines Motivs von Dave Purves

Bildnachweis: Alle Bilder stammen, sofern nicht anders angegeben, vom Autor.

ISBN 978-3-613-03388-7

1. überarbeitete Auflage 2012

Sie finden uns im Internet unter www.motorbuch-verlag.de

Lektorat: Joachim Köster
Innengestaltung: Ralf Weinreich, ERWE-WERBUNG
Druck und Bindung: Lego SpA, 36100 Vicenza
Printed in Italy

Inhaltsverzeichnis

Vorwort

Helmut Dähne

Viel gibt es zu lesen zu Themen rund ums Motorrad. Braucht da die Motorradwelt noch ein Buch, das uns aus Sicht eines Sportpsychologen zu besseren Fahrern machen soll? Diese Frage stellte ich mir, als mich Hans Eberspächer fragte, ob ich ein Vorwort zu seinem neuen Buch schreiben würde. Ich kenne den Autor schon geraume Zeit. In sehr vielen Lehrgängen des MOTORRAD-action-teams haben wir zusammengearbeitet und sind auch die eine oder andere Runde auf der Nordschleife zusammen gefahren. Ich spreche ihn selten mit seinem Vornamen an. Meist rede ich ihn mit Prof. oder Herr Professor an. Das halte ich auch hier im Vorwort so. Seine Vorträge höre ich mir bei den Fahrertrainings an, wann immer ich kann, denn sie sind absolut hörenswert. So sagte ich dem Professor das Vorwort zu, ohne zu zögern. Etwas skeptisch war ich dann schon ob der Frage des Stoffes, der, theoretisch abgehandelt, so ein Buch schnell anstrengend werden lässt. Um es vorwegzunehmen: Dieses Buch ist eine erfrischende Mischung aus theoretischem Hintergrund und praxisnahen Anleitungen. Meine Befürchtung, das Buch würde von vorne bis hinten in die tiefsten Tiefen der Psychologie vordringen, waren schnell ausgeräumt. Der Professor schreibt, wie er als Motorradfahrer mit Motorradfahrern spricht, und Psychologie ist nicht das einzige Thema!

Das Buch widmet sich umfassend dem Thema Motorrad und dem, der es fährt – dem Menschen. Seine Unzulänglichkeiten bei der Handhabung des Gerätes deckt es auf und beschreibt, wie man besser und vor allem sicherer handelt. Es geht dabei nicht nur um die Bewegung mit dem Motorrad. Es geht auch um die Basics. Welches Fahrzeug kaufe ich mir? Was passt zu dem Menschen, der ich bin? Gleiches gilt für die Bekleidung: Leder oder Stoff? Welches Schuhwerk zum Piloten und seinem Motorrad passt, wird ebenso beleuchtet wie die Sitzposition mit Einstellung der Hebelei. Die Seiten strotzen nur so vor praktischen Tipps und vor allem Trainingsvorschlägen. Bremse ich richtig? Wie verbessere ich mich? Die Abläufe werden dann wieder psychologisch untermauert.

Für Einsteiger oder weniger erfahrene Zweirad-Piloten ist dieses Buch in meinen Augen ein Muss! Erfahrene können darin ein Erfolgserlebnis abfeiern, wenn ihnen dieses Buch zeigt, dass sie schon immer so verfahren, wie der Professor dies empfiehlt. Eine Gruppe von Motorradfahrern, für die das Buch besonders wichtig wäre, ist allerdings schwer erreichbar. Das ist die nicht kleine Gruppe derer, die sehr unsicher unterwegs ist, dies aber selbst gar nicht erkennt. Sie lebt besonders gefährlich! Weil diese Gruppe sich ihrer Fahrweise aber gar nicht so bewusst ist, wird sie in diesem Buch keinen Bedarf sehen und es auch nicht lesen. Man sollte testen, ob man selbst zu dieser Gruppe gehört! Wie? Eigentlich sehr einfach. Man muss sich nur aufmersam selbst beobachten. Stellt man häufige Korrekturen seiner Linie fest, hat man Fehler gemacht, denn jeder Korrektur geht ein Fehler voraus. Sonst wäre die Korrektur nicht nötig gewesen. Nicht mehr so einfach gestaltet sich der Selbsttest, wenn man keine Korrekturen feststellt. Menschen sind selbstgefällig. Zu schnell hält man sich für den perfekten Rider. Weil es den aber nicht gibt, hat man an seiner Selbsteinschätzung etwas falsch gemacht. Das kann gefährlich werden! Gut wäre in so einem Fall, mal die Freunde hinterherfahren zu lassen und sich deren Beurteilung anzuhören. Werden schließlich Fehler bewusst, stellt sich noch die Frage nach Häufigkeit und Gewichtung. Eine nicht ideal erwischte Kurve ist immer mal drin.

Mehrere kleine Linienfehler auf einer Fahrt sind auch noch kein Beinbruch. Jedem Adrenalinstoß ging aber ein schwerer Fehler voraus. Davon sollte man eigentlich keinen haben. Schnell wird so ein Fehler auch mal irreparabel! Stellt man auf mehreren Fahrten einen oder gar mehrere solcher negativen Highlights an sich fest, ist die Frage unumgänglich: »Warum mache ich diese Fehler?«

Hat man darauf keine ehrliche eigene Antwort, findet man sie in diesem Buch. Die Methoden zur Fehlervermeidung beschreibt der Professor verständlich und locker – angenehm zu lesen. Die eingangs gestellte Frage ist damit beantwortet. »Ja, die Motorradwelt braucht dieses Buch!« Niemand sollte Hemmungen haben, es zu lesen. Niemand sollte sich für so gut halten, dass ihn der Inhalt nicht beträfe. Jeder findet sich an irgendeiner Stelle dieses Buches wieder. Viel Spaß bei der Suche.

Helmut Dähne

Sicher und entspannt Motorrad fahren ist auch Kopfsache

Hans Eberspächer

Irgendwann in den ersten 1980er Jahren nahm ich auf Einladung von Helmut Rebholz am damals noch in den Kinderschuhen steckenden Perfektionstraining von MOTORRAD auf dem Nürburgring teil. Weil ich beruflich als Sportpsychologe einschlägig vorbelastet war, bat er mich am Abend des ersten Tages um einen Vortrag vor den Teilnehmern über meine Sicht des Motorradfahrens. Aufgrund meiner damals recht überschaubaren Erfahrung konnte ich eher allgemeiner gehaltene Überlegungen vortragen, die mir aber, auch mit Unterstützung von Hans-Heinz Dilthey, die Tür für eine am Ende 25-jährige Mitwirkung zunächst als Teilnehmer, seit 1985 als Referent und Instruktor öffneten. Meine erste Instruktorin Margaretha Lingen, damals Pionierin im Straßenrennsport der Frauen, sprach mich nach den ersten Runden auf der Nordschleife auf mein Geeiere durch Kallenhart an, eine böse schwarze Rechts bergab: »Bergab in Kurven fährst Du nicht so gern, gell?« Recht hatte sie damit. Im Laufe der Zeit ging es dann aber immer besser, auch bergab, auch rechtsherum. Nicht zuletzt deshalb, weil ich in den Instruktoren des Perfektionstrainings Klasse-Fahrer, feine Kollegen und Freunde traf, bei denen es jede Menge zu lernen gab, sei es durch Abschauen, Beobachten, Fragen oder Hinterdreinfahren. Unendlich viel gelernt habe ich aber auch von den über die Jahre vielen Tausend Teilnehmern am Perfektionstraining, die ich beobachten, begleiten und mit ihren Fragen, Anliegen und Problemen beraten und coachen konnte.

Die Institution der Vorträge am ersten oder zweiten Abend gab mir über die Jahre Gelegenheit, Gedanken aus meiner Perspektive zum Motorradfahren vorzutragen nach dem Motto: »Gut sein, wenn´s darauf ankommt« oder »Wie organisiert man seinen Kopf so, dass der einen beim Motorradfahren unterstützt und nicht stört?« Mein Entspannungstraining wurde schnell zum festen nachgefragten Bestandteil des Perfektionstrainings. Auf die lockere Unterlippe, die sie dabei als wichtiges Entspannungssignal beim Fahren kennen lernen, sprechen mich Teilnehmer, wann immer ich sie irgendwo treffe, mit ziemlicher Sicherheit an.

In diesem Buch möchte ich eine Idee vom gelungenen Motorradfahren über das Zusammenführen eigener Motorrad-Erfahrungen mit meinem beruflichen Hintergrund vermitteln. Der hat sich im Laufe meiner Lehre und Forschung an der Universität Heidelberg um Fragen der mentalen Handlungssteuerung zentriert, in den letzten Jahren um Mentales Training. Zielgruppen waren zunächst Hochleistungssportler und ihre Trainer, die ich seit meiner Zeit als erster deutscher Sportpsychologe bei Olympischen Sommerspielen 1976 über fast drei Jahrzehnte in der Vorbereitung auf Weltmeisterschaften und Olympische Spiele rund um die Welt begleiten konnte. Später kamen Engagements im Profisport mit Tennisspielern, noch später auch bei Rennfahrern in der DTM, der Motorrad-WM und Formel 1 hinzu. Inzwischen beraten und coachen wir über den Sport hinaus nicht nur Führungskräfte in Trainings und in Projekten zur Personalentwicklung, sondern Leistungsträger in den unterschiedlichsten Branchen. In den letzten Jahren konnten wir mentale Trainingskonzepte für Patienten in der Rehabilitation entwickeln.

Heute, wo es für jeden Motorräder einfach so im Laden zu kaufen gibt, mit denen man vor zehn Jahren noch aussichtsreich internationale Rennen hätte bestreiten können, gilt mehr denn je: Die Schwachstelle, aber auch das Potenzial beim Fahren sitzt im Sattel des Motorrads. Zum Anfangen nach dem Stufenführerschein 85 PS? Ja klar, man will ja auch vorwärtskommen – locker über 200 km/h. Dies zu beherrschen, ohne sich selbst und andere zu gefährden, setzt einen klaren Kopf voraus, um zu verstehen, worauf man sich mit dem Motorrad einlässt. Man sollte die Faktoren kennen, die dabei eine Rolle spielen, und lernen, im »Psychotop Motorradfahren«, wie mein Freund Manfred Amelang es formulierte, mit ihnen stressfrei, sicher und entspannt umzugehen.

Hans Eberspächer

Dank

Das Konzept und die Gedanken dieses Buches sind Ergebnis meiner Beschäftigung mit dem Thema über lange Jahre. Vieles von dem, was ich geschrieben habe, muss ich noch weiter denken, manches bleibt offen, einiges wird nicht klar genug oder wenigstens so verständlich, wie es sein könnte. Daran weiterzuarbeiten bleibt eine Aufgabe, die ich gerne verantworte. Im Rückblick aber danke ich einigen ganz besonders aufgeschlossenen und sachkundigen Ansprechpartnern.

Mein Bruder Walter, mit dem ich viele Spätsommer durch Frankreich tourte, half mir aufs Motorrad und stand mir mit Rat und Tat anfangs zur Seite. Im MOTORRAD action team mit seinen Instruktoren des Perfektionstrainings und natürlich Erlend Brodbeck fand ich reichlich Lern- und Trainingsgelegenheit auf der Nordschleife. Von MOTORRAD ist mir Sigi Güttner seit jeher ein Vorbild in Sachen Einsatz wie Bescheidwissen. Yvonne Hertler mit ihrer Kollegin Katrin Sdun unterstützten mich engagiert und erfolgreich bei der Bilderrecherche.

Die Fotografen Markus Jahn, Dave Schahl fact, Stefan Wolf und Dennis Witschel fanden für vieles das richtige Bild. Friedemann Kirn, den ich seit den Zeiten des HB Racing teams kenne, und Graeme Browne von 2snap öffneten mir ihren Fundus. Mats Burgman bzw. Gine Lutz danke ich für ihren spontanen Kamera-Einsatz beim Perfektionstraining bzw. beim Endurotraining in Hechlingen, wo Manfred Spitz sachkundig agierte. Eine Reihe von Herstellern erleichterten mein Vorhaben. Besonderer Dank gilt hier Josefine Biedermann und auch Eberhard Andriuolo von BMW. Clemens Goth von Bridgestone bahnte mir so manchen Kontakt. Wolfgang Zanker, auch wenn heute bei der Daimler AG verantwortlich tätig, bewies einmal mehr, dass er eigentlich ein Motorradfahrer geblieben ist. Die Firma Held verlieh genauso bereitwillig aus ihrem Sortiment wie Sas-Tec-Chef Helmut Faidt oder Robin Stängle von Schwabenleder. Thomas Kuttruf von KTM, Kay Blanke von LOUIS, Alex Schönborn (Touratech) und Rudi Herzig

(Harley-Davidson) vermittelten ebenso unkompliziert wie sachkundig Bildmaterial wie Hans-Martin Riedel (MO), Anton »Toni« Sacher (REISEMOTORRAD), Guido Saliger (MOTORRADFAHRER), Till Kohlmey (TOURENFAHRER) und Martina Jonas vom Nitschke Verlag oder Matthias Haasper und Andre Vallese vom Institut für Zweiradsicherheit (IfZ).

Für seine Ideen und so manche Grafik danke ich meinem Sohn Ulf.

Meine Frau Jeanine hat als erfahrene Begleiterin einmal mehr unter Beweis gestellt, dass man trotz eines schreibenden und motorradfahrenden Ehemanns nicht vom Glauben an die Gelassenheit des Alltaglebens abfallen muss. Dafür danke ich ihr.

1. Motorradfahren – Balance zwischen Kopf, Körper und Maschine

Wie fahre ich mit dem Ding?
Wie kann ich mit diesem Ding so umgehen, dass ich auf der sicheren Seite entspannt unterwegs bin und dabei Spaß habe? Diese Frage beschäftigte mich im Umgang mit meinen Motorrädern von Anfang an. Auch im Regen wollte ich mich sicher fühlen, beim Bremsen Verzögerungswerte jenseits verschärften Ausrollens hinbekommen und nicht zuletzt stressfrei lockere Schräglagen genießen. Das dafür notwendige Rüstzeug aus der Fahrschule bleibt wahrscheinlich nicht nur mir eher als Magerkost Richtung Null-Diät in Erinnerung. Und Fahren nach dem Versuch-und-Irrtum-Prinzip führte mich, wie sicherlich viele andere auch, anfänglich öfter als nötig in prekäre Situationen, die sich mit der richtigen Anleitung leicht hätten vermeiden lassen. Fachsimpeln und Fahren mit anderen Motorradfahrern bot zweifellos immer schon Gelegenheiten zum Sammeln nützlicher Tipps und Erfahrungen für die Fahrpraxis. Weil aber Systematik hier noch nie als Richtschnur galt, musste man sich halt seinen Reim auf die vielfältigen, oft widersprüchlichen Ansichten und Einsichten immer wieder selbst machen. Gelegentlich saftiges Lehrgeld scheint als Teil dieser Art von Lern-Programm leider unvermeidbar. Heute kann man zur Verbesserung seines Könnens leichter denn je Fahrlehrgänge und -trainings, Sportfahrerlehrgänge, Rennstrecken- und Renntrainings aufsatteln, die weitergehende Lern- und Trainingsgelegenheiten bieten, für jedes Niveau, vom Anfänger bis zum Könner mit sportlichen Ambitionen.

Wer sich über die tägliche Praxis hinaus weiter in Grundlagen und Grundsätze zur Verbesserung seines Motorradfahrens vertiefen möchte, stößt allerdings auf ein ziemlich überschaubares

Angebot. Internet, Fachblätter, Buchhandlungen oder vielleicht sogar Bibliotheken bieten eher Technisches als Handfestes zum Lernen und Trainieren. Wissbegierige in anderen Freizeitaktivitäten und Sportarten haben es da entschieden leichter. Wer sich ein Surfbrett, oder ein Segelboot, aber auch Angelausrüstung, Skier, Golf- oder Tennisschläger und sonstiges Sportgerät bis hin zu Nordic-Walking-Stöcken angeschafft hat, findet reichlich Stoff, auch zwischen Buchdeckeln. Medien jeder Couleur bedienen zusätzlich in oft schier endlosen Serien mit Informationen über Techniken, Handhabung, Training auf jedem denkbaren Niveau die Bedürfnisse ihrer Konsumenten.

Beim Motorradfahren sieht es diesbezüglich auch heute noch vergleichsweise mager aus, was angesichts der fast vier Millionen Motorradfahrer (über 80 ccm, drei Millionen über 125 ccm, darunter 13% Frauen) erstaunt. Wollen die wirklich alle nur Reiseberichte, Schrauberanleitungen, Modellübersichten und Bildbände? Oder sind sie vielleicht auch an mehr interessiert als an einer Handvoll Titeln darüber, wie man es anstellt, ordentlich Motorrad zu fahren, ohne gleich auf der Rennstrecke für Furore zu sorgen? Die überschaubare Zahl an Fahr-Ratgebern lässt erstaunlicherweise obendrein eine Reihe von Fragen ganz einfach offen. Mich beschäftigt beispielsweise seit ich fahre das Problem, dass ein Motorrad (oder eine Bremse) bei aller technischen Brillanz mit radial verschraubten Bremssätteln und allem, was heute so angesagt scheint, im Gegensatz zum Fahrer weder erschrickt noch in Panik verkrampft. Nicht einmal, wenn ein Trecker, ebenso unvermutet wie formatfüllend, vom Straßenverkehr unbeeindruckt aus einem Hof kommt und plötzlich vor der Maschine steht! Aber genau da ist der Fahrer gefordert, der die ausgefeilte Maschinentechnik bedienen muss. Wer die grundlegenden Zusammenhänge kennt, könnte daran arbeiten. Wo aber bekommt man die her?

Bremsen ist *auch* ein physikalischer Vorgang

Vielleicht von Fachkundigen wie dem, von dem ich auf einer Diskussion über Fragen des Bremsens auf zwei Rädern Aufklärendes erfuhr: »... Bremsen ist nun mal ein physikalisch-technischer Vorgang!« Aha. Mit dieser sehr eingeschränkten Sicht hat er mich eigentlich mehr erschreckt als aufgeklärt. Ort dieser Begegnung war die Veranstaltung eines großen Automobilclubs, auf der Experten über das Bremsen auf zwei Rädern diskutierten. Zuvor hatte ich dort ausgeführt, was ich von den Zumutungen der meisten Motorradhersteller halte, die mit der in ihre Produkte verbauten Technik das Können durchschnittlicher Motorradfahrer nicht nur beim Bremsen eher heillos überfordern als unterstützen. Oder kann mir jemand schlüssig erklären, warum ein Motorrad mit 300 km/h Höchstgeschwindigkeit für jedermann ohne Antiblockiersystem ausgeliefert werden darf? In der anschließenden Fragerunde meldete sich der zitierte Teilnehmer, ein Techniker, wie er mich wissen ließ, und sprach seinen Satz der Sätze (s.o). Ich hätte ihm ja zugestimmt, wenn er ein »auch« eingefügt hätte: »Bremsen ist auch ein physikalisch-technischer Vorgang«, wer wollte da widersprechen? Aber Bremsen ist eben auch ein mentaler, ein Kopf-Vorgang, was die meisten Motorradfahrer spontan, nicht selten adrenalindurchspült, spätestens, hoffentlich nicht zu spät, dann leibhaftig erfahren, wenn sie einmal aus höherer Geschwindigkeit beherzt bremsen müssen. Eine Maximalverzögerung über 9 ms^2 mit kürzestem Bremsweg erreicht heute fast jedes Sportmotorrad (Vgl. Kap.3); aber können es auch die Fahrer? Mit ABS geht es fraglos leichter und zuverlässiger; aber halt eben auch nicht von alleine, denn auch da braucht es den knackigen Griff eines Fahrers in die Bremse, um den maximalen Bremsdruck blitzschnell aufzubauen, auch auf nasser Straße. Schon der Gedanke daran scheint manchen Motorradfahrer in einem Maß zu verstören, dass er sich bei Nässe entweder gar nicht oder nur unter Einsatz seines geballten Verkrampfungspotenzials auf die Straße traut. Die Nur-Komponente menschlichen Verhaltens spiegelt sich inzwischen auch in den Themen auf Kongressen zur Verkehrssicherheit wider. Nachdem Unfallzahlen dank elektronischer Helfer wie ABS, ESP, ESA oder im Auto Airbag, verbesserter Infrastruktur und Rettungswesen zwar seit Jahren sinken, erkenne nicht nur ich heute vermehrten Diskussions- und Informationsbedarf bei der Unfallursache Nummer 1. Und die liegt nun einmal beim Risikofaktor »menschliches Verhalten« und »menschliches Versagen«, gerade bei Motorradfahrern. Stichworte sind hier Überforderung, unrealistische Selbsteinschätzung oder Sorglosigkeit gepaart mit geringem Risikobewusstsein und Nichtwissen.

Das System Kopf, Körper und Maschine verstehen

An einem System zu arbeiten, um es zu verbessern, bedeutet, es zu verstehen. Was nicht mehr und nicht weniger vorgibt als das Bestreben, alle wirksamen Faktoren zu beschreiben, ernst zu nehmen, sie zu erklären und in ihrem Zusammenwirken zu analysieren. Das gilt für Formel-1-Renner, wo die Protagonisten permanent vom noch nötigen besseren Verstehen der Systeme reden, genauso wie für den Fahrer auf seinem Motorrad: Welches sind die Bedingungen, die sein Verhalten beim Motorradfahren bestimmen? Erst wenn er die kennt, ernst nimmt und versteht, kann er daran und damit arbeiten, um sein Motorradfahren zu verbessern, Kilometer für Kilometer.

Um die Frage nach den wirksamen Bedingungen des Systems Fahrer auf einem Motorrad zu klären, setze ich bei der wichtigsten Instanz an, nämlich dem Kopf.

Natürlich ist es der Kopf nicht alleine, der beim Motorradfahren eine Rolle spielt, denn es gibt ja auch, überflüssig zu sagen, das Material, das Motorrad, die Hardware gewissermaßen. Mit abgefahrenen Reifen und in die Jahre gekommener Bremsflüssigkeit gelingt Fahren nun einmal nicht so gut. Und drittens schließlich spielt der Körper seine Rolle, indem er, einigermaßen fit und erholt und ordentlich mit Nährstoffen versorgt, umsetzt, was der Fahrer sich im Kopf vornimmt, was er erwartet und plant und sein Motorrad zulässt.

! Gutes Motorradfahren beginnt im Kopf – schlechtes auch

Kopf, Körper und Maschine sind die drei Faktoren, die es für sich und in ihrem Zusammenwirken zu verstehen gilt. Sicheres und entspanntes Fahren ist natürlich nie nur von einem dieser Faktoren abhängig, vielmehr lebt es letztlich von der Synergie, verstanden als dem Zusammenwirken dieser drei Faktoren, die sich in ihrem Wirken gegenseitig unterstützen müssen und nicht stören dürfen:

Motorrad fahren: Balance zwischen Kopf, Körper und Maschine
(Foto: PVW; Grafik: Bähren)

Das Motorrad passt dann sowohl zu den körperlichen als auch zu den mentalen Voraussetzungen (also zum Kopf) des Fahrers. Erst das Umgehen mit diesen drei Faktoren öffnet das Erlebnis gekonnten Motorradfahrens, das im Grunde ein Balance-Akt ist und bleibt, dessen Ausgangspunkt im Kopf des Fahrers liegt. Wer oder was beobachtet, beurteilt, plant und entscheidet denn sonst?

Faszination Motorrad

Bei aller Analyse und deren Notwendigkeit: Was man aus dem hier skizzierten Verständnis nicht ableiten kann, ist die Faszination des Motorradfahrens. Sie erschließt sich nur über Kategorien des Erlebens und Erfahrens und ist mit einem Motorrad weit größer als bei jedem anderen Landfahrzeug. Eine Faszination des Motorradfahrens liegt für die meisten, ob sie nun selbst fahren oder nur zuschauen, auf den ersten Blick oder den ersten Kilometer in der Unmittelbarkeit, mit der man auf dem Motorrad Umgebung erfährt, trotz der »Tauchglocke« Integralhelm. Widerstand der Elemente Wind, Hitze, Kälte und Regen, trotz Klimamembran. Alles auf dem Motorrad ist direkter, ungefilterter und unvermittelter als in der Blechkapsel Auto. Obwohl sich im Zeitalter elektrisch verstellbarer Scheiben, der Sitzheizung und des Griffgrills bei einigen Tourern der ungefilterte Umfeldkontakt immer weiter abmildert, bleibt er bei aller Zwiespältigkeit solcher Technik nach wie vor ein Alleinstellungsmerkmal.

Neben ungewöhnlichen Erlebnissen vermittelt Motorradfahren auch neue Erfahrungsräume, vielleicht sogar Weltsichten, wie unzählige Reise- und Tourenberichte dokumentieren. Nicht wenige assoziieren mit dem Motorrad Mobilität, Unkonventionelles, erlebte Freiheit, einen anderen Umgang mit der Welt und der Natur, viele auch mit einer Gegenwelt zum Alltag. Auch vom eigenen Stil in Kleidung und Auftritt beim Motorradfahren scheint eine Faszination auszugehen. Nicht zuletzt spielt immer auch Jugendlichkeit und Anderssein eine Rolle. Im Umwerben von Senioren kommen mir Werbefachleute ganz versessen vor auf das Accessoire Motorrad, auf dem »graue Panther« ihre mit der Pensionierung gewonnene Freiheit vermeintlich ausleben müssen. Auch scheint auf Fotostrecken für coole jugendliche Herrenkleidung eine historische englische Maschine, auf der irgendwelche Models ziemlich desinteressiert stylish herumlümmeln, heute kaum vermeidbar.

Beschleunigen in jede Richtung

Über solche zeitgeistigen Ikonisierungen hinaus vermittelt das Motorradfahren ziemlich ungepuffert unvergleichliche Beschleunigungserlebnisse mit Geschwindigkeitsänderungen in jede Richtung, wie diese Fotos zeigen. Auch im Rahmen der StVO wirken mitunter brachiale Kräfte ein wie auf kein anderes Fahrzeug auf Rädern. Für die Beschleunigungsprüfung 0–160–0 braucht es keinen Supersport-Boliden, um konkurrenzlos dazustehen, es reichte immer schon eine gute 600er. Sogar negative Beschleunigung beim Bremsen auf einem Motorrad bleibt, trotz ABS, immer noch ein körperlich fordernder Balanceakt mit dem vergli-

Flug und Landung auf zwei Rädern. Bruce Anstey TT 2007 über Ballaugh Bridge … (Fotos: Dennis Witschel)

… Einradfahren von Könnern auf zwei Rädern … (Fotos: Ducati; MOTORRAD)

… oder gepflegte Hobbyfahrer-Schräglage (Fotos: PVW; PIXELrace)

chen das Bremsen auf vier Rädern zum stumpfen Energieabbau mit Reifenverschleiß gerät. Kurven leben mit dem Motorrad von der gespürten Vermittlung zwischen positiver wie negativer Quer- und Längsbeschleunigung, dem flinken und reagiblen Spiel zwischen Beschleunigungs- und Seitenführungskräften. Nimmt man bei Könnern noch das Umgehen mit der Beschleunigung um die Hochachse, also Wheelies und Sprünge bis zum Doppel-backflip hinzu, lassen sich Kräfte, Perspektiven und Blickrichtung nur noch von dem bewältigen, der sich im Kopf und körperlich auf einen Bewegungsraum einlässt, den man anderswo allenfalls in einem Fahrgeschäft auf dem Jahrmarkt, beim Fallschirmspringen oder vielleicht beim Piloten- oder Astronautentraining antrifft. Aber vielleicht liegt der Reiz solcher Erlebnisräume, wie sie das Motorrad Profis öffnet, gar nicht so sehr in der Alltagsrealität als vielmehr in der Alltagsoption.

Spaßmobil Motorrad?

An die 20.000 km werden es dieses Jahr wieder sein, die ich mit verschiedenen Motorrädern unterwegs war. Die Erfahrungen dabei sind unterschiedlichster Art, eine davon kennt jeder Motorradfahrer: Man wird vergleichsweise häufig angesprochen. Eine Bemerkung von jung und alt aber kommt irgendwie gebetsmühlenhaft zuverlässig wie vorhersagbar: »Das macht jetzt aber Spaß, bei dem Wetter unterwegs zu sein (wenn die Sonne scheint – aber nicht zu heiß)!« Und wie um den dahinterstehenden neidgetönten Gedanken, der irgendwie vom Spaßmobil Motorrad ausging, in eine vernünftige Bahn zu schicken, kommt mit nämlicher Regelmäßigkeit: »Ja, und was machen Sie, wenn's regnet?« Ich antworte dann je nach Laune manches Mal: »Dann setze ich mich unter eine Brücke und weine«.

Der Spaß am Motorradfahren, so scheint es fast, ist für viele Außenstehende eng an milden Sonnenschein bei Trockenheit gekoppelt. Werbung für Urlaubsreviere, und wenn sie im Regenloch des Kontinents liegen, fährt auf solche Assoziationen um Spaß und Sonne geradezu ab, für die »schönsten Tage im Jahr« setzt sie zuverlässig Sonnenschein an. Vielleicht liegt es ja am unter perfekten Wetterbedingungen lustbetonten Kurvenschwingen, der Balance in Schräglage, die sich vielen Fahrern, aber auch Außenstehenden als ziemlich pauschal assoziierter Rundum-Spaß vermittelt. Das ist auch gut so, nur blendet diese beinahe schon penetrante Motorrad-, Urlaubs- und Fernweh-Spaß-Assoziation wesentliche Aspekte des alltäglichen Motorradlebens zielsicher aus. Niederschlägen, Hitze und Kälte und Straßen mit Bitumenfugen von teilweise abenteuerlicher Griffigkeit sind Motorradfahrer von Anbeginn genauso ausgesetzt wie regelwütigen Geschwindigkeitsbeschränkungen, die das Fahren nicht nur per Superbike auf ein Vergnügen im zweiten bis vierten Gang reduzieren.

Und trotzdem, gerade deshalb bin ich viel und gerne auf zwei Rädern unterwegs. Es ist ein Vergnügen, das sich per Kontemplation und Konzentration dem eröffnet, der sich auf alle diese Bedingungen einlässt. Spaß hat immer mit Öffnung und innerer Leichtigkeit zu tun, mit einem Gefühl des Abhebens, aber auch des Überflüssigen – wer kann schon 100 kW Leistung vernünftig begründen? Und von all dem bietet Motorradfahren eine ganze Menge. Andererseits erdet unser Klima diese Vorstellung vom Spaßgenerator Motorrad ziemlich regelmäßig für sechs Monate im Jahr in der Realität widriger Wetterbedingungen bei oft nassen Straßen. Deren Spaßfaktor allerdings erschließt sich nur solchen Motorradfahrern, die sich in Können und Ausrüstung mit einigem Aufwand darauf vorbereiten und für die streckenweises Schwitzen, Frösteln oder gelegentlich auch knackiges Frieren einfach dazugehört. Das aber setzt die Fähigkeit voraus, mit dem Motorrad so umzugehen, dass Spaß und Freude nicht in der ersten nassen Kurve dem Frust des überforderten Schönwetterfahrers weichen. Solche Fähigkeit, solches Können zu entwickeln setzt einen klaren Kopf voraus und Training; aber es lohnt sich.

Keith Amor (Foto: Dave Purves)

2. Gutes Motorradfahren beginnt im Kopf – schlechtes auch

Bewegung mit dem Kopf – Bewegung im Kopf

Kopfsache ist Motorradfahren in doppelter Hinsicht: Die Bewegung mit dem Kopf beeinflusst (bio-)mechanisch die Bewegung des Motorrads. Schon als Junge im Turnverein lernte ich: »Du bewegst Dich dahin, wo sich der Kopf hinbewegt.« Das galt damals, und das gilt heute noch. Im Kopf als mentalem System verarbei-

Die Bewegung mit dem Kopf und – man sieht es am Blick – die Bewegung im Kopf gibt die Linie vor. Troy Bayliss demonstriert, wie es geht (Foto: Ducati)

ten wir aber auch aufgenommene Informationen, speichern sie, um sie bei Bedarf wieder abzurufen. Diese Bewegungen mit dem Kopf und im Kopf laufen jedoch keineswegs getrennt voneinander ab, vielmehr sind sie in ihrem Zusammenwirken wiederum Teil des Systems Motorradfahrer. Besonders in Situationen, die uns vor ungewohnte oder schwierige Anforderungen stellen, wird das Zusammenwirken der beiden Bewegungen geradezu überlebensnotwendig. Zum einen muss man sich dann z.B. mit zweckmäßiger Blickführung förmlich dahin ziehen, wo man hin will, dabei andererseits auch noch entschieden und sehr konzentriert die richtigen Handlungsmuster am und mit dem Motorrad abrufen. Hektik zählt dabei erfahrungsgemäß nicht gerade als förderliche Begleiterscheinung, Troy Bayliss demonstriert, wie es geht …

Bewegung mit dem Kopf wie auch Bewegung im Kopf beeinflussen unser Fahren, entweder unterstützend oder aber eben auch ganz erheblich störend. Deshalb lohnt es sich, daran zu arbeiten und darauf zu trainieren, sich und sein Fahren durch gekonnte äußere und innere Kopfarbeit zu verbessern. Das gilt keineswegs nur für Rennprofis, sondern auch für den motorradfahrerischen Alltag.

Letzten Sommer beispielsweise hatte ich das zweifelhafte, aber von ihren Urlaubstrips vielen Motorradfahrern wohl vertraute Vergnügen, über die schwankende, feucht-rutschige Brücke in den Bauch einer Fähre einzufahren, wobei die anderen auf die Einfahrt Wartenden, darunter eine Reihe mit Wohnmobilen und Caravans, aber auch die Crew der Einweiser und Verlader mir nicht gerade geduldig oder gar unterstützend erschienen. Just in dem Augenblick zeigte mein Zweiventil-Boxer durch Stottern und Absterben seinen Durst auf Benzin aus der Reserve an. Ich sprach dann mit mir, zugegeben etwas überrascht, entsprechend einsilbig kurz angebunden, erstellte umgehend eine »Diagnose«, versuchte das mit abgestorbenem Motor langsam kippende Motorrad auf rutschigem Boden zu stützen, legte für den Neustart dabei den Reservehebel um etc., eins nach dem anderen per Selbstgespräch begleitet. Beim Anfahren dabei weit voraus und ja nicht aufs Vorderrad zu schauen, während das Hinterrad gerade auf den öligfeuchten Eisenrippen der Verladerampe um Traktion kämpfend seine Spur sucht. Alles nicht so wild; aber ohne stützende Bewegung mit dem Kopf und im Kopf kann in solchen Situationen schnell Hektik aufkommen.

Die Bewegung mit dem Kopf wie auch Bewegung im Kopf soll das Motorradfahren unterstützen und nicht stören

Bewegung mit dem Kopf – Blick führt, Fahrer fährt

Per Blick informieren und orientieren wir uns und kontrollieren, wo es hingeht, bestimmt nicht immer, aber oft ganz bewusst, fast schon strategisch, wie etwa Trial-Fahrer ihre Sektionen im Blick und mental vorher »abfahren«. Aber auch, wer sich nur mit seinem Auto aus einer Parklücke heraus wieder in den rollenden Verkehr einfädeln will, verfährt nach dem schon immer zweckmäßigen Prinzip: Erst schauen, dann handeln. Diese Reihenfolge umzukehren schmerzt schon beim Vorstellen: Erst handeln, dann schauen (was man sich und anderen angetan hat ...), weil sofort einleuchtet, dass, wer so verfährt und dabei nicht das Richtige im Blick hat, gefährlich lebt und andere in Gefahr bringt. Aber nicht nur aus Sicherheitsgründen hat der Blick Priorität vor der Aktion. Es ist schlechterdings unmöglich, ein Ziel zu erreichen, wenn man nur das Fahrzeug im Blick hat, mit dem man gerade unterwegs ist! Sei es per Flugzeug, Schiff, Auto oder eben Motorrad. Denn Zielerreichung setzt immer die Orientierung an einem Bezugspunkt außerhalb seines Fahrzeugs voraus. Ohne hier weiter darauf einzugehen, gilt dieses Prinzip für die Führung jedes Systems, z.B. auch einer Gruppe oder eines Unternehmens. Vor dem Hintergrund dieser Überlegung macht der Satz Sinn, dass der Fahrer eines Motorrads quasi der Passagier seines Blicks ist: Blick führt – Fahrer fährt.

Dem unerlässlichen Erst-schauen-dann-fahren-Prinzip scheinen aber erstaunlich viele Motorradfahrer entweder nicht zu glauben oder nicht so recht zu trauen, vielleicht sogar beides, was sie nicht nur hochgradig gefährdet, sondern ebenso gefährdend unterwegs sein lässt. Anfängerinnen und Anfänger versagen sich das Vorausschauen, um ihr Motorrad vermeintlich sichernd im Blick zu behalten. Entsprechend schauen sie in Kurven oder beim Bremsen auf ihr Vorderrad und sind so viel zu nah am Geschehen. Das hat Verunsicherung zur Folge, denn einmal wird die Fahrt dadurch wackelig, weil ja die permanent einprasselnden Informationen über kleinste Ausschläge aus der Fahrlinie per Reaktion beantwortet werden. Damit verflüchtigt sich die Chance auf freie Fahrt mit freiem Blick gleichsam im Wackelkontakt. Vergleichbar dem Gehen auf einer Linie mit Blick vor die eigenen Füße oder dem Tragen eines vollen Tellers unter Blickkontrolle der darin schwappenden Suppe. Ein typisches Beispiel dafür bot auch der Fahrschüler, der unter Anleitung seines im Anzug daneben stehenden Fahrlehrers auf einem Parkplatz übte und dabei ein ums andere Mal sein Motorrad abwürgte. Das Zusammenspiel von Bremsen und Gasgeben im kurzen Stehen ist wohl der tiefere Sinn dieser Übung, bei der man aus dem Fahren abbremsen und, ohne Berührung des Bodens, zum Stillstand kommen und wieder losfahren soll. Trial-Stopp nennt man diese Übung deshalb, weil im Trial Fußkontakt mit dem Boden mit Punktabzug bestraft wird. Weil wir auf einem gegenüberliegenden Parkplatz mit einer Gruppe im Rahmen eines Tagestrainings übten, fragte der Fahrlehrer um Rat, denn der Schüler sollte in der Woche noch bei der Führerscheinprüfung eben den Trial-Stopp vorführen. Was er denn jetzt noch tun könne, wo der Knabe vors Vorderrad stierte und nur halbherzig am Kabel zog. Mein Rat war kurz und zeigte umgehend Erfolg: Weit vorausschauen und im Stand herzhaft Gas geben.

Aber auch wer in eine Kurve nach dem Erst-fahren-dann-schauen-Prinzip einfährt, ohne sich um deren Ausgang zu kümmern, ertappt sich in einer unübersichtlichen Rechtskurve nicht selten bei einer mehr oder weniger schreckhaften Gas-weg-Bewegung, ausgelöst durch ein plötzlich auf der anderen Straßenseite entgegenkommendes Fahrzeug. Warum eigentlich? Weil die Kurveneingangsgeschwindigkeit (Aktion) nicht zu dem passte, was man tatsächlich erblickte, sondern zu dem, was man annahm, gleich zu sehen, nämlich eine freie Rechtskurve! In solchen Situationen bleibt es leider viel zu häufig nicht beim Gaszucken, weil sich solche Blickfehler zu einem veritablen Unfall auswachsen, wie beispielsweise bei den sogenannten Hausstreckenunfällen: Man kennt die

Strecke, »weiß« vermeintlich schon, was kommt, und orientiert sich deshalb mehr an seinem Bild im Kopf als an dem, was man vorausschauend auf der Straße tatsächlich sieht, um dann seine Fahrt darauf einzustellen. Viel zu viele Unfälle sind Folgen solch fehlerhaften Blickverhaltens. Eine Umfrage unter Motorradfahrern, insbesondere Anfängern, würde allerdings fraglos ergeben, dass sie das Wegrutschen (subjektiv) als hohes Risiko einschätzen, obwohl es tatsächlich (objektiv) um ein Vielfaches geringer ist als das durch fehlerhafte Blickführung (s. Kapitel 6 und 9 mit dem Kasten von Ingo Gach)

Mit Vorausschauen gewinnt man Zeit

Wie hilfreich er den vorausschauenden Blick einschätzt, erläuterte Valentino Rossi in einem Interview im Fachblatt »Motorsport aktuell« (Juli 2004): Das Vorausschauen und Vorausplanen, meinte er, seien für seine Sicherheit wichtige Grundsteine. Rennfahrer würden gewöhnlich eine Kurve weiter schauen (als die, in der sie ge-

Die Fahrt folgt dem Blick ... (Foto: fact)

… auch auf dem Soziussitz (Foto: BMW)

rade führen). Auf der Straße sei ihm das genauso wichtig. »Wenn man ein großes und sehr schnelles Motorrad fährt«, so Rossi weiter, »passiert alles auch um vieles schneller. Daher muss man immer daran denken, was als Nächstes kommt. Man muss im Kopf versuchen, vor dem Motorrad herzufahren … auf der Rennstrecke ist es einfach unerlässlich. Ich denke daher immer an die nächste Kurve.« Erstens gewinnt man freie Kapazität für das »Lesen« der Umgebung, die Kurve, den (Brems-)Weg, und zweitens hat man mehr Zeit. Abläufe verlangsamen sich im Vorausschauen und lassen sich deutlicher wahrnehmen, vergleichbar mit dem Vorbeifahren an einem Lattenzaun: Wer auf die am nächsten liegenden Latten schaut, sieht vorbeihuschende Wahrnehmungsschatten und versucht, sie durch ebenso vergebliche wie angestrengte und deshalb ermüdende Blickbewegungen zu fixieren. Schaut man dagegen weit voraus, sieht man jede einzelne Latte! Aus einem fahrenden Zug lassen sich die vorbeihuschenden Schilder nur mit größter Anstrengung lesen, vorausschauend in aller Ruhe. Experten nutzen dieses Prinzip: Mit dem Blick führen sie ihr Motorrad in die Kurve, sie schauen dahin, wo sie hinwollen, nicht dahin, wo sie sind. Beim Bremsen dasselbe: Der Blick führt am Hindernis vorbei auf den Fluchtweg.

Blickführung (Foto: firo)

Vorausschauen ist auch deshalb unerlässlich, weil man schon bei einer Geschwindigkeit von 80 km/h in einer Sekunde 22 Meter zurücklegt. Ein einfaches Rechenexempel belegt, wie gering die Chance ist, einem Ölfleck auszuweichen, den man 22 Meter vor sich sieht: Null! Warum? Eine halbe Sekunde verrinnt zum Erkennen des Übels (11 Meter), eine weitere halbe bis zur angemessenen Reaktion (11 Meter), was nicht mehr und nicht weniger bedeutet, als dass ein normaler Fahrer genau in dem Moment, in dem er den Ölfleck überfährt, weiß, was er hätte tun müssen. Leider verblieb keine Zeit, es auch in die Tat umzusetzen.

Trennung von Blick- und Fahrtrichtung

Aber Vorausschauen alleine reicht noch nicht ganz, um sein Motorrad gekonnt zu bewegen und die Zeit für den nötigen Überblick bei ruhigem Erfahren der Umgebung zu gewinnen. Unabhängig übrigens davon, ob man cruisend oder auf einer Rennstrecke unterwegs ist. Man muss auch an die richtige Stelle schauen, deshalb gilt ein zweiter Grundsatz: »Schau an die richtige Stelle, nämlich dahin, wo Du hin willst, und nicht dahin, wo Du bist!« Erst mit dieser Trennung zwischen Blick- und Fahrtrichtung wird gekonntes Motorradfahren möglich. Sie gilt als unabdingbare Voraussetzung für sicheres und gekonntes Fahren. Eindrücklich erfährt man die Bedeutung dieser Trennung natürlich, wenn die Fahrtrichtung sich ändert: in Kurven. Theoretisch hätte man in einer Kurve ja die Auswahl zwischen dem Blick in Verlängerung der Motorradlängsachse, über das Vorderrad oder indem man sich aus dieser Achse mit dem Blick löst und dahin blickt, wo man das Ende der Kurve sieht oder annimmt. Und nur so kriegt man die Kurve.

Das dahinterstehende Prinzip: Der Blick richtet sich auf den Punkt, zu dem man will, und nicht auf das Gerät, das man bewegt. Das gilt eigentlich immer, auch wenn das Gerät ein Hammer ist, mit dem man einen Nagel einschlagen, ein Auto, das man einparken, oder eine randvolle Kaffeetasse, die man vom Automaten zum Tisch tragen will. Auch der Tischtennisspieler demonstriert, dass er zwar seinen »Treffpunkt« Ball sieht, nicht aber seinen Schläger, mit dem er diesen Ball gleich treffen wird. Sogar das Balancieren eines Stocks auf der Hand gelingt nur beim Blick an die Spitze, nicht jedoch, wenn man seine balancierende Hand am Aufstandspunkt des Stocks anstarrt!

Man muss sich also gewissermaßen seinem Blick vorbehaltlos anvertrauen und darauf verzichten, sein Gerät, sei es ein Schläger oder eben ein Motorrad, visuell, mit dem Blick zu kontrollieren. Einfach ist das nicht, das Augentier Mensch muss einige Übung investieren, um dies zu können. Erschwerend hinzu kommt, dass

Blickführung in höchster Not beim Rennen in Macao (Foto: Jahn)

das unter Umständen sich schnell bewegende Motorrad besonders in Schräglage nicht eben zum »Wegzuschauen« einlädt oder dazu, es förmlich aus den Augen zu lassen oder aus dem Blick zu verlieren. Besonders herausfordernd gerät dieses »Wegschauen« erfahrungsgemäß dann, wenn Fahrer zusätzliche Schwierigkeiten erleben. Vor kritischen Zuschauern etwa, in unübersichtlich engen Fahrsituationen oder beim Wenden mit dem bepackten Urlaubsbike vor dem Gartencafe zum Beispiel. Steile Serpentinen und sehr schmale Pfade geraten mit dem Blick vors Vorderrad umgehend zu kaum zu bewältigenden Fahrsituationen, die sich gegen das Motorrad fast schon sperren. Hier wird die Trennung von Blick- und Fahrrichtung zur überlebensnotwendigen Fahrhilfe.

Besonders deutlich und konsequent bringt sich die Wichtigkeit des Prinzips beim engen Wenden in Erinnerung, wenn man sich mit seinem Blick nicht geradezu am Zielpunkt festhält. Jeder kennt es: Enge Straße, wenden, zweifeln, ob es auch in einem Bogen reicht, kurz am gegenüberliegenden Bordstein »Maß nehmen« –, um dann genau vor diesem zu stehen, weil die Straße meist etwas gewölbt ist, mit dem Vorderrad im »Graben«. Bewährtes Motto: Halte Dich am Blick fest, schaue eisern dahin, wo es hingehen soll, und der Wendekreis des Motorrads schrumpft staunenswert! Bei einem Training ist mir noch zu Zeiten der Blechtanks ein Teilnehmer mit einem 1100 Superbike bei Fahrübungen auf einem Platz aufgefallen, weil er seinen Tank seitlich eingedellt hatte. Auf meine Frage nach dem Warum: »Damit ich besser herumkomme, der Wendekreis ist sonst zu groß.« Er wollte also den Wendekreis vergrößern, indem er den Lenkerenden mit dem Hammer Platz machte. Ich bat ihn, eine enge Acht zu fahren. Sehr schnell fanden wir heraus, dass er nur zögerlich und unsicher schaute. Er blickte nicht, wie es sich gehörte, beim Linksfahren über die linke und beim Rechtsfahren über die rechte Schulter, und das richtig quer zur Fahrtrichtung statt nur angedeutet. Obendrein war er zögerlich und nicht jederzeit bereit, den Blick zu lösen. Es ist vielen ein rechtschaffenes Aha-Erlebnis, wenn sie zum ersten Mal erfahren, wie konsequentes Blicken das Fahren erleichtert. Er fragte sich danach, wie man solche Dellen wieder herauskriegt. Eine andere Trainingsteilnehmerin erzählte mir, ihr sei auf Korsika mit ihrer Transalp auf schmalstem Bergsträßchen plötzlich ein Bus entgegengekommen, verdammt eng sei es geworden. Und da hätte sie sich auf die im Training auf der Nordschleife und im Gelände alte Weisheit besonnen, nämlich weit vorauszuschauen, weit am Bus vorbei auf die Straße. Es klappte. Das dahinterstehende Prinzip ist leicht eingängig: »Schau dahin, wo Du …!« und vertraue darauf. Wie man sich dadurch aus höchster Gefahr zu retten vermag, zeigt die Aktion des Rennfahrers beim GP in Macao in dieser Abbildung. Er suchte und fand die rettende freie Bahn, wie der Fotograf glaubhaft versicherte!

Mit der Trennung zwischen Blick- und Fahrtrichtung wird gekonntes Motorradfahren erst möglich. Sie gilt als Voraussetzung für sicheres und gekonntes Fahren. Mit dem Körpersinn alleine allerdings lässt sich kaum Motorrad fahren, muss man doch nicht nur das Motorrad spüren, sondern verstärkt auch noch die Umgebung des Motorrads förmlich lesen. Diese Trennung fällt besonders Anfängern schwer, versuchen sie doch, das Motorrad mit dem Blick zu kontrollieren, indem sie meist ängstlich direkt vors und aufs Motorrad schauen, wie der Fahrschüler, der unter Anleitung seines im Anzug daneben stehenden Fahrlehrers auf dem Parkplatz eines Supermarkts übte und dabei ein ums andere Mal sein Motorrad abwürgte.

Das Zusammenspiel von Bremsen und Gasgeben im kurzen Stehen ist wohl der tiefere Sinn dieser Übung, bei der man aus dem Fahren abbremsen und ohne Berührung des Bodens zum Stillstand kommen und wieder losfahren soll. Trial-Stopp heißt diese Übung deshalb, weil im Trial Fußkontakt mit dem Boden mit Punktabzug geahndet wird. Weil wir auf einem gegenüberliegenden Parkplatz mit einer Gruppe im Rahmen eines Tagestrainings übten, fragte der Fahrlehrer um Rat, denn der Schüler sollte in der Woche noch bei der Führerscheinprüfung eben den Trialstopp vorführen. Was er denn jetzt noch tun könne. Mein Rat war kurz und zeigte umgehend Erfolg: Weit vorausschauen und im Stand herzhaft Gas geben. Denn der Knabe stierte vors Vorderrad und zog nur halbherzig am Kabel.

Jetzt müssen Sie außer über das Motorrad auch noch jede Menge an Informationen über den Verlauf und die Beschaffenheit der

Der Blick geht weit voraus, der Hintern kontrolliert das Motorrad bei trockener … (Foto: PVW)

… und nasser Straße (Foto: 2snap GeeBee Images)

Straße, des Bremsvorgangs oder das Hindernis einholen und verarbeiten, um den Überblick zu behalten oder, im ungünstigen Falle, zu gewinnen. Erst bewegt sich dabei der Körper, dann erst das Motorrad, dem man bildlich gesprochen immer einen Augenblick voraus sein muss, um dadurch Zeit zu gewinnen. Nur so kann der Fahrer das Motorrad beherrschen und nicht umgekehrt!

Wenn der Blick vorausgeht, wer kontrolliert dann das Motorrad?

Wie kontrolliert man das Motorrad, wenn man weit vorausschaut und es womöglich gar nicht sieht? Die Antwort ist ganz einfach: Mit dem Hintern, also dem Körpergefühl. Man delegiert die Kontrolle des Motorrads gewissermaßen an den Körpersinn, getreu der alten Fliegerweisheit: »Geflogen wird mit dem Hintern!« Der Blick führt, der Fahrer fährt: Unter Führung des Blicks nutzt der Fahrer die Fahrbahn, sein Körper, also Hintern, Hände und Kopfbewegung kontrollieren das Motorrad. Sie schauen dahin, wo Sie hinwollen, und überlassen Ihrem Körper getrost die Kontrolle des Motorrads. Damit haben Sie es geschafft, das gekonnte Motorradfahren als Allianz zwischen Hirn und Hintern.

Wie hilfreich, wirksam und zuverlässig das Körpergefühl Verhalten unterstützt, macht man sich in der Regel nicht bewusst; und trotzdem hat es sich durch die tägliche unbewusste Übung entwickelt. Am ehesten merkt das daran, dass Stolpern oder Ausrutschen nicht zwingend Stürzen bedeutet, weil unbewusste, automatisierte Ausgleichs- und Stabilisierungsaktionen des Körpers u. U. so heftig wirken, dass man sich dabei zerrt, wenn es nicht sogar ein paar Bandscheiben verschiebt. Gefragt, was sie getan haben, um einen Sturz zu vermeiden, vermögen es die Gestrauchelten nicht zu sagen. Es ging ja alles so schnell, einfach automatisch.

Der Körper hat intuitiv richtig reagiert, effektiv, sicher und schnell, und das beinahe unbewusst. Der Körpersinn, unsere kinästhetische Wahrnehmung, kontrolliert weitgehend unbewusst nicht nur unsere Lage, sondern auch die auf uns einwirkenden Kräfte (z.B. Fliehkräfte in der Kurve, Kippbewegungen des Motorrads) und die nötigen unbewussten Reaktionen.

Kinästhetische Kontrolle 1: So fährt er … (Foto: firo)

Von Rodlern lernen

Athleten im Rennschlittensport müssen die kinästhetische Kontrolle ihres Schlittens während der Fahrt durch Training sogar so weit perfektionieren, dass sie ohne Blickkontrolle bei Geschwindigkeiten bis zu 140 km/h höchst präzise lenken können.

Dieses »blinde« Fahren ist notwendige Voraussetzung für Spitzenzeiten, denn zum Schauen bleibt ihnen schlicht gar keine Zeit. Würden sie sich diese Zeit nehmen, wären sie mit ihren Lenkbewegungen deshalb immer zu spät dran, weil die Verarbeitung der visuellen Information und das Umsetzen zu lange dauern würden. Obendrein wirkt der gehobene Kopf als aerodynamisches Bremsmoment.

Mein Kollege Jan Mayer, Professor für Sportpsychologie, trainiert mit Rennrodlern mental: »Bei den Rodlern gilt: je weniger visuelle Kontrolle, desto besser. Wer unsicher oder schlecht vorbereitet ist, die Bahn nicht gut kennt und dementsprechend nicht gut mental präsent hat, will mehr schauen und kontrollieren und hebt daher den Kopf, was dann natürlich den Windwiderstand erhöht. Ei-

Kinästhetische Kontrolle 2: ... das sieht er

gentlich muss alles (Bahn, Fahrlage etc.) mental repräsentiert sein, und dann muss der Rodler eigentlich nicht mehr groß schauen. Das, was der Fahrer mit optimal flacher Fahrlage noch sieht, dient lediglich zur Orientierung – er kontrolliert mit dem Körper.«

Bei einer so kippeligen Angelegenheit wie dem Fahren auf einem Motorrad ist der Körpersinn deshalb besonders wichtig, weil wir damit schnell auf die Signale, die das Motorrad sendet, reagieren. Wichtige »Antennen« sind die Hände, der Hintern und die Knie. Aufnahmebereit für die unzähligen Signale des Motorrads bleiben diese Antennen allerdings nur, wenn Sie als Fahrerin oder Fahrer nicht verkrampft sind. Um fein zu spüren, gilt es »loszulassen«, zu entspannen. Festgeklemmte Knie, verkrampfte Hintern und Hände spüren nichts, erst die locker am Tank angelegten Knie, der entspannte Hintern und die locker am Lenker aufliegenden Hände öffnen sie für die notwendigen Informationen über Schräglage, Verzögerung, Beschleunigung oder Balance. Wayne Rainey, der ehemalige 500er-Weltmeister, brachte es für mich so unübertrefflich auf den Punkt, als er gefragt wurde, wie er sein

Autos oder freie Straße? (Fotos:fact; Grafik: Ulf Eberspächer)

Autos als (scharf gesehene) Figur, Straße als (Hinter-)Grund

Straße als (scharf gesehene) Figur, Autos als (Hinter-)Grund

Motorrad so beherrschen könne: Es erzähle während des Fahrens ständig eine Geschichte, und die versuche er, mit dem Körper zu verstehen. Besonders wichtig werden diese »Antennen« unseres Körpers dann, wenn es gilt, Übergänge zu meistern (Kapitel 3), wenn es also nicht nur mit gleichförmiger Geschwindigkeit geradeaus geht, sondern wenn es langsamer wird, schneller oder in eine andere Richtung geht. Kurz: beim Bremsen, Gasgeben, Ausweichen und Kurvenfahren. Sollte der Untergrund an Griffigkeit zu wünschen übrig lassen, steigen die Anforderungen noch zusätzlich, weil man auch noch mit Rutschen zu rechnen hat.

Schauen Sie dahin, wo Sie hin wollen und überlassen Sie Ihrem Körper getrost die Kontrolle über das Motorrad

Das Figur-Grund-Prinzip – Lücke und Objekt

Klatscht uns irgendein größeres Insekt auf das Helmvisier, nehmen wir das zwar schemen- und schattenhaft wahr, nicht aber scharf und genau. Wenn wir das Tier jedoch genauer in Augenschein nehmen wollen, stellen wir unsere Augen schielend auf Visierabstand scharf. Das gelingt aber nur auf Kosten der scharfen Sicht für den umgebenden Straßenverkehr, denn der verabschiedet sich umgehend in die Unschärfe. Entweder sehen wir also das Insekt scharf oder den Straßenverkehr. Beides zur gleichen Zeit zu fixieren, gelingt nicht, weshalb wir unseren Blick auf die Gegenstände oder Personen um uns herum scharf stellen, denen wir ausweichen, auf die wir zugehen oder die wir vorbeilassen. Auf das jeweils Wichtige fokussieren wir unseren Blick, das sichert schließlich unser Überleben. Im Straßenverkehr läuft es nach den Vorgaben der StVO genauso, sie nennt eine Vielzahl von Verkehrsteilnehmern, auf die wir achten, eingehen und mit denen wir uns abstimmen, auf die wir uns fokussieren sollen: Fußgänger, Radfahrer, Zweiräder, Pkw, Lkw, Schienenfahrzeuge etc.! Und so geschieht es, wir sind es ganz selbstverständlich gewohnt, uns an ihnen und den vielen stehenden und sich bewegenden Gegenständen im Straßenalltag zu orientieren, indem wir sie anschauen, ihnen ausweichen etc.

Und genau aus dieser Orientierung an den anderen »Objekten« um uns herum kann ein übles Problem erwachsen und uns gelegentlich ganz massiv in Bedrängnis bringen: Denn was wir anschauen, worauf wir unseren Blick richten, übt so etwas wie eine »Anziehungskraft« für unser Handeln aus! Wir bewegen uns darauf zu, fast unmerklich. Jeder kennt und erfährt das, wenn er geradeaus gehen oder fahren will, dabei aber ein paar Schritte zur Seite schaut, beispielsweise nach rechts, dann bewegt er sich nach rechts. Probieren Sie es mit dem Fahrrad aus: Nach der Seite schauen und Geradeausfahren gelingt Radprofis im Pulk, Normalos wie uns aber, wenn überhaupt, nur mit Mühe. Und richtig anstrengend wird das Ganze mit dem Geradeausfahren, wenn sich an einer Autobahnbaustelle die Fahrbahn in verengte Fahrstreifen zwängt und man links an einem Lkw vorbeifährt. Stur geradeausschauen wird zur Devise. Warum das etwas mit dem Motorradfahren zu tun hat? Weil wir es hier mit einem der wichtigsten mentalen Mechanismen zu tun haben, dem vom dänischen Psychologen Rubin vor etwa 100 Jahren erstmalig beschriebene Figur-Grund-Prinzip.

Als Figur nehmen wir wahr, was im Moment Sinn macht und uns deshalb wichtig erscheint, darauf richtet sich dann auch unser Handeln. Der Motorradfahrer in den Abbildungen auf Seite 40, einem Bild, das jeder kennt, hat die Wahl der Wahrnehmung: Entweder sieht er als Figur gelbe Autos vor einer grauen Straße als Grund, oder er sieht als Figur eben diese Straße und als Hintergrund die Autos.

Auch ein Torwart im Tor ist so eine Figur vor dem Hintergrund des Torgestells und -netzes und seines Umfelds. Er hebt sich als Figur prägnant von dem Hintergrund seines Tores ab und zieht Wahrnehmen und Handeln von Stürmern auf sich, besonders, wenn sie den Ball überraschend vor die Füße gespielt bekommen, was sie regelmäßig in Zeit- und Entscheidungsnot bringt, mit entsprechend kläglicher Torausbeute. Auch Skiläufer, die um einen am Hang stehenden Sportfreund herumfahren wollen, erfahren, wie »anziehend« Figuren wirken. Das Figur-Grund-Prinzip steuert unsere Wahrnehmung auch im Alltag. Wer vorhat, eine Enduro einer bestimmten Marke zu kaufen, sieht plötzlich überall solche Modelle. Unter Entscheidungsdruck springt die Wahrnehmung oft

Zwei Autos oder viel Fluchtraum?
(Foto: IfZ Broschüre »Gefährliche Begegnungen«, Grafik: Ulf Eberspächer)

pausenlos hin und her, wie gefangen von dem Dilemma: Soll ich hierhin oder soll ich dahin? Das scheint, den Spuren nach zu urteilen, auch manchem Lkw-Fahrer am Autobahnkreuz Darmstadt von der A 5 kommend so zu gehen: Soll ich auf der A 5 bleiben oder auf die A 67, die ziemlich spitzwinklig abbiegt, weiterfahren? Manche wählen offensichtlich in ihrer Entscheidungsnot den Mittelweg.

Unser Wahrnehmen und Handeln orientiert sich an Figuren vor einem (Hinter-)Grund

In Stresssituationen verschärft sich die Lage zusätzlich. Der Motorradfahrer auf Seite 43 bekommt gerade einen gehörigen Schreck und muss jetzt, um sich zu retten, sehr schnell entscheiden, worauf er seinen Blick richten soll, auf die Autos oder seinen einzig möglichen Fluchtweg rechts hinter dem Pfosten. Er muss also seine Wahrnehmung förmlich umspringen lassen von der Figur Autos vor dem Grund: Landschaft zur Figur: Landschaft mit Autos als Grund. Denn die Landschaft rettet, die Autos bedrohen. Wenn er allerdings seinen Blick auf die Autos heftet, werden sie ihn förmlich »anziehen«. Da gibt es kein Entrinnen!

»Kippen« trainieren

Man muss also trainieren, in die zweckmäßige Figur zu kippen, nach dem Prinzip: Wer ein Hindernis bewältigen will, fokussiert nicht das Hindernis, sondern den Weg daran vorbei! Der Automatismus des Umspringens versetzt uns in die Lage, mit einem Griff auf ein zweckmäßiges Handlungsmuster wie auf eine passende Landkarte zuzugreifen, wenn es schwierig wird. Denn weil dieser Automatismus des Umspringens von Figur zum Grund so eine robuste mentale psycho-logische Gesetzmäßigkeit ist, kommt diesem Kippen der Schlüssel zum Gelingen gleich, und das ausgerechnet dann, wenn hohe Anforderungen zu bewältigen sind. »Kippen« ist hier durchaus wörtlich gemeint! Das ist auch die Empfehlung für den Fahrer im Bild rechts, der seine Einschlagstelle zu fixieren scheint. Wenn Panik hinzukommt, weil sich der Blick überrascht am gegenüber fahrenden Fahrzeug festsaugt wie

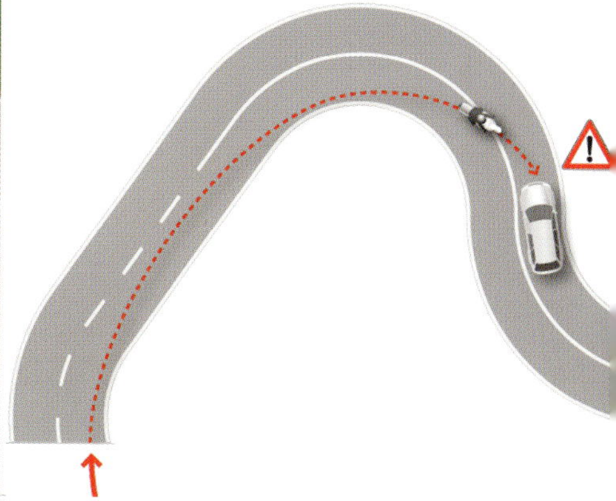

Der Fahrer scheint das Auto im Blick zu haben, anstatt der Lücke rechts daneben. Er fixiert die Stelle, an der er gleich aufprallen wird ...
(Foto: Jahn; Grafik: Ulf Eberspächer))

bei diesem Freund, wird man geradezu magisch angezogen die Scheinwerfer des entgegenkommenden Autos fixieren, in die man gleich einschlagen wird.

> **!** **Sicher fährt, wer sich an den Lücken um ihn herum orientiert und nicht an den Objekten. Denn Lücken bieten Flucht- und Sicherheitsraum, Objekte höchstens Aufprallpotenzial**

Bewegung im Kopf – Motorradfahren fordert mentale Fitness

Das Mentale

Bewegung im Kopf merken die meisten von uns eigentlich erst dann, wenn das Fahren nicht mehr »wie im Schlaf«, automatisch, wie von alleine geht, sondern wenn es schwierig wird, weil sie die Straße glatt anspiegelt, die Kälte ihnen so langsam in die Jacke kriecht oder die Fahrt sich einfach in die Länge zieht. Man fängt dann in der Regel nämlich an, mit sich selbst zu sprechen. Das verbreitetste Selbstgespräch in deutscher Sprache beginnt übrigens mit »Sch...« und ist ein Einwort-Satz. Rennfahrer geben nach Rennen heute oft zu Protokoll, sie hätten »gepusht«, was u. a. heißt, sie hätten sich heftig zugesprochen, zur Konzentration aufgefordert, geflucht und sich motiviert. Anfänger spüren gelegentlich, dass ihnen beim Absteigen und alleine schon dem Gedanken ans jetzt anstehende Aufbocken vor Zuschauern das Herz in die Hose rutscht, ihre Selbstgespräche erleben sie dann nicht eben unterstützend. Mir selbst ging es im September so angesichts der soliden Eisschicht, welche auf den letzten paar Höhenmetern den Col d'Iseran überzog.

Vereinfacht lassen sich unter dem Mentalen die Prozesse und Zustände unserer persönlichen Informationsverarbeitung verstehen: Wir nehmen Information auf, also etwas wahr (»Da vorne will einer links abbiegen, er hat den Blinker gesetzt«), bewerten es, denken darüber nach, erinnern uns. Informationen kann man auch erfinden und etwas dazufantasieren oder sich vorstellen. Einfach wäre dieses ganze mentale Geschehen ja noch, wenn es unser Handeln wenigstens in Ruhe lassen würde; aber das Gegenteil ist der Fall: Unser Handeln ist elementar mit dem Mentalen verschaltet, wir sind mental permanent »online«, meist unbe-

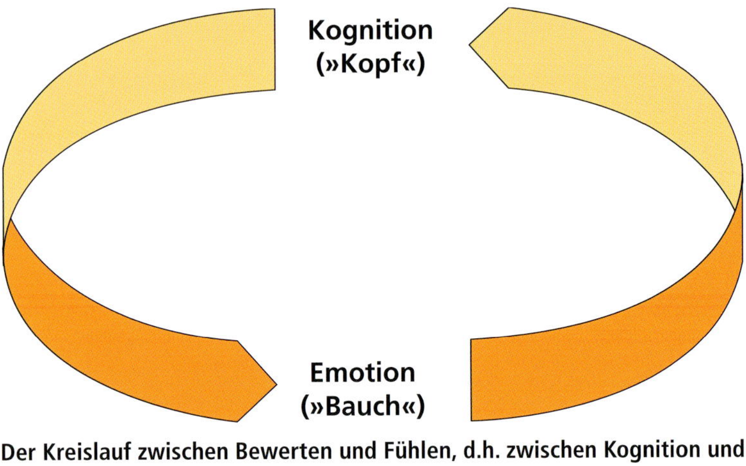

Der Kreislauf zwischen Bewerten und Fühlen, d.h. zwischen Kognition und Emotion – »Kopf« und »Bauch«.

Stefan Everts Umgang mit einer glatten Straße (Foto: KTM)

wusst; aber wenn es schwierig wird, drängen sich mentale Prozesse förmlich ins Bewusstsein, beispielsweise per Selbstgespräch (Kap. 2), wenn einem der Helm runterfällt also genauso wie bei einer erzwungenen Vollbremsung oder wenn einem beim Wenden der Motor abstirbt und die verlorene Balance einen mit voll beladenem Gefährt zu Boden zwingt. Es lohnt schon, sich noch weiter mit dem Mentalen zu befassen, denn letztlich hängt davon zwar nicht mehr, aber auch nicht weniger ab als die Beherrschung des Motorrads, wie ich in Kapitel 3 zu zeigen versuche.

Aber nicht nur beim Fahren: auch wer sich ein Motorrad zulegen will und mit der Entscheidung förmlich schwanger geht, wägt permanent ab, verwirft und durchdenkt alle möglichen Optionen. Mir ging es so, als ich vor über 30 Jahren nach zehnjähriger Unterbrechung wieder mit dem Motorradfahren beginnen wollte. Damals konnte ich nur auf eine kurze Zweirad-Karriere mit einer NSU Lambretta mit geschätzten 1, 8 PS am Rad zurückblicken. Der Verkäufer im aufgesuchten Geschäft bot für den Neuanfang eben deshalb eine BMW R 65 Fahrschulmaschine an. Eigentlich vernünftig, der Mann. Er provozierte mit diesem Angebot allerdings ein Selbstgespräch etwa folgenden Inhalts: »So ein Riesending, wie soll ich das meistern?« Meine Entscheidung fiel deshalb auf eine Yamaha 250 Zweizylinder mit 17 PS. Dieses Geschoss tauschte ich ein halbes Jahr später nach entsprechend ermutigenden Lernfortschritten und (als Opfer!) zahllosen Verfolgungserfahrungen durch Last- und Lieferwagen gegen eine Kawa 500 mit 50 PS. Bei der mahnte mich der Händler, aufzupassen, denn damit ginge es jetzt schon anders ab als mit der 250er. Wie recht er hatte, ich fragte meinen damals schon zweiraderfahrenen Bruder Walter, ob man denn solch ein Gerät auch ausfahren könne ... Sie merken es schon: Da liefen Einschätzungen, Bewertungen (Kopf) mit entsprechenden Gefühlen (»Bauch«) als Folge. Das Bewerten löst Gefühle aus, die wiederum aufs Bewerten zurückwirken.

Die können natürlich nicht nur in die eine Richtung gehen, wie ich inzwischen aus vielfacher Erfahrung weiß und wie es sich erst kürzlich bei einem Training wieder bestätigte, als ein 74-Jähriger sich mit einem 180-PS-Geschoss von Möbelwagendimensionen abquälte. Befragt nach seiner Entscheidungsgrundlage, bekannte er sich als Wiedereinsteiger nach vielen Jahren Unterbrechung.

Nicht erst beim Fahren, natürlich auch schon bei Annäherung an ein stehendes Motorrad bewertet man ständig. Der eine erfreut sich des Anblicks, einen anderen plagen die Sorgen um die nächste Rate oder den Zustand der Reifen. Vor Jahren zeigte ich einem Mitarbeiter, der als eingeschworener Harley-Freak daherkam, voll Stolz meine neu erstandene Bimota HB 2, natürlich in Erwartung seiner Beifallsbekundung. Mit »Was ist denn daran schön?« tat er seine Bewertung kund.

Gewaltige Unterschiede beim Bewerten

Jetzt lässt sich, vereinfacht sicherlich, aber ganz plausibel erklären, warum viele auf einer rutschigen Straße verkrampfen oder es gar mit der Angst zu tun bekommen: Bewertung: *Straße rutschig bis glatt*, Gefühl: *von mulmig bis Panik*. Das ist aber kein gottgewollter Bewertungs-Automatismus, sondern ein von vielen Faktoren abhängiges Geschehen mit ganz gewaltigen Unterschieden: Wo Könner mit der Zunge schnalzen, weil es sich so schön driften lässt, erstarrt mancher Anfänger aus Angst vor dem Stürzen in der Kombi. Die Lösung dieses Rätsels gab schon vor fast 2000 Jahren ein griechischer Philosoph in römischen Diensten: Epiktet.

Ein gut sortierter mechanischer Werkzeugkasten, um einen Schlauch zu reparieren, enthält Schlauch, Flickzeug, Montierhebel, Pumpe, Druckmesser, Druckluftpatronen etc. (Foto: Louis)

Er formulierte den Satz, dass es nicht die Dinge seien, die unser Handeln beeinflussen, sondern unsere Sicht davon. Rutschige Straßen also nur ein Kopf-Problem? Auch ein Kopf-Problem! Aber natürlich geht, wer rutschende Motorräder beherrscht, anders mit der Bewertung »rutschige Straße« um, wie Stefan Everts im Bild auf Seite 47 demonstriert, als einer, der froh ist, überhaupt leidlich entspannt rollen zu können.

Neben dem Können spielt also die realistische Einschätzung (Kapitel 2) seiner selbst und der Fahrsituationen eine Rolle – und noch vieles andere mehr, von dem noch die Rede sein wird.

! **Das Mentale, also Bewertungen und Gefühle, soll das Fahren unterstützen und nicht stören. Damit man so weit kommt, muss man es trainieren.**

Mentale Fitness

Fitness hat, wer sich flink anpassen kann, dazu gehören neben körperlichen auch mentale Voraussetzungen. Beide kann und muss man trainieren. Mental fit, also »gut drauf«, ist, wer die notwendigen Werkzeuge für entsprechende mentale »Tuningmaßnahmen« kennt, um seine Bewertungen und Gefühle (vgl. S. 47) je nach Situation und Anforderung so zu regulieren, dass sie sein Motorradfahren unterstützen und nicht stören. Ziel bleibt dabei, jetzt zu können, was es zu tun gibt, kurz: Ein den Umständen angepasstes Fahren und Reagieren in allen denkbaren Situationen. Was nicht mehr und nicht weniger erfordert, als die richtigen mentalen »Stellschrauben« mit den entsprechenden Werkzeugen zu kennen und auch zu beherrschen.

Mentale Fertigkeiten – wichtige Werkzeuge

Genau so, wie es mechanische Werkzeuge gibt, etwa um einen platten Schlauch zu flicken, die man für den Fall des Falles bei sich haben sollte, scheint mir auch das Bild vom gut sortierten mentalen Werkzeugkasten gar nicht so weit hergeholt, der helfen kann, wenn es die Situation erfordert.

Der Begriff mag vielleicht etwas befremdlich anmuten, aber »Werkzeug« ist für mich einfach ein schönes Wort. In der Sportpsychologie redet man auch von Fertigkeiten, also Handlungsmustern oder Techniken, die man zweckmäßigerweise zur Lösung einer bestimmten Anforderung oder Herausforderung einsetzt.

Ein gut sortierter mentaler Werkzeugkasten

Ein zum Motorradfahren gut sortierter mentaler Werkzeugkasten enthält:

- **Zweckmäßige Selbstgespräche** (S. 51)
- **Kenntnis der eigenen Stärken** (S. 53)
- **Realistische Ziele** (S. 67)
- **Unterstützendes Visualisieren** (S. 69)
- **Konzentration auf das Wesentliche** (S. 70)
- **Lockerheit und Entspannung** (S. 72)

Im Prinzip ist jeder ordentliche Werkzeugkasten, ob mechanisch oder mental, modular sortiert, was vereinfacht heißt, dass wir die einzelnen Werkzeuge oder Module zwar jedes für sich verwenden, sie sich aber eben auch wirksam gegenseitig unterstützen können.

Es lässt sich mit den einzelnen arbeiten und trainieren oder, je nach Zielstellung, auch mit mehreren gleichzeitig. Vielfach übersehen Besitzer von Werkzeugen leicht, dass der schönste und zweckmäßigste Werkzeugkasten leider nichts nützt, wenn sie mangels Training nicht damit umgehen können.

Werkzeugkisten können aber auch deshalb nichts taugen, weil sie gelegentlich wie Wühlkisten aussehen, mit denen dann auch der Zugriff, wenn Not am Mann oder an der Frau ist, entsprechend chaotisch und wenig wirksam verläuft. Eine zum Nachdenken anregende Aussage zum Thema Werkzeug traf Paul Watzlawick, Autor einer Reihe höchst lesenswerter Bestseller: »Wer nur einen Hammer als Werkzeug kennt, behandelt alles wie einen Nagel!« Was lernen wir daraus? Wer vielfältigen Anforderungen konstruktiv gerecht werden will, sollte seinen Werkzeugkasten gut sortiert aufbauen, übersichtlich ordnen und den Umgang damit trainieren, gleichgültig, ob es um mechanische oder mentale Anforderungen geht.

Sprechen mit sich selbst

Das grundlegende mentale Werkzeug für alles, was wir tun, sind die Gespräche mit unserem wichtigsten Gesprächspartner, mit uns selbst, unsere Selbstgespräche. Schließlich haben wir uns 24 Stunden am Tag, auch nachts, ein Leben lang also. Sie sind das Vehikel aller anderen mentalen Werkzeuge, von der Analyse bis zur Zielstellung. Die Verknüpfungsmöglichkeiten der mentalen Werkzeuge sind sehr vielfältig und erschließen dem, der damit arbeitet und trainiert, immer neue Anwendungsmöglichkeiten. Auf den ersten Blick mag sich das sicher recht seltsam anhören, das mit den Selbstgesprächen, aber schon nach kurzem Nachdenken versteht man, was gemeint ist. Natürlich spricht man mit sich, besonders in Situationen, die einem nicht mehr so locker von der Hand gehen.

Mir wurde das bei meinem ersten Mal mit dem Motorrad im Gelände klar, besonders bei steilen Abfahrten: »Soll ich oder soll ich nicht, kann ich das ... Kiste nach hinten schieben ... Hinterrad bremsen ...« und und und. Dass wir selbst unser häufigster und auch wichtigster Gesprächspartner sind, mag erstaunlich klingen, ist es aber nicht, denn es ist bei jedem so und leuchtet auch sofort ein, wenn man sich klar macht, dass dieses Sprechen eigentlich nichts anderes ist als sprachlich gebundenes Denken. Deshalb nehmen unsere Selbstgespräche ja auch mit steigender Beanspruchung an Häufigkeit, Intensität und Dynamik zu: Es gibt mehr zu denken und abzuwägen.

Leider sind diese Gespräche mit uns selbst nicht immer besonders konstruktiv, denn sie können durchaus sehr unterschiedlich ausfallen. Flüche sind Selbstgespräche, sehr spontan zwar, aber allenfalls bedingt hilfreich, wie jeder weiß, dem sein Motorrad umkippt, weil der Seitenständer im weichen Grund einsinkt, oder dessen Helm von der Sitzbank zu Boden fällt. Aber Selbstgespräche sind weitaus mehr und wichtiger als nur spontane, nicht selten sogar gut vernehmliche Kommentare zum Außergewöhnlichen oder alltäglich Ärgerlichen. Sie geben unserem Handeln Struktur, laufen voraus, regulieren es, während wir es umsetzen, und sind darüber hinaus auch das Instrument der nachfolgend-rückblickenden Analyse, besonders in schwierigen Situationen.

H **Wer sich beim Fahren per innerem Sprechen unterstützt, tut sich leichter**

»Richtige« Selbstgespräche?

Immer wieder wird diskutiert und geschrieben, wie denn »richtige « Selbstgespräche sein müssen, und oft heißt es, sie müssten positiv sein. Davon halte ich nicht viel, was ist positiv? Mir scheint die Unterscheidung zwischen positiv oder negativ in diesem Zusammenhang unzweckmäßig, denn es geht einzig darum, sich mit seinen Selbstgesprächen zu unterstützen. Fluchen oder sich selbst beschimpfen kann manches Mal durchaus helfen, und sich immer nur als Gewinner anzusprechen, wird auf Dauer auch langweilig. Meine Empfehlung: Vergessen Sie positiv und negativ, reden Sie so mit sich, dass es Sie unterstützt und nicht stört, und Sie tun sich leichter.

Danach gefragt, wie er sich davor schütze, immer die gleichen Fehler zu machen, gab Valentino Rossi in *Motorsport aktuell (13.*

Juli 2004, S. 38) in einem Artikel mit dem Titel »Der Doktor führt Selbstgespräche« zur Antwort, »Ja, ich spreche viel mit mir, wenn ich auf dem Motorrad sitze ... wenn ich mal vor einer Kurve zu früh bremse, sage ich zu mir: Verdammt, bremse hier das nächste Mal später! Ich spreche mehr mit mir sowohl auf der Rennstrecke als auch auf der Strasse. Auf der Straße bin ich meist etwas nervöser, weil jederzeit ein Auto aus einer Seitengasse herausschießen kann. Daher muss man umso entspannter sein.«

Stärken kennen – Grenzen kennen

Nur wer seine Stärken kennt, weiß, was er kann, und vermag deshalb seine Grenzen einzuschätzen. Da verhält es sich bei Motorradfahrern nicht anders als im Leben: Erst in der Balance zwischen persönlichen Stärken und Schwächen definieren sich die Grenzen, an die jeder über kurz oder lang stößt. Einer fährt z.B. lieber Links-, als Rechtskurven, ein anderer fühlt sich auf Schotter wohl, während ihm nasse Straßen ein Gräuel sind.

Solche Stärken, aber auch die Schwächen bilden, wenn man so will, unsere Grundausstattung, unser Potenzial, das über Bestehen oder Scheitern entscheidet. Mit seinen Schwächen kann man vielleicht kokettieren; im Ernstfall aber können sie sich sogar als lebensgefährlich erweisen, und die Liste unserer Schwächen ist unendlich lang. Mit seiner Maschine sicher unterwegs zu sein, erfordert freilich nicht nur die Kenntnis der eigenen Stärken und der damit verbundenen Grenzen, sondern auch die Bereitschaft, seine Schwächen in Angriff zu nehmen.Seine Stärken kennen zu lernen, setzt zunächst einmal einiges Wissen und Erfahrungen voraus, was wie geht, welche Ziele und Absichten realistisch erscheinen. Erst in einem nächsten Schritt gilt es dann, dieses Wissen in die Tat umzusetzen, es zu können. Wem dieses Umsetzen vom Wissen in die Tat gelingt, der gilt als kompetent. Motorradfreunde, die voller Wissen zu stecken scheinen, dabei jedoch ohne entsprechendes Können daherkommen, gelten gemeinhin als Schwätzer – wie vergleichbare Zeitgenossen im richtigen Leben.

Überzeugt vom eigenen Können

Können, verstanden als die Summe der Stärken, reicht alleine aber nicht aus, entscheidend ist vielmehr noch die Überzeugung, dass man es auch in die Tat umsetzen kann, wenn es darauf ankommt. Beispielsweise ist es notwendig und hilfreich, erst einmal zu wissen, wie man mit einem Motorrad bremst, noch besser, man beherrscht das Bremsen bereits. Und noch besser auch dann, wenn es darauf ankommt. Den Ausschlag fürs Gelingen gibt letztlich die Überzeugung, dass man es auch kann, wenn es angesagt ist, dann etwa, wenn der Trecker aus einer unübersichtlichen Hofeinfahrt unappetitlich knapp vor einem in den Straßenverkehr einfädelt. Alleine das Wissen wäre da die zweitbeste Lösung, denn in solchen Momenten gilt es, in die Eisen zu steigen, überzeugt, dass das geht, kurz: Überzeugung in das eigene Können ist angesagt: »Ich mache das jetzt!«. Denn der Könner ist nur die Hälfte wert, wenn ihn gelegentlich die Überzeugung verlässt, dass es hier und jetzt klappt, weil ihm das Herz in die Hose rutscht. Nicht nur die Geschichte des Motorrad-Rennsports wimmelt nur so von Hoffnungsträgern, die sich nach brillanter Qualifikation im Rennen entweder im Kies-, wenn nicht gar im Klinikbett oder wenigstens auf den hinteren Rängen wiederfanden, weil, wie es dann nicht nur in Kommentatoren- und Expertenrunden heißt, der »Druck« zu groß war. Vielleicht hat sich aber auch nur die Überzeugung in das eigene Können zugunsten weitschweifiger Überlegungen über mögliche Gewinnchancen, Aufstiegs- und Vertragsoptionen mit den entsprechenden Konsequenzen verflüchtigt.

Was hält einen denn davon ab, mit voller Überzeugung in das eigene Können zu fahren, in einer Kurve zu bremsen oder bei Regen in die Bremse zu gehen? Das Bedenken der Konsequenzen ist es, eingeleitet mit der Frage: »Was passiert, wenn … ich mit dem Motorrad …. bei Regen bremse … wegrutsche … den Motor abwürge oder auch nur jetzt vor dem Biergarten umfalle …?« Diese Fragen wirken wie Magnete. Sie ziehen Energie ab vom Angesagten, nämlich (kompetent) das zu tun, was zu tun ist. In Kapitel 4 finden sich Hinweise, wie man sich hier verbessern und weiterentwickeln kann. Mit Überzeugung in das eigene Können trennt sich nämlich die Spreu vom Weizen. Können verliert sich nicht von einer zur anderen Anforderung, wohl aber in aller Regel als Erstes die Überzeugung in dieses eigene Können. Ein Beispiel dafür ist der Sekundenzweifel, der jedem schon einmal einen Streich gespielt hat, nicht selten mit mehr oder weniger fatalen Folgen.

Gefährliche Sekundenzweifel

Wer erinnert sich nicht an seine Konfrontationen mit den im Schulsportunterricht unterschiedlich hoch bauenden Böcken oder Kästen, die es mit oder ohne Sprungbrett zu überspringen galt? Alle gingen wir mehr oder weniger mutig zu Werke, wählten unsere Höhe, maßen einen Anlauf aus, um wild entschlossen anzulaufen, bis kurz vor dem Absprung plötzlich Zweifel an der Erfolgsaussicht die Oberhand gewannen über die geballt wirkende, aber letztlich hohle Überzeugung und wir aus vollem Lauf das Sprungobjekt rammten. Zweifel für einen Sekundenbruchteil ließen das Unterfangen scheitern. Genauso ging es schon vielen Motorradfahrern, wenn sie mitten in der Kurve plötzlich durch Zweifel an der Angepasstheit ihrer Geschwindigkeit aus der Spur, wenn nicht gar der Bahn gerieten, weil sie das Motorrad durch Bremsen aufrichteten. Unversehens fanden sie sich auf der Gegenfahrbahn oder im Grünen, wenn sie Glück hatten nur mit zittrigen Knien und nicht mit einem entgegenkommenden Fahrzeug oder gar der Leitplanke kollidierend. Zweifel für den Bruchteil einer Sekunde, Sekundenzweifel raubten die Überzeugung ins eigene Können, als es darauf ankam.

Wer Bescheid weiß, wie man bremst, und es eigentlich auch gut beherrscht, kann, wie die Erfahrung immer wieder zeigt, durchaus daran zweifeln, wenn er im Regen mit 100 km/h auf der Landstraße plötzlich zu einer Vollbremsung gezwungen wird, selbst mit ABS. Also: Mentales Navigationssystem programmieren (Kapitel 8)! In diesen Tagen rollte ich im innerstädtischen Verkehr auf einem (geliehenen) 300-kg-Trumm von Motorrad. Angerichtet war ein Menü aus Regen, Straßenbahnschienen, in nassem, schwarz glänzendem Kopfsteinpflaster verlegt, wie immer etwas gewölbt und kunstvoll mit Asphalt verfugt. Reibwerte jenseits von Gut und

Böse. Das weiß man! Und jetzt die Frage, trotz ABS: »Könnte ich bremsen, wenn der vor mir plötzlich ...?« Da war Überzeugung ins eigene Können gefragt und – sehr behutsames, entspanntes Fahren; aber bitte nicht: »Es wird schon nichts passieren!«

Um an dieser Stelle aufkommenden Missverständnissen vorzubeugen: Über die möglichen Konsequenzen dessen nachzudenken, was man kann, gilt nicht nur als existenzsichernd, sondern geradezu als Basis jedes Verantwortungsbewusstseins. Nur Gedankenlose und Unverantwortliche ersparen sich solches Nachdenken. Aber bitte nicht zu jeder Zeit! Vorher, nachher immer; aber nicht im Moment des Tuns! Denken Sie also auch über die Gefahren des Motorradfahrens im Allgemeinen und die Anforderungen des Bremsens im Regen nach, über Rechtsschutz, Unfallversorgung, Stürze und Unfallfolgen. Das ist gut, ja notwendig und richtig – vor dem Fahren, nach dem Fahren; aber bitte nicht während des Fahrens oder Bremsens: »Was passiert, wenn ...?« Denn da, etwa auf der handtuchschmalen Schotterserpentine, geht es zweckmäßigerweise genau darum, jetzt Motorrad zu fahren und es gegebenenfalls sicher zu bremsen, und nicht um das sich beim vielleicht drohenden Abkommen von der Piste auftuende Horrorszenario. Profis unterscheiden sich nicht nur durch ihr Können von Anfängern und Dilettanten, sondern auch durch ihre Fokussierung auf das, was sie jetzt zu tun haben, statt auf dessen Konsequenzen. Können vor Konsequenz (s. S. 65). Konzentration nennt man das.

Erfolgserlebnisse

Stichworte wie Vollbremsen, Schräglage, Nässe, loser Untergrund wie Schotter oder Sand lassen nur die wenigsten Motorradfahrer mit leuchtenden Augen erwartungsfroh mit der Zunge schnalzen, vielmehr provoziert schon deren Aufzählung mehrheitlich eher Reaktionen zwischen verlegenem Lächeln und geradezu empörter Ablehnung. Das hat schon seinen Grund, denn wer auf vier Rädern spüren will, wann beim Bremsen sein Gefährt anfängt zu rutschen, probiert es einfach aus. Ein Auto kippt dabei nicht, noch fällt es in Schräglage, rutschende Räder spürt man meist gefahrlos, Schotter und Sand merkt man allenfalls an durchdre-

Fokussieren auf sein Können. Das jetzt Erforderliche hilft dem Fahrer hier sicher mehr als das Bedenken aller möglichen Konsequenzen (Foto: Jo Deleker)

Erfolgserlebnisse stärken

Seln Motorrad sicher zu bewegen lernt man im Prinzip über Erfolgserlebnisse, die sich herbeiführen lassen, wenn man sie in fünf Schritten ansteuert:

1. Zunächst setzt man sich ein Ziel, das man mit etwas Anstrengung meistern kann,
2. unternimmt man den Versuch, dieses Ziel tatsächlich zu erreichen,
3. hat man Erfolg beim Versuch, wenn das Ziel nicht überzogen war, und kann sich
4. seinen Erfolg durch eigene Anstrengung und Leistung erklären – und nicht durch Glück oder Zufall.
5. Im Falle des Misserfolgs und des Erfolgs bringt eine Analyse (s. S. 55) Aufschluss darüber, woran es gelegen hat, entsprechend wird ein neues, angepasstes Ziel gesetzt u.s.f.

Erfolgserlebnisse stellen sich ein, wenn man sich ein realistisches Ziel vornimmt und entsprechend vorgeht.

henden Rädern. Erfahrungen in der gleichen Situation auf dem Motorrad erlebt man da ungleich unterhaltsamer, weswegen man einen Weg finden muss, auch hier sein Können auszubauen, ohne ständig auf oder neben der Straße oder gar in der Unfallklinik zu landen. Diesen Weg gibt es, Training und Praxis öffnen und ebnen ihn durch eigene Erfahrungen und Erfolgserlebnisse. Wobei in der Vergangenheit erlebte Erfolgserlebnisse die Kompetenzüberzeugung stärken, Misserfolgserlebnisse sie schwächen. Jeder hat das nach einem Sturz am eigenen Leib und der eigenen Seele erfahren (Kap. 9), wenn es danach vorsichtiger und zögerlicher ans Motorrad geht und man sich erst wieder an seine frühere Sicherheit heranarbeiten muss. Wege dazu gibt es, man muss sie nur beschreiten. Einer davon: Erfolgserlebnisse suchen und stärken.

Andere beobachten

Seine eigenen Stärken kann man auch durch stellvertretende Erfahrungen ausbauen, mit Erkenntnissen die man aus der Beobachtung anderer gewinnt, um daraus für sich Ansätze erfolgreichen Handelns abzuleiten („»Wie machen die das? Dann versuche ich es einmal genauso«). Vieles lernen und lernten wir auf diesem cleveren, aufwandökonomischen Weg, sofern sich die eigenen Zielsetzungen an den eigenen realistischen Möglichkeiten orientierten und nicht an unrealistischen Träumen. Wer etwa beim Sportfahrertraining im Nassen ohne Regenreifen antritt, sollte seine Ziele an seinem Reifenmaterial und seinem Können orientieren und weniger an dem, was perfekt ausgestattete, erfahrenere Teilnehmer beim Bremsen und in Schräglage vormachen. Auch bei Profis genießt das Beobachten der anderen hohe Wertschätzung, Rennfahrer beobachten selbstverständlich bei ihren Mitbewerbern Fahrlinie, Bremspunkte, Gänge, Reifen etc.: »Es scheint zu funktionieren, die können das auch.« Vor der berühmt-berüchtigten Kurve Eau Rouge auf dem Ardennen-Kurs von Spa lupfte jeder das Gas, bis als Erster Jaques Villeneuve sie mit Vollgas durchpfeilte, zuvor traute sich keiner; aber danach: »Wenn der das kann …«

Steve Plater, 2007 schnellster Rookie der TT-Geschichte, beschreibt, wie er sich den 60-km-Mountain-Course erarbeitet hat, indem er andere Spitzenfahrer beim Hinterherfahren beobachtete: »Man lernt auch eine Menge, wenn man den anderen Burschen hinterdrein fährt. In einer Trainingssitzung beispielsweise folgte ich Bruce (Anstey) und Big H (Paul Hunt) in einer Sektion nahe Ramsey, von der ich dachte, dass ich sie ganz gut drauf hätte. Weil ich davon ausging, dass man am Kurveneingang richtig aggressiv fahren könnte, kamen mir die beiden wie rollende Großmütter vor. Am Ausgang der Sektion aber verschwanden die beiden am Horizont. Bruce´s und H´s Eingang in den ersten Abschnitt dieser Sektion ermöglichte ihnen einen schnelleren Ausgang, und dabei verloren sie mich. Ich lernte eine Menge daraus.« (Übersetzt vom Verfasser).

Experten fragen

Obwohl Lehrgeld der unumgängliche Preis jeden Lernens ist, erleben die zur Kasse Gebetenen diese Form des Investierens in den seltensten Fällen als angenehm. Wer hört schon gerne dieses nachsichtig herablassende: »Du bist halt noch jung …« oder »Das geht am Anfang jedem so …« Deshalb empfiehlt sich nach meiner Überzeugung stets die Frage: Warum muss man etwas erfinden, was es schon lange gibt und andere längst wissen? Schauen, hören, fragen ist für mich ein Dreiklang des Lernens Erfolgreicher, natürlich auch erfolgreicher Motorradfahrer. Viele Erfahrungen braucht man wirklich nicht selbst zu machen, wenn man sich durch Fragen und Nachfragen bei Experten den frustrierenden, nicht selten leidvollen, selbst gebahnten Weg ersparen kann. Sorgen darum, dass keine Gelegenheiten mehr übrig bleiben, Lehrgeld zu bezahlen, sind gänzlich unbegründet, keine Angst.

Oft sind es Kleinigkeiten, die das Leben auf zwei Rädern erheblich erleichtern können, wie z.B. der Tipp, bei Regen die Handschuhe unter die Ärmel zu schieben oder wie man ein Motorrad auf dem Seitenständer dreht, wie eine Kette oder Zug- und Druckstufe angepasst werden und vieles andere. Solche Tipps und gute Ratschläge von Fachleuten kürzen Lernprozesse ab und ersparen einem oft Misserfolge, vielleicht sogar Stürze und Schlimmeres. So erzählte mir ein Teilnehmer der TT auf der Isle of Man, ein Kommissar habe ihm bei der Abnahme seiner R1 nach dem ersten

Training einige Modifikationen am Fahrwerk empfohlen, weil das Gerät erkennbar mit der Unterseite (!) der Verkleidung aufsetzte, durchaus nicht ungefährlich, was er aber im Eifer des Rennens gar nicht gemerkt habe.

Mit Ansage fahren

Um herauszufinden, ob man eine Übung oder eine Technik mit seinem Motorrad schon hinreichend zuverlässig beherrscht und sie schon als Stärke verbuchen kann, lohnt es sich, einen Grundsatz befolgen: Erst das Ziel ansagen (»Das mache ich jetzt«) und danach an die Umsetzung gehen. Niemals umgekehrt, d.h., sich nach einem Versuch das dazu passende Ziel aussuchen. Bei der ersteren Herangehensweise entwickelt man Selbstbewusstsein und Vertrauen in die eigenene Stärke, bei der zweiten lügt man sich in die Tasche, getreu dem Motto: Gute Motorradfahrer haben Ziele, schlechte haben Ausreden. Für das Mentale Training (Kap. 8) mit Hochleistungssportlern habe ich mit dem Prognosetraining eine Methode entwickelt, um die Überzeugung in die eigenen Stärken zu steigern, heute nenne ich es Training mit Ansage. Der dahinterstehende Gedanke war, dass man im »Ernstfall« Wettkampf-Erwartungen oder -Prognosen erfüllen soll, will und muss. Dieses Prinzip erkennt unschwer jeder Profi in jedem Beruf: Es gilt Erwartungen und Prognosen zu erfüllen, weil man andernfalls seinen Ruf als Profi schneller verspielt, als einem lieb sein kann. Denken Sie einmal an Ihren Beruf, Ihre Ausbildung oder Ihr Studium. Um nun zu prüfen, wie stabil man seine Stärken abrufen kann, setzt man sich eine Prognose in der Übung oder Handlung, die man stabiler beherrschen will. Beispiel: Eine Acht fahren am Lenkeranschlag oder Bremsen innerhalb einer bestimmten Strecke oder was immer Sie als Trainingsziel auf dem Motorrad auswählen (eine Auswahl findet sich in Kapitel 7). Stellen Sie sich eine Prognose, etwa »bei fünf Versuchen fahre ich zweimal ohne mit dem Fuß auf den Boden zu kommen eine Acht am Lenkeranschlag«. Bei Erfolg kann man seine Prognose steigern und weiter entwickeln. Das Prinzip: Erst das Ziel, dann die Handlung, nie umgekehrt! Mehr dazu finden Sie in meinem Buch »Mentales Training« (7. Auflage 2007).

Nach dem Ein-Versuch-Prinzip trainieren

Handlungssicherheit demonstriert, wer seinen Job auf Anhieb schafft, wenn es sein muss. Das ist ohne Frage auch ein Erfordernis beim Motorradfahren, auch hier müssen, um Ungemach zu vermeiden, so manche Manöver auf Anhieb klappen. Man denke nur ans Ausweichen, Vollbremsen oder Fahren einer Serpentine mit urlaubsbepacktem Motorrad. Handlungssicherheit muss man trainieren, und sie lässt sich trainieren. Dazu habe ich eine Methode entwickelt und erprobt: Das Training nach dem Ein-Versuch-Prinzip, das sich als recht zuverlässig erwiesen hat, um festzustellen, ob man eine Technik, die man trainiert hat, inzwischen sicher beherrscht oder (noch) nicht.

Dabei geht es um einen Versuch (und nur einen), den man sich vornimmt und im Falle des Nichtgelingens nicht wiederholen darf! Probieren Sie es aus mit einer Acht, die sie ohne Fußkontakt am Boden auf einem leeren Platz fahren wollen. Üben Sie so viel wie möglich, und testen Sie am Ende einer Trainingseinheit nach dem Ein-Versuch-Prinzip die Überzeugung in Ihre Stärke: »Jetzt fahre ich eine Acht, wiederhole den Versuch aber nicht, wenn es nicht klappt.«

Ein gelungener Versuch macht gute Gefühle und gibt Stärke: »Ich hab´s drauf.« Sie werden aber erfahren, dass ein misslungener Versuch sofort nach einer Wiederholung förmlich schreit, u.U. so lange, bis er gelingt. Aber genau das machen Sie jetzt nicht, sondern fahren nach Hause. Beim nächsten Training erst folgt der nächste Versuch, und Sie werden erleben, wie Sie Ihr misslungener Versuch so sehr wurmt und beschäftigt, dass Sie bei der nächsten Gelegenheit Ihr Training genau mit dieser Übung hoch motiviert fortsetzen.

Sinn sehen, verstehen und handhaben können

Aaron Antonovsky ging als Sozialforscher der Frage nach, wie es Menschen schaffen, auch unter schwierigsten und widrigsten Bedingungen erfolgreich zu sein oder gar zu überleben. Seine Erkenntnisse lassen sich, bestimmt vereinfacht, aber nachvollziehbar so zusammenfassen, dass die Erfolgreichen ihrem Tun

- **Sinn geben,** dass sie ferner

- die wichtigen Zusammenhänge **verstehen** und schließlich Wege finden, wie sie
- erfolgreiche Strategien **handhaben**.

Um sein Motorradfahren zu verbessern, sollte man also für sich den Sinn klären, danach trachten, grundlegende Zusammenhänge zu verstehen, und Wege suchen, dies in die Praxis umzusetzen, weil das Ganze sonst bloß eine Kopfübung bleibt. Schauen Sie sich drei Beispiele von ganz unterschiedlichen Motorradfahrern mit unterschiedlichen Zielsetzungen an, die sich mit ihrem Können verbesserten.

Drei Beispiele, wie man sein Können aufbaut

1. Beispiel: Der Rennfahrer

Ziel

Erfolgreich Motorradrennen fahren.

Sinn

Mit einem Motorrad im Wettkampf gegen andere auf Zeitenjagd zu gehen, muss man wollen. Es muss einem ganz einfach Sinn machen. Michael Schumacher sah diesen Sinn offensichtlich, war nach seiner beispiellos erfolgreichen Formel-1-Karriere in die Motorradrennerei eingestiegen und hatte sich sogar in der IDM (Internationale Deutsche Meisterschaft) achtbar und von allen respektiert geschlagen. Um hier den Erfolg zu haben, den er brauchte, musste er einiges verstehen, wie jeder Rennfahrer.

Verstehen

Ich gehe davon aus, dass er dazu, wie er es wohl auch als Formel-1-Fahrer gelernt und praktiziert hat, versuchte, alle denkbaren wirksamen, leistungsbestimmenden Faktoren des schnellen Motorradfahrens zu verstehen. Übrigens ein stehender Begriff in der Rennszene: Wir müssen das Fahrzeug, die Reifen, das Fahrwerk etc. verstehen. Einer der wichtigsten Faktoren beim Motorradrennen ist die Kontrolle über das Vorderrad. Um im Kurveneingang den notwendigen Speed aufzubauen, muss man das Rad zu spüren und zu führen versuchen. Das Hinterrad zu kontrollieren, ist dagegen vergleichsweise einfach, insbesondere mit einer leistungsstarken Maschine gelingt es vielen, mit etwas Übung Hinterradstriche auf den Asphalt zu ziehen. Dasselbe mit dem Vorderrad bezeichnet man üblicherweise als grenzwertig.

Handhaben

Zu Beginn seiner ersten Rennsaison tauchten plötzlich nicht nur in der Boulevardpresse Sturzmeldungen und -fotos in Reihe von »Sturzpilot Schumi« auf. Der hämische und heuchelnd dargebrachte Bezug war nur schwer zu überhören. Stets handelte es sich übrigens um harmlose Vorderradrutscher. Grund dafür dürfte das Verstehen der Bedeutung des Vorderrads am Kurveneingang gewesen sein, wo es gilt, beherzt über das Vorderrad einzulenken. Um das Verstandene umzusetzen, seine Handhabung zu verbessern, gilt es, die Rutschgrenze kennen zu lernen, sich ihr anzunähern und sie gelegentlich zu überschreiten. Vermutlich hat er dazu Streckenabschnitte gewählt, die dies ohne zu große Risiken zuließen. Das und nichts anderes hat er mit Risikobereitschaft und bemerkenswerter Konsequenz getan.

2. Beispiel: Der Gestürzte

Ziel

Nach einem Sturz wieder angstfrei fahren können.

Sinn

Mit den Kumpels gesellige Ausfahrten machen, gerne auch in die Alpen über mehrere Tage oder im Urlaub. Motorradfahren als Hobby, um mit anderen zusammen etwas zu unternehmen.

Verstehen

Nach dem Vergegenwärtigen und der Analyse des Sturz-Hergangs mit Hilfe von Experten und erfahrenen Motorradfahrern versteht er den Unfallhergang, weil er jetzt in der Lage ist, eine Ursache-Wirkungs-Kette im Ablauf zu beschreiben: Er hatte aus der Kurve heraus im niederen Gang mit dem Vorsatz, wieder zur Gruppe aufzuschließen, das Gas etwas zu hart aufgezogen. Das Vorderrad stieg hoch, der Fahrer erschrak und verkrampfte sich voller Panik am Lenker, drehte dadurch das Gas noch weiter auf und überschlug sich in der Folge nach hinten.

Handhaben

Nach dem Prinzip des Desensibilisierens (s. S. 284) das Motorradfahren neu lernen unter Beachtung des Entspannungsprinzips, was bedeutet, dass der nächste Übungsschritt erst folgen darf, wenn der vorangegangene entspannt geklappt hat. Nicht abwegig ist hier auch die Überlegung, mit einem kleineren, kW- und hubraumschwachen Motorrad anzufangen und sich wieder Schritt für Schritt an das alte Können heranzutasten.

3. Beispiel: Bremsenangst

Ziel

In jeder Fahrsituation optimal bremsen zu können, wenn es erforderlich sein sollte. Die Angst vor dem harten Bremsen abbauen.

Sinn

Bremsen als Basis zum Beherrschen des Motorrads. Wer nicht bremsen kann, kann nicht Motorrad fahren.

Verstehen

Wie reagiert ein gebremstes Vorderrad, wie das Hinterrad, gibt es Unterschiede, was passiert beim Blockieren vorne, was hinten? Die Antworten auf diese Fragen muss man als Bremslehrling verstehen. Hilfreich war mir immer das Bild, den Bremshebel wie einen Dimmer und nicht wie einen Kippschalter zu verstehen und entsprechend zu bewegen.

Handhaben

Das Verstandene gilt es nun im Üben und Trainieren mit dem Motorrad umzusetzen, Schritt für Schritt, um die Fahrzeugbeherrschung und -handhabung zu verbessern. Zu erfahren, wie das Motorrad auf unterschiedliche Hebelbewegungen reagiert. Wann und wie es blockiert, wie Hinterrad, Vorderrad und Fahrwerk sich beim Bremsen verhalten usw. Dabei spielt es keine Rolle, ob man mit oder ohne ABS unterwegs ist, denn auch ein ABS-gebremstes Motorrad wird vom Fahrer bedient und verändert nicht nur seine Fahrwerksgeometrie (s. S. 256 ff).

! Nur wer seine Stärken kennt, kennt seine Grenzen

Können vor Konsequenz

Letzten Sommer kam Sven zu mir, ein junger Rennfahrer, in Supermoto-Rennen aktiv und schon recht gut unterwegs, allerdings nur, solange die starken Fahrer nicht in der Nähe seien. Er könne dann seinen Speed nicht mehr umsetzen, würde unter Wert geschlagen. Sven und ich setzten uns zusammen, und auf eine meiner ersten Fragen nach seinem Ziel kamen prompt Antworten wie »schauen, dass man vor den anderen ist ...«, »gute Platzierungen ... «, »Meisterschaftspunkte ...« »schnellere Zeiten ...« etc. Ziele sind das schon, aber leider keine sonderlich zweckmäßigen. Denn sie zu erreichen, setzt etwas voraus, nämlich in einem ersten Schritt das zu tun, was erst Platzierungen, Punkte, schnelle Zeiten möglich macht: Das Motorrad optimal bewegen, und nur das! Ja, aber was man dann darunter zu verstehen habe, schließlich müsse man die Konkurrenz ja beobachten und schauen, was die machen, entgegnete Sven. »Was musst Du denn tun, um das zu erreichen?« »Ja, schnell fahren!« »Gut, und wie?« »Am Kabel ziehen!« »Genauer, worauf kommt es denn an, was ist denn Dein Job, Sven? ...« So ging es schon einige Zeit, bis wir uns darauf einigten, sich doch aufs Wesentliche zu konzentrieren, und das ist beim Rennen fahren Gasgeben und Bremsen. Für einen Rennfahrer gibt es keine Phase im Rennen, in der er nicht entweder Gas gibt oder bremst. Sich darauf und ausschließlich darauf zu konzentrieren, hat einen phantastischen Nebeneffekt: Weil unsere graue Gehirnrinde so eine erbärmlich geringe Kapazität besitzt, kann man nicht zwei Dinge bewusst zur gleichen Zeit tun. Entweder Gasgeben oder Bremsen, aber zum Beobachten der Konkurrenz reicht die Gehirnkapazität dann nicht mehr. Das Resultat: Konzentration aufs Wesentliche!

Konsequenz	Können
• »Das schöne Motorrad« • »Bei Nässe krieche ich wie eine Schnecke« • »Die anderen lachen mich aus« • »Hoffentlich werfe ich das Motorrad nicht weg«	• »Ich entspanne mich beim Fahren« • »Ich schaue weit voraus« • »Ich lasse das Motorrad rollen und fahre weich« • »Ich fühle mich beim Fahren wohl«

Konsequenz vs. Können beim Regenfahren

Konsequenz	Können
• »Vorsicht, nicht rutschen« • »Nicht zu schräg« • »Nicht zu schnell« • »Festhalten, sonst verliere ich die Kontrolle« • »Nicht stürzen«	• »Ich blicke über den Rückspiegel weg weit voraus, passe meine Geschwindigkeit an« • »Lenkimpuls« • »Ich fühle mich beim Fahren wohl« • »Ich rutsche auf dem Sitz nach vorne innen« • »Ich lasse das Motorrad rollen und entspanne mich

Konsequenz vs. Können beim Kurvenfahren

Konsequenz	Können
• »Oh Sch …« • »Nicht drauf fahren« • »Das reicht nicht mehr – hoffentlich geht das« • »Vorsicht Vorderrad«	• »Ich schließe die Knie am Tank« • »Ich ziehe beide Hebel-Arme fest« • »Ich schaue weit voraus vorbei« • »Ich spüre die Verzögerung«

Konsequenz vs. Können beim Bremsen

Wir haben die Geschichte, worauf es ankommt, dann noch etwas genauer festgelegt. Drei Aktionen sind es: Entschlossen in die Kurve einlenken, locker durchfahren und herzhaft am Kabel ziehend raus! Nichts anderes. Das ist die Geschichte, mit der sich Sven beschäftigte, und mit nichts anderem. Sein Erfolg gibt ihm recht.

! Überzeugung in sein Können soll und muss man trainieren. Nur dadurch lernt man seine Grenzen kennen. Das Lamentieren über Konsequenzen hat noch niemandem geholfen.

Können in Standard-Fahrsituationen
Auf S. 66 sind in drei Standard-Fahrsituationen die Gedanken (per Selbstgespräch) beispielhaft dargestellt, die Motorradfahrern durch den Kopf gehen, wenn sie sich mit den Konsequenzen oder mit ihrem Können befassen.

Realistische Ziele – da geht es hin!

Zur Verbesserung des Motorradfahrens, um sicherer, vielleicht auch zügiger und mit besserem Gefühl unterwegs zu sein, bedarf es geeigneter Ziele, die Orientierung und Stabilität geben. Wer sein Ziel nicht kennt, dem ist kein Weg der richtige, denn er weiß nicht, worauf hin und wie er sich richten und organisieren soll. So konnte ich einem Teilnehmer, der mich in einem Seminar nach den »besten Trainingsmethoden« fragte, auch nur antworten: »Wo soll es hingehen, wofür wollen Sie trainieren, was ist Ihr Ziel?« Jedes Training ist auf eines oder mehrere Ziele gerichtet, verstanden als angestrebter Endzustand mit der Ausgangsfrage: »Was will ich mit meinem Training erreichen, was ich jetzt noch nicht kann?« Im Prinzip läuft es auf gesteigertes Können hinaus, verstanden als die Fähigkeit, etwas gut oder besser zu schaffen als zuvor.

Aber nicht jeder Vorsatz ist gleichbedeutend mit einem sinnvollen Ziel, auf das hin man üben und trainieren kann. Jedem leuchtet ein, dass man sich realistische Ziele setzen soll, um seine Energien nicht irgendwelchen abgedrehten Illusionen zu opfern. Wenn sie dann noch zweckmäßig und dazu hin anspruchsvoll, also nicht zu leicht sind, erfüllen sie eine grundlegende Voraussetzung für eine persönliche und sportlicher Entwicklung z.B. beim Motorradfahren. Ziele brauchen aber auch Qualität, damit sie Sinn machen, denn sich einfach vorzunehmen, »besser zu fahren«, hilft kaum weiter: Was ist das, »besser fahren«? Bedeutet dies, dass man schnellere Rundenzeiten hinlegt oder dass man sicherer oder angstfrei fahren oder weniger schnell ermüden will oder alles zusammen? Diese Fragen gilt es vor jedem Training für sich zu klären.

Drei Merkmale jeder sinnvollen Zielsetzung

1. Anstrebungsziele setzen, also festsetzen, was man anstrebt, und nicht, was man vermeiden will. Ein schön albernes Beispiel dafür, was man mit Vermeidungszielen anrichten kann, ist das Schild, das bei uns an jedem Hotelaufzug hängt: »Aufzug im Brandfall nicht benutzen!« Man stelle sich die Ernstsituation im Brandfalle vor, in der man, sicherlich nicht die Ruhe selbst, am Aufzug ankommt, um das zu lesen. Und was mache ich jetzt??? Was soll ich statt des Aufzugs benutzen??? Es fehlt neben diesem Vermeidungsziel-Schild ein Anstrebungs-Zielschild: »Gehen Sie jetzt nach … und machen Sie …«

2. Ziele müssen **klar** sein, was nicht mehr und nicht weniger bedeutet, als dass sie bzw. ihr Erreichen überprüfbar sein müssen. Unklare, nicht überprüfbare Ziele sind das Papier nicht wert, auf das sie geschrieben sind. Politische Parteien pflastern ihren Weg zur Macht in Wahlkämpfen mit nicht überprüfbaren Zielen.

3. Ziele müssen **explizit**, also »öffentlich« sein, und sei es auch nur, dass man sie aufschreibt, schon um sich gegen gelegentliche »Vergesslichkeit« als Selbstschutz zu wappnen. Man muss ja nicht gleich so weit gehen, sie anderen unter die Nase zu binden …

Ziele für das Motorradfahren

Um sein Motorradfahren zu verbessern, gibt es viele Ziele, einige davon wären z.B.:

- Für sich das passende Motorrad zu finden
- Entspannt fahren
- Realistische Selbsteinschätzung

- Fahrbahn und Motorrad getrennt wahrnehmen
- Eigenverantwortung übernehmen
- Mental trainieren
- Körperlich trainieren

Explizite, überprüfbare Anstrebungsziele sind die beste Voraussetzung für gutes Motorradfahren.

Visualisierung – innere Bilder

Innere Bilder zu entwickeln und zu sehen, ist deshalb ein wichtiges und vielfach unterschätztes mentales Werkzeug, weil sie wie Landkarten funktionieren. Wir orientieren uns an den leicht merkbaren Inhalten von Bildern, weshalb wir uns erst »ein Bild machen müssen«, bevor wir uns zu etwas äußern. Wie der Spezialist für betagte japanische Reihenvierzylinder, den ich am Telefon fragte, warum denn der Leerlauf meiner 82er Kawa GPZ 750 immer wieder nach einigen Sekunden zwar langsam aber sicher vom absterbenden Motor gefressen würde: »Bringen Sie das Motorrad her, da muss ich mir erst ein Bild machen«, war seine plausible Antwort. Per Visualisieren vergegenwärtigt man sich diese inneren Bilder. Ohne witzig sein zu wollen, erkläre ich das meinen Studierenden immer als »Kino für Arme«, weil man sich seine eigene Bilderschau als Kopfkino vorführt. Im Prinzip recht hilfreich; aber natürlich nicht immer, denn zweckmäßige innere Bilder unterstützen uns zwar in dem was wir tun, unzweckmäßige dagegen wirken nicht selten als Beanspruchungs- und Stressfallen.

In diesem Zusammenhang stelle ich mir einen 125er-Jungspund in schwieriger Lage vor, der, knapp dem Konfirmandenalter entwachsen, sich für das Feld eines Weltmeisterschaftslaufs qualifiziert, vielleicht sogar in den vorderen Reihen, um sich dann, nicht alleine wegen des entsprechenden Medieninteresses, statt zu schlafen mit Hilfe reichhaltiger, bunter Visualisierungssequenzen alle möglichen und unmöglichen Folgen seines eventuellen Erfolgs, Misserfolgs oder Versagens per Kopfkino zu vergegenwärtigen. Visualisieren gilt ohne Frage als wirksame Methode, sich zu stabilisieren und zu fokussieren; aber man muss es halt, wie

Endurowandern (Foto: KTM)

alles, trainieren. Kapitel 4 zeigt Wege des Mentalen Trainings, das an der systematischen Visualisierung ansetzt. Ein amerikanischer Coach brachte die angesagte Devise in diesem Zusammenhang in seiner Sprache absolut treffend auf den Punkt:

»Imagine your action, act your imagination!«

Fokussierung – Konzentration auf das Wesentliche

Eine Frage, die kaum jemand stellt, nämlich warum Rossi und Kollegen keinen Seitenständer an ihrem Motorrad haben, führt direkt zum Thema Fokussierung, denn die Antwort ist denkbar einfach:

Weil sie ihn nicht brauchen! Denn Profis pflegen nur dabeizuhaben, was sie unbedingt für ihre Arbeit brauchen. Alles andere ist Ballast. Und davon kann jeder lernen: Egal was Du tust, nimm nur das hinzu, was Du brauchst, alles andere ist überflüssig. Das Wesentliche ist das, was mich jetzt bei dem unterstützt, was ich tue, egal ob es sich dabei um die Bedinung eines Gerätes oder um Gedanken im Kopf (wo sonst?) handelt. Darauf fokussiere ich mich – jetzt. In der Gegenwart spielt die Musik, hier und jetzt. Und wer vor hat, eine knifflige Geröllpassage (s. Abb. links) oder eine Hängebrücke (Abb. S. 57) zu bewältigen, tut gut daran, sich genau mit dem zu befassen und zwar ausschließlich, was hilft, um wieder auf sicheres Geläuf zu kommen.

Gedanken über Vergangenes und Zukünftiges sind dabei unnötiger Ballast, den man allerdings sehr wohl vorher und danach sortieren, ordnen und bewerten kann, um daraus die richtigen Schlüsse zu ziehen und hoffentlich sogar für später daraus zu lernen. Dieses Prinzip gilt übrigens fürs Urlaubsgepäck genauso wie für alles andere, z.B. Werkzeug. Aber auch für die Gedanken, die einem so durch den Kopf gehen, für das Mentale. In kniffligen Situationen unterstützt es sehr, sich nur mit dem zu beschäftigen, was einem im Augenblick hilft, und nicht mit all den anderen Vorstellungen, Sorgen, Gedanken, Zweifeln und Problemen, die nur stören! So denken sorgengeplagte, schlafgestörte Unternehmer, Manager oder Schüler; aber auch Motorradfahrer, die es schon bei Schräglagen über 15 Grad auf trockener Straße mit der Angst zu tun bekommen, haben genau unter solchen Irritationen zu leiden.

Hinlenken statt Ablenken

Zu wissen, was wesentlich ist, und darauf zuzusteuern ist ein Geheimnis Erfolgreicher. Denn ablenken hilft nicht weiter, wird man zeitverzögert doch mit den Problemen konfrontiert, von denen man sich ablenken wollte. Wer also Motorradfahren will und sich z.B. selbst mildeste Schräglagen nicht zutraut, versucht das Wesentliche am Kurvenfahren zu erfassen und dies zu trainieren, indem er sich ein mentales Navigationssystem zimmert (mehr dazu in Kapitel 4 und 5). Und wenn das Motorrad zu groß und zu schwer zum Aufbocken ist und man im Sitzen nicht mit beiden

Fußsohlen gleichzeitig stabil auf den Boden kommt, verfährt man in der gleichen Weise. Dieses Buch ist voll von Ideen, auf die es sich hinzulenken gilt, um sicherer Motorrad fahren zu lernen. Weil man in der Regel nicht nur ein Ziel, sondern mehrere verfolgt, und das obendrein noch in den unterschiedlichsten Bereichen, läuft man schnell Gefahr, sich zu verzetteln. Richtige Auswahl und Reihenfolge der angestrebten Ziele gelten daher als eine weitere Voraussetzung fürs Gelingen.

Nur zu oft wird bei diesem Bemühen das Pferd am Schwanz aufgezäumt, wenn man, um im Zoologischen zu bleiben, das Fell des Bären verteilt, bevor er erlegt ist. Sich auf das Wesentliche zu richten, auf das Gegenwärtige, und dabei bis auf die unterstützenden alle inneren und äußeren Einflüsse auszublenden, umschreibt, was mit Konzentration gemeint ist. Man ist dann auf das Ziel und die optimale Handlung gerichtet.

Wie man das Störende aus dem Kopf kriegt? Nicht selten kommt der verbreitete Rat, sich einfach vom Störenden abzulenken: »Du darfst einfach nicht daran denken!« »Sei doch ganz locker!« Diese Ratschläge halte ich für falsch, denn Konzentration lebt vom Hinlenken und nicht vom Ablenken! In meiner Arbeit mit Athletinnen und Athleten hat sich zum Training der Konzentration das Bild und die Vorstellung von einem Trichter oder auch einer Röhre bewährt. Ein Trichter führt zusammen und bündelt. Eine Röhre richtet und führt. Und blendet damit zwangsläufig aus.

! **Konzentriere Dich auf das Wesentliche und lass Dich nicht vom Unwesentlichen ablenken! Alle Ziele, für deren Erreichen man nicht bereit ist, bei der nächsten Gelegenheit etwas zu tun, sind nichts als mentaler Ballast**

Lockerheit und Entspannung – Wettbewerbsvorteil Unterlippe

Gekonntes Motorradfahren lebt wie alles, was wir tun, vom gekonnten Wechsel zwischen Festhalten und Loslassen. In jedem Augenblick erlebt man sich in einem bestimmten mentalen und körperlichen Zustand, den man als ein recht differenziertes, manches Mal auch diffuses Spektrum an Gefühlen, Stimmungen und Antriebsmotivation beschreiben kann. Die Rede ist vom Eigenzustand, der jedem Handeln die mentale Melodie unterlegt. Gelegentlich geht man wie auf Wolken oder fühlt sich stark genug, um Bäume auszureißen, bei anderer Gelegenheit erlebt man sich eher wie ein nasses Handtuch oder einfach ausgebrannt und leer. Die innere Landschaft des Eigenzustands scheint einerseits unglaublich vielfältig, andererseits sehen Leistungspsychologen in ihr eine grundlegende Voraussetzung fürs Bewältigen von Anforderungen. Manches Mal verkrampft man sich und fühlt sich dabei einfach nicht wohl, leistungsfähig schon gar nicht. Verkrampfen gilt als Hinweis darauf, dass man mehr von sich fordert, als man in der Lage ist, zu leisten, was man ganz einfach daran bemerkt, dass die Muskulatur sich anspannt, wo es weder hilfreich noch notwendig erscheint. Ausgelöst übrigens durch den Gedankenkreislauf Bewerten – Gefühl – Bewerten, von dem ja schon in Kapitel 3 die Rede war. Das probateste Gegenmittel auf dem Motorrad scheint banal, ist aber unglaublich wirksam: entspannt fahren, weil sich Anforderungen und Können dann in Balance befinden, kurz: Man fährt im Rahmen seines Könnens.

Jeder Zweiradfan will mit Spaß und gutem Gefühl sicher von Kurve zu Kurve schwingen, kurz: sein Motorrad beherrschen. Ein Hexenwerk ist das auch keineswegs, wenn das Motorrad und der eigene Zustand zusammenpassen, kann man mit dem passenden Motorrad entspannt unterwegs sein. Beste Voraussetzungen für dieses optimale Fahren hat, wer entspannt ist. Sicher, man muss dem Gefährt ab und zu per Lenkimpuls »sagen«, wo es lang geht; aber danach gilt es wieder loszulassen. Jutta Kleinschmidt, die erste Frau, die bei der Paris–Dakar-Rallye siegte, bestätigte es mir: Wer einen sehr langen Tag im Sattel in schwierigstem Gelände durchhalten will, muss loslassen, wann immer es geht. Zu hoher Krafteinsatz führt zwangsläufig zu vorschneller Ermüdung. Nur wer entspannt fährt, bewegt sich auf der sicheren Seite. Wer beim Fahren verkrampft, ist entweder zu schnell oder versucht etwas, was er oder sie nicht beherrscht. Dies gilt übrigens sogar für Rennfahrer. Ob man entspannt ist, merkt man – vor allem – an der Unterlippe! Das mag sich, zugegebenermaßen, zunächst etwas

Die Unterlippe bei Stress – Abfahrer in Not (Foto: Getty Images, Joe Klamar)

eigenartig anhören; aber tatsächlich reagiert man bei Schreck und Angst zuallererst mit Aufeinanderbeissen der Zähne und Pressen der Lippen. Man braucht sich nur den Abfahrer im Foto anzuschauen, der in der stressintensiven Gewissheit lebt, dass ihn jetzt nichts und niemand mehr vor einem kapitalen Sturz bewahrt.

Entspannung hilft

Entspannung hilft immer dann, wenn man zur Durchführung einer Handlung zu aktiviert, zu aufgeregt ist. Das Herz klopft bis zum Hals, der Mund trocknet aus und der Magen samt Inhalt scheint ein befremdliches Eigenleben zu beginnen. So erleben die meisten das Warten vor einem wichtigen Auftritt, einer Prüfung, vor einem Einstellungsgespräch oder Rennfahrer die Minuten vor dem Start. Es gilt, in solchen Situationen dann seine Handlungsfähigkeit zu stabilisieren, indem man sein mentales und körperliches Erregungsniveau absenkt, sich wirksam entspannt und beruhigt. Ist die Unterlippe locker, entspannt man fast automatisch den ganzen Körper. Sie ist Anfangsglied der Kette, die weiter geht über Schulter, Rücken und Arme, die schließlich die entspannten Hände an den Lenker legen und, außer am stehenden Motorrad, nicht als Haltestange missbrauchen. Aber natürlich auch an den wichtigsten Mensch-Maschine-Kontaktstellen, nämlich den Händen, der Sitzfläche und den Fußrasten gilt es während des Fahrens immer wieder zu testen, ob der Griff am Lenker noch locker ist, d.h. die Hände ohne Kraft aufliegen, und auch der Hintern sich entspannt anfühlt. Im Umkehrschluss heißt das: nur locker und entspannt fährt es sich sicher und angstfrei. Entspannung kann man nicht nur trainieren, man muss es sogar. Entspannen kann man sich aber auch einfach, um sich zu erholen, eine Pause zu machen oder eine gute Zeit zu haben.

Entspannung beim Perfektionstraining (Foto: fact)

Entspannung beim Perfektionstraining

Setzen sie sich aufs Motorrad*, vorher Hauptständer ausklappen oder zur Sicherheit wenigstens den Seitenständer. Kopf fällt nach vorne, Augen schließen sich: Atmung beobachten. Dann folgen einige Übungen, wobei die Anspannung etwa 6–8 Sekunden (am besten zählen) dauern soll:

1. Zur Entspannung der **Sitzfläche** stellen Sie sich zunächst vor, Sie müssten mit den Gesäßbacken etwas einklemmen. Halten Sie diese Spannung einige Sekunden und lassen Sie dann mit dem Ausatmen los.

2. Zum Entspannen der Schultern ziehen Sie beide Schultern hoch, fast bis neben die Ohren. Halten Sie diese Spannung und lassen Sie dann die Schultern los und nach unten fallen.

3. Die Entspannung der **Arme und Hände**: Fäuste ballen, Arme mit aller Kraft anspannen, die Arme beginnen dann nicht selten zu zittern, das soll und kann man nicht unterbinden. Nach dieser Spannung ausatmen und loslassen. Ein Bild, das sich in meiner Praxis gut bewährt hat, ist die Vorstellung, die Arme seien mit Sand gefüllt, und dieser Sand würde dann mit dem Loslassen durch die Fingerspitzen herausrieseln. Zurück bleiben entspannte Arme. Diesen Entspannungszustand können Sie dadurch prüfen, dass Sie sich fragen, ob Sie bereit wären, Arme oder Schultern jetzt zu heben oder zum Beispiel aufzustehen. Wenn die Entspannung sich eingestellt hat, sind Sie dazu schlicht zu unaktiviert und lustlos.

4. Die Entspannung des **Gesichts** induzieren Sie durch Aufeinanderbeißen der Zähne und indem Sie die Zunge mit aller Kraft an den Gaumen drücken. Diese Spannung strahlt auf das Gesicht, den Unterkiefer und den Hals aus. Nach einigen Sekunden, wenn Sie die Zunge loslassen und auf die untere Zahnreihe legen, strahlt die Entspannung auf das ganze Gesicht aus. Der Entspannungszustand, den man durch diese regulierte Muskelspannung und die vertiefte Atemkonzentration erreicht, lässt sich durch weiteres Konzentrieren auf die Ausatmung und durch die Beobachtung der Atempause intensivieren. Die Konzentration auf die Atempause ist ein außerordentlich intensives und wirksames Entspannungssignal. Konzentrieren Sie sich darauf, erleben Sie diese Pause bewusst, reden Sie mit sich auch darüber: Sie werden merken, dass Sie dann nicht in der Lage sind, zur gleichen Zeit bewusst andere Gedanken zu denken, denn man kann zu einer Zeit nur eine Sache bewusst tun oder denken! Über diese Art der Atempausen-Konzentration gelangt man schnell und wirksam in einen angenehmen Entspannungszustand. Unterstützend wirkt dabei, wenn man durch die Nase ein- und durch den Mund ausatmet. Das vermittelt ein Gefühl des tiefen Aus-der-Mitte-Atmens.

*Ohne Motorrad geht es natürlich auch, nachzulesen in meinem Buch »Ressource Ich – Stressmanagement in Beruf und Alltag« (2009 S. 121 ff.)

Trainingsziel Muskelentspannung

Nach meiner Erfahrung ist der hilfreichste Ansatz für ein wirksames Entspannungtraining der von Jacobson, dessen Methode der Progressiven Muskelentspannung seit den 1930er Jahren Weltgeltung erlangte. Seine Idee: Psychische, mentale Anspannung geht immer mit körperlicher, muskulärer Anspannung einher. Sein Umkehrschluss: Durch körperliche, muskuläre Entspannung lässt sich psychische, mentale Anspannung wieder lösen. Die Technik: Man spannt die Muskelpartie, die man entspannen will, erst einige Sekunden so stark es geht an, atmet dann aus und lässt los. Im Kasten findet sich das Drehbuch zu meinem Entspannungstraining, dass über zwei Jahrzehnte fester Bestandteil des Perfektionstrainings war. Wichtige Körperpartien für das Entspannen sind für Motorradfahrer naturgemäß Gesicht, Schultern und Sitzfläche, die unter mentalem Druck wie etwa unter Angst und Stress als Erste in den Schraubstock der Muskeln geraten.

Man spürt die Entspannung der Muskulatur und nach wenigen Minuten schon ein deutliches Nachlassen der psychischen Anspannung. Mit zunehmender Routine gelingt es schließlich, sich in wenigen Augenblicken zu entspannen, weil man das Entspannungserleben dann quasi per Vorstellung abrufen kann, sich die Anspannung mit anschließender Entspannung also nur noch vorstellt. (Mehr dazu Eberspächer 2008; 2009).

H | Prüfen Sie auch während der Fahrt immer wieder: Unterlippe, Hintern, Schultern und Hände entspannt?

Realistische Selbsteinschätzung – Sicherheitsreserve

Die Auswahl von Pass- oder Urlaubsfotos (Badehose/-Anzug) macht es immer aufs Neue deutlich: Egal was wir tun, wir haben nicht nur ein inneres Bild von uns – so sehen wir uns selbst –, sondern wir geben auch nach außen ein Bild ab – so sehen uns die anderen. Und so geht es uns bei allem, womit wir tagaus, tagein so zu tun haben. Wir selbst sehen uns, und die anderen sehen uns. Das Verhältnis dieser beiden Perspektiven bereitet gelegentlich nicht nur zwischenmenschliche Missverständnisse, sondern trägt, wenn es denn passt, erheblich zu unserer Sicherheit auf dem Motorrad bei. Andererseits, wenn es nicht passt, können daraus sehr schnell recht kritische Situationen erwachsen, wie sich am Beispiel der Kurvenschräglage leicht zeigen lässt.

Einerseits erleben wir unsere Schräglage (subjektiv), und andererseits kann man sie von außen (objektiv) sehen, sogar auf das Winkelgrad genau messen. Nun kann sich daraus folgendes Dilemma ergeben: Wer beim Rennstreckentraining manche Kurven in grenzwertiger Schräglage zu durchpfeilen glaubt, betrachtet die geschossenen Fotos nicht selten mit Ernüchterung, weil sie seiner Selbsteinschätzung in keiner Weise entsprechen. Sollten nun obendrein Betrachter die Fotos mit einem »Ja seid ihr denn auch mal schnell und in Schräglage gefahren?« kommentieren, weil sich ihnen der vermeintliche heiße Tanz auf der letzten Rille im Grenzbereich aufgrund der Fotos nur zu oft so gar nicht erschließt, tritt eine schmerzliche Diskrepanz zwischen Selbst- und Fremdeinschätzung zutage.

Der Abgleich zwischen Innensicht und Außensicht

Die Abbildung rechts soll das Thema Selbsteinschätzung über die Darstellung zweier Realitäten bildhaft verdeutlichen. Der Fahrer wurde bei 45 Grad Schräglage fotografiert, er hat sein Gerät also zügig schräg bewegt. Die zweite Realität ist nun in den drei Gedankenblasen symbolisiert, so könnte der Fahrer seine Schräglage erleben:

- rot: mehr geht nicht,
- hellgrau: hier decken sich tatsächliche und erlebte Schräglage. Der Fahrer hat eine realistische Selbsteinschätzung, denn er erlebt seine Schräglage, wie sie objektiv ist.
- grün: Er unterschätzt seine Schräglage. Im Erleben des Fahrers ginge da noch jede Menge, wo objektiv kein Spielraum mehr ist.

Sicherheit erlebt man erst, wenn sich die Sicht von innen und die von außen decken.

Wer sich schräger erlebt, als er ist (a), lebt unsicher, weil er

Schräglagenreserven, die objektiv vorhanden sind, nicht nutzt. Genauso gefährlich lebt umgekehrt, wer noch Reserven sieht, wo keine mehr sind (c). Ziel jedes Motorradfahrers muss es sein, die gefühlte und die tatsächliche Schräglage deckungsgleich zu erleben. Denn wer Reserven sieht, wo keine sind, lebt genauso gefährlich wie der, der keine (mehr) sieht, obwohl noch reichlich vorhanden sind.

Schräglage aus zwei Sichten – von innen (obere Reihe) und außen (unteres Foto)

Sicher fährt, bei wem sich Innen- und Außensicht decken

Frustrierender Abgleich zwischen Innensicht und Außensicht
(Zeichnung: Holger Aue, Rechte: Eichborn Verlag)

3. Fahrtechnik – Übergänge meistern

Übergänge von Geschwindigkeit und Fahrlinie fordern jeden Motorradfahrer. Geschwindigkeitsübergänge regelt man per Gasgriff und Bremse auf einer Skala von sanft bis sehr hart. Übergänge von einer in eine andere Linie mit Richtungswechseln, Kurven fahren und Ausweichen gehen vom fließenden Übergang bis hart ums Eck. In die zunächst übergangsarme Anfänger-Ausbildung baut man nicht umsonst erst mit zunehmendem Lernfortschritt mehr und mehr Übergänge in Form von Kurven mit abnehmenden Radien und Bremsübungen mit zunehmender Verzögerung ein. So nähert man sich dem Fahralltag langsam und sicher an, der mit permanent wechselnden Situationen ständige Bereitschaft und die Fähigkeit fordert, Geschwindigkeit und Fahrtrichtung blitzschnell anzupassen. Manche Fahrsituationen wie das Anbremsen einer Kurve oder das Herausbeschleunigen verlangen das beherrschte Kombinieren beider Übergänge, in unseren Breiten tunlichst auch auf nasser Fahrbahn.

Lange Fahrten ohne Übergänge auf Autobahnen, Autoroutes in Frankreich, auf Highways in den USA oder ähnlichen Überlandbahnen bezahlt man über weite Strecken emotional mit Langeweile, materiell mit eckigen Reifen. Entschädigung oder wenigstens Ausgleich dafür bieten im günstigsten Falle Traumlandschaften, im ungünstigsten der Wunsch nach einem Platz im Auto-Reisezug, um am Ziel dem ultimativen Anreiz für die meisten Motorradfahrer auf Nebenstraßen in herrlicher Landschaft erliegen zu können: Dem schier endlosen Schwingen zwischen Beschleunigungs- und Richtungswechseln. Nicht umsonst gelten Alpenfahrten bei schönem Wetter mit ungezählten Bergauf- und Bergabpassagen vielen als der ultimative Traum vom Motorradfahren. Beim Autofahren übrigens bedeutet »Übergänge meistern«, selbst bei Vollbremsung oder in engen Kehren und Serpentinen am Lenkradanschlag, im besten Fall servo-unterstützten Bein- bzw. Armeinsatz mit dezenter Blickbewegung. Auf einem Motorrad sieht das ganz anders aus. Schon eine engere Kurve auf ebener Bahn, vom Fahren einer Acht auf abfallender Straße gar nicht zu reden, gelingt Motorradfahrern ohne Kopf- und Körperbewegung schwerlich. Ein Motorrad zu bewegen setzt Bewegung des Fahrers voraus, Körperarbeit eben, die das Einspurfahrzeug Motorrad alleine schon deshalb fordert, weil der Fahrer die Kurvenfahrt in Schräglage mit dem Lenker zuvor gegen die Kurvenrichtung schiebend einleitet und dabei sein Gewicht verlagert. Sogar im Stand ist auf dem Motorrad Körpereinsatz gefragt, schon manchem ist mangels ausreichend kompakten Bodenkontakts sein Motorrad unter dem Hintern förmlich weggesunken.

Nach heftigerem Körpereinsatz verlangt auch das gelegentlich deutlich gesteigerte Gesamtgewicht der Fahrer-Motorrad-Kombination, das schon bei einem Fahrer mit Urlaubsgepäck gut und gerne 50% zulegen kann. Bei einem Durchschnittsauto liegt dieser Anteil gerade einmal in der Nähe von 5%, wobei ein zusätzlicher Passagier kaum ins Gewicht fällt. Auf dem Motorrad dagegen ändern sich durch die Gewichtsverhältnisse mit einem Soziuspassagier auch die Ansprüche an das Bewegungsverhalten schon beträchtlich. Denn zwei Personen plus Gepäck verdoppeln das Gesamtgewicht der Fuhre, ehe man es sich versieht. An entsprechende Fahreindrücke erinnere ich mich am ehesten noch im voll besetzten und beladenen, Wohnwagen schleppenden Mittelklasse-Auto einstens Richtung Mittelmeer, das dann nach StVO aber nicht schneller als 100 km/h fahren darf. Eine Grenze, die auf dem Motorrad nicht gilt, was bestimmt schon so manchen Motorradfahrer mit einem unerfahren herumagierenden Sozius in der einen oder anderen Situation ins Schwitzen brachte. Hier ist die abgestimmte Bewegungs- und Körperkoordination von Fahrer und Passagier eine gute Voraussetzung für Genuss ohne Reue zu zweit auf zwei Rädern. Dieser Genuss ist an zwei Vorbedingungen für ein gelungenes Motorradfahren verknüpft:

– **Balance**

und

– **Wohlfühlen**

Balance – keine Kraft nötig

Perfekte Balance: Ruben Xaus biegt ab (Foto: Ducati)

Laien unterstellen Motorradfahrern oft unverhohlen mit geradezu bewunderndem Unterton ungewöhnliche Körperkraft, die in ihren Augen wohl nötig erscheint, um so ein Trumm von Maschine zu bewegen. Ganz so falsch liegen sie damit nicht, denn ich habe schon viele erlebt, die ihr Motorrad mit Kraft zu beherrschen versuchten, beispielsweise in Schräglage. Dabei ist das einzige, was es in Kurven festzuhalten gibt, die Tatsache, dass es angesichts der auftretenden Kreisel- und Querbeschleunigungskräfte nichts festzuhalten gibt! Menschenkraft reicht dafür nicht aus, weswegen man einfach gut beraten ist, zu spüren, was das Motorrad macht, um dann gut koordiniert auf dieses einzuwirken. Sogar wenn man

Das Zentrum des Motorrads (Foto: BMW)

nur im Stand die Balance verliert oder darum kämpft, sie nicht zu verlieren, übersteigt der Kraftbedarf schnell die Krafterfordernisse. Das Motorrad sinkt dann nach abgewürgtem Motor unwiderstehlich, wer hat es noch nie erlebt, zu Boden wie ein sterbendes Mammut.

Auch Rennfahrer berichten mit schöner Regelmäßigkeit von misslungenen Runden, weil sie zu »fest«, mit zu viel Kraft oder Spannung zu Werke gegangen seien. Um es auf den Punkt zu bringen: Wer mit Kraft fährt, kommt damit nicht weit, weil er atemberaubend schnell verkrampft und damit noch schneller ermüdet. Wer sich dagegen mit seinem Motorrad im (balancierten) Gleichgewicht befindet, benötigt nicht nur viel weniger Kraft, sondern spürt mehr und bleibt damit sensibler »online«. Es ist eine Kunst, die es zu erlernen gilt, mit seiner Kraft so fein koordiniert am Motorrad genau dort und nur dort und dann und nur dann einzuwirken, wo es den höchsten Wirkungsgrad hat. Dann gelingt einem, was in Tests von großen und schweren Motorrädern häufig zu lesen ist: »… dass die große und objektiv auch schwere K1300GT sich so leichtfüßig fahren lässt …« (REISE MOTORRAD

Schwerpunkt und Gewichtsverlagerung bergauf und bergab (Foto: Gine Lutz)

6 2009). Alleine mit Balance kann man auch ein ausgewachsenesstehendes Motorrad mit nur zwei Fingern vor dem Umfallen bewahren. Ein schönes, immer wieder gerne gesehenes Beispiel für den nicht selten vergeblichen Kampf ums Gleichgewicht ist das Aufbocken, bei dem es darauf ankommt, exakt zu spüren, wie man steht und wo und wie man am besten anfasst, um dann mit engagiertem Körpereinsatz aus dem Zentrum die Last auf den Ständer zu hieven. Man tut dabei mit dem Anfassen am richtigen Punkt, dem richtigen Impuls zum richtigen Zeitpunkt nicht

Kampf, um über dem Schwerpunkt des Motorrads zu bleiben
(BMW Motorrad-GS-Trophy Tunisia; Foto: Arnold Debus)

nur sich, sondern auch noch seinen Bandscheiben einen Gefallen, ganz abgesehen von dem Nebeneffekt der reduzierten Unfall-, sprich Umfallgefahr.

Eine weitere wichtige »Instanz« für entspannte Balance beim rollenden Motorrad ist der Lenker. Als oberstes Gebot gilt, ihn wie ein Bedienungs- und nicht wie ein Festhalteinstrument zu behandeln und die Griffe konsequenterweise nicht wie Zitronen in der Presse, sondern eher wie rohe Eier. Großmeister Rossi und seine Kollegen demonstrieren bei der Zieldurchfahrt nach ihren Rennen gerne, wie wenig Kraft man bei perfekter Balance zur Motorradbeherrschung braucht: Wheelie, winkend eine Hand am Lenker. Balance entspannt. Ruben Xaus demonstriert in der Abbildung auf Seite 83 eindrücklich, wie bei Kurvenfahrt in entspannter Balance die Gashand und, wer genau hinschaut, sieht es, die Fußbremse allemal reichen, um ein Motorrad unter Kontrolle zu halten. Im Alltag kommen natürlich mit den anderen Verkehrsteilnehmern und überall lauernden Überraschungen Bedingungen hinzu, die so in keiner Weise zu kontrollieren sind.

Entspannte Balance lässt sich erfolgversprechend üben und trainieren, vorausgesetzt, man macht mit seinem nächsten Trainingsschritt immer da weiter, wo man das Motorrad tatsächlich ohne Kraft bewegen kann. Dass es nicht sofort zur Konkurrenz für Chris Pfeiffer, den hoch dekorierten Freestyle-Weltmeister, reicht, sollte dabei weniger Anlass zu Frustration sein als Anregung für das eigene Training. Auch ihm gelingen seine staunenswerten Stunts übrigens nur im Ganzen entspannt mit koordinierten Kraftimpulsen. Anders wäre ein Motorrad gar nicht zu beherrschen. Als Nagelprobe für entspannte Balance erlebe ich bis heute das Fahren von Serpentinen mit voll bepacktem Motorrad inklusive Soziuspassagier. Manchem dürfte schon der Gedanke daran zusetzen. Hier hilft nur solide, geerdete Balance. Kraft und Krampf bringen gar nichts, denn die Gewichte, Steigung und Neigung der Straße tolerieren den kleinen korrigierenden Eingriff zwischendurch, und dann vielleicht auch noch zum falschen Zeitpunkt, einfach nicht. Ein Prinzip für Balance zieht sich durch alle Sport- und Bewegungsarten: Wer das Zentrum nicht im Griff hat, beherrscht das Gerät nicht! Nicht umsonst spricht man von ausbalancierten

Tennis- oder Golfschlägern, Messern, Skiern oder Werkzeugen. Dahinter steckt die Erfahrung, dass es Geräte gibt, deren Handhabung deshalb leicht geht, weil man sie nahe am Zentrum handhabt. Wo das Zentrum eines Motorrads liegt, sich seine größte Masse konzentriert, zeigt unschwer die Abbildung auf Seite 84 ohne störenden Sichtschutz durch eine Verkleidung. Der Fahrer muss seinen Schwerpunkt möglichst immer über dem des Motorrads halten und in Phasen, in denen das nicht möglich ist, die Abweichung durch Bewegungen ausgleichen.

Das Motorradfahren im Gelände oder auch beim Trial (Vgl. Abbn. S. 85) ist als Lernfeld deshalb nicht hoch genug einzuschätzen, weil man oft und über weite Strecken schwer zu arbeiten hat, um das Zentrum des Motorrads nicht zu verlieren. Schwerpunkt Motorrad und Schwerpunkt Fahrer liegen senkrecht über den Fußrasten – bergauf wie bergab.

Man fährt stehend über der Mitte des Motorrads, schiebt vor und in Kurven sein Becken Richtung Tank, verlagert beim Beschleunigen das Gewicht nach vorne, beim Bremsen wegen des hochkommenden Hinterrads wieder nach hinten. Kurz: man versucht ständig, über dem Schwerpunkt zu sitzen oder zu stehen. Wer das nicht kann und sein Unvermögen durch Aktionen an der Peripherie wie Griffen oder auch Fußrasten auszugleichen versucht, beherrscht sein Fahrzeug nicht. Beherrschung geht vom Zentrum aus und wird durch Aktionen an der Peripherie lediglich unterstützt. In Kurven verläuft diese Kraftlinie durch die Resultierende aus Seitenführungs- und Beschleunigungskraft. Fahrsituationen, in denen diese »Überordnung« aus dem Lot gerät, sind schweißtreibend, lösen sie doch umgehend das Bemühen aus, schnellstmöglich wieder in Balance, also über den Schwerpunkt zu kommen. Besonders in tiefem Boden und Sand zehrt dieser Kampf um die Balance an der Kraft, nicht selten bis zur Erschöpfung. Wer unterliegt, den bestraft die Schwerkraft.

Auch beim Bewegen des stehenden Motorrads, besonders beim Auf- und Abbocken auf den Hauptständer, mit dem sich viele schwer tun, gilt: Wer´s nur an der Peripherie versucht, ohne den Schwerpunkt zu spüren, kämpft vergebens. Wenn einem das Motorrad dann entglitten und den Weg der Schwerkraft gegangen

Auch damit muss man umgehen können:
Vier Schritte beim Aufheben eines Motorrads (Fotos: Gine Lutz)

ist, greift das Prinzip, es möglichst Kraft sparend wieder in die Senkrechte zu bringen.

Das lässt sich sogar üben, wozu verkaufen Umzugsunternehmen schließlich Decken? Decke unterlegen, das Motorrad (mit Hilfe) umlegen und in vier Schritten aufheben. Dazu (siehe Seite 88)

1. das am Boden liegende Lenkerende nach vorne klappen;
2. schulterbreit stehend in die Knie gehen, den Griff mit beiden Händen fassen (»Steigbügel«) und mit durchgedrücktem, nicht rundem (!) Rücken bei gestreckten Armen langsam aufstehen.
3. Das schräge Motorrad stützt der dagegengehaltene Oberschenkel und drückt es …
4. … in den Stand.

Wohlfühlen – Wollen stört meist

Fast jeder hat seine Erfahrungen mit Gruppenausfahrten; positive, aber eben auch negative, vielleicht sogar noch damals als Anfänger in einer Gruppe, die ein Tempo vorlegte, dem schwer zu folgen war. »Dranbleiben« war dann die Devise: »Ich will dranbleiben!«, und weil solches Wollen damals wie heute Überforderung in Tempo und Linie kompensieren will, die nicht dem eigenen Rhythmus entsprechen, fühlte man sich damals und fühlt sich auch heute noch einfach nicht wohl dabei. Nicht selten waren solche Erfahrungen von einem aufmunternd gemeinten, aber das Gegenteil bewirkenden »Was ist denn? Das macht doch Spaß!« begleitet. Dem Abbau aversiver, ablehnender Emotionen dient so etwas kaum, wohl aber dem Aufbau weiterer Wohlfühlbremsen. Verkrampfen und ein Fahren weit entfernt von den eigenen Möglichkeiten gilt als die bekannte, wenn nicht gar berüchtigte emotionale Konsequenz. Wer sich dagegen beim Fahren wohlfühlt, erlebt es als leicht, entspannt, ohne Kraft zu benötigen, weil genau zu den eigenen Möglichkeiten passend. Wohlfühlen ist eine grundlegend positive Angelegenheit, alles passt und befindet sich in Balance, ohne Anstrengung.

Fahren lebt ganz wesentlich vom Innenbezug, man fühlt sich wohl, hat selbst ein gutes Gefühl, das übrigens noch nie eine Frage der Menge oder eines Pensums war, sondern stets eine der Qualität und der Art, mit etwas umzugehen – beispielsweise mit seinem Motorrad.

Wohlfühlen beim Fahren

Die Forderung nach dem Wohlfühlen spricht so etwas wie eine emotionale Grundmelodie beim Motorradfahren an, die besonders durch zwei Erfahrungen unterstützt oder herbeigeführt werden:

1. auf direktem Weg über positive, belohnende und **lustbetonte Erlebnisse**. Hier spielen Erfolgserlebnisse eine wichtige Rolle.
2. Die Beseitigung und den **Abbau** einschränkender **emotionaler Widerstände** und Zustände wie Ängstlichkeit, Angst, Stress, manches Mal sogar Schmerz (z.B. durch eine unbequeme Sitzbank oder einen drückenden, nicht passenden Helm), die zwangsläufig Verkrampfen und damit alles, nur kein Wohlfühlen auslösen.

Beachtet man ein paar Bedingungen, die sich ohne Probleme auf das Motorradfahren übertragen lassen, steigen die Chancen, sich dabei wohlzufühlen:

1. Während des Fahrens immer wieder seine **Lockerheit und Entspannung** prüfen. Beides ist wichtig; auch wenn das Fahren gelegentlich und zwischendurch anstrengt, sollte man überwiegend loslassen und nicht festhalten.
2. Geschwindigkeit und Rhythmus müssen den **eigenen Fähigkeiten und dem eigenen Können** entsprechen und nicht denen anderer.
3. Nach einer Fahrt oder einem Training muss man **Lust haben,** es wieder zu tun.
4. Am Ende des Fahrens oder Trainings hat man das Gefühl, noch über **Reserven** zu verfügen und sich nicht völlig ausgepowert zu haben, getreu dem Motto, aufzuhören, wenn es am schönsten ist. Trainingsveranstalter kennen die steigende Sturzwahr-

scheinlichkeit gegen Ende von Trainings, wenn Teilnehmer noch für »eine letzte Runde« raus auf die Strecke fahren.
5. Nicht zuletzt sind die **Pausen** unverzichtbarer Anteil jeder Wohlfühl-Offensive. Erholungspausen gehören auch zu jedem Training, denn ermüdet trainiert es sich weder gern noch effektiv.

Wollen stört meist

Beim Wollen gibt nicht der Fahrer mit seinem Gefühl die Geschwindigkeit und Linie vor, sondern eine Erwartung oder Anforderung, die er glaubt, erfüllen zu müssen. Bei vermeintlichen Erwartungen von Freunden, Zuschauern oder anderen aus dem sozialen Umfeld, denen man sich oft verpflichtet fühlt, sollte man sich immer vor Augen halten, dass man sich letztlich nur selbst unter Erwartungsdruck setzt. Schon viele Rennfahrer berichteten, dass die Absicht, eine richtig schnelle Runde oder ein schnelles Rennen auf den Asphalt zu brennen, zwar Krampf und feste Unterkiefer, letztlich aber lediglich Enttäuschung über die Zeit oder die Platzierung brachte. »Ich habe zu viel gewollt«, folgt auf dem Fuß als Standarderklärung. Was mit schöner Regelmäßigkeit belegt, dass schnelle Runden zu »wollen« noch keinen wirklich schneller gemacht hat. Denn mit Wollen und der damit zwangsläufig einhergehenden Kraftanstrengung klemmt man sein Motorrad geradezu ein und verliert das Gefühl dafür. Man vermag damit die Geschichte, wie es der dreifache Weltmeister Wayne Rainey einmal ausdrückte, welche das Motorrad erzählt, partout nicht zu verstehen. Nicht nur für schnelle Runden auf einer Rennstrecke folgt daraus die Devise: Lass´ das Motorrad laufen und unterstütze es mit Gefühl durch deine Aktion. Man muss sich nur Interviews von Rennfahrern anhören, die sich einen überraschend guten Startplatz sichern konnten und über die Erwartungen, besser den Druck durch die Erwartungen für das Rennen sprechen und spekulieren. Würden sie verstehen, dass Erwartungen genau genommen nie von außen kommen, weil sie ja erst von ihnen selbst übernommen werden müssen, um dann zu den eigenen zu werden, es also die eigenen Erwartungen sind, die »Druck« erzeugen, könnten sie leicht ableiten, wie sie schnell fahren können: Indem sie sich auf dem Motorrad wohlfühlen und es durch ihre Aktionen unterstützen, um das Beste herauszuholen. Platzierungen, Zeiten und Meisterschaften ergeben sich dann ganz von alleine.

Kurvenfahren – Richtungswechsel

Aus einer Zuschauerperspektive ist Kurvenfahren mit Motorrädern: In Schräglage einlenken, rollen lassen und aufrichten. Anfängern und Ungeübten, die es selber probieren, vermittelt die notwendige Schräglage nicht selten ein breites Gefühlsspektrum zwischen Zurückhaltung, Zögerlichkeit, Ängstlichkeit oder gar Angst. Könner dagegen lassen sich entspannt darauf ein, manche geradezu lustvoll bis zum Knieschleifen beim Hanging off. Bei Vielen wachsen sich die anfänglichen, emotionalen Vorbehalte gegenüber der Schräglage bis zur regelrechten Angst aus. Sie zu überwinden ist aber durch Training möglich (Kap. 5). In einem ersten Schritt nähert man sich dem Kurvenfahren am besten an, indem man sich eine Instruktion beschafft (Kap. 4) und sich damit den Ablauf in einzelnen Phasen vergegenwärtigt, womit man Schritt 1 und 2 des Mentalen Trainings schon befolgt hätte, nämlich Instruktion und Selbstinstruktion (Kap. 4). Dieses Vorgehen empfiehlt sich für Anfänger genauso wie für Erfahrene, die sich weiter verbessern wollen. Denn auch wenn Zeitfolge und Dynamik mit Kurvenradius und -geschwindigkeit variieren und phasenweise kaum unterscheidbar ineinander übergehen können, bleibt ihre Grundstruktur doch durchgängig, für Fahranfänger wie für GP-Piloten, in fünf Phasen.

Fünf Phasen beim Kurvenfahren – eine nach der anderen

1. Phase: Anpassen

Vor dem Einlenken in die Kurve passt man seine Geschwindigkeit und die Fahrlinie an. Die Vorderbremse leistet dabei die Hauptverzögerung, hinten bremsen stabilisiert allenfalls oder nutzt in engen Situationen das letzte Quäntchen an Bremsleistung. Es empfiehlt sich, den Bremsvorgang vor dem Einlenken abzuschließen, um ein durch das Bremsen ausgelöstes Aufstellmoment zu vermeiden, das jedes Motorrad wie von unsichtbarer Hand mehr oder weniger aufrichtet und in ein recht störrisches, schwer einlenkbares Gefährt verwandeln kann. Ohne Frage gehört auf der Rennstrecke angesichts der fast endlosen Haftreserven heutiger Spezialreifen das weit in die Kurve Hineinbremsen heute zum fahrerischen Einmaleins. Für den Alltag würde ich mich da eher zurückhalten, weil wechselnde Straßenverhältnisse und Beläge ungleich mehr Überraschungen in Form von Reibwertsprüngen bergen können, als die von Runde zu Runde vergleichsweise konstanten Bedingungen auf einer Rennstrecke. Fahrer von mit ABS ausgerüsteten Motorrädern brauchen sich beim senkrechten Motorrad um blockierende und überbremste Räder keinen Kopf zu machen, in Schräglage wohl schon. Denn ein ABS, das narrensicheres Bremsen in Schräglage erlaubt, ist noch Zukunftsmusik. Autofahrer haben es da besser, müssen dafür aber auf das unvergleichliche Gefühl der entspannten Schräglage verzichten.

H Kurven sicherer fahren heißt, von weit außen einlenken: Hinterschneiden

Zur Fahrlinie beim Kurvenfahren: Wenn man nicht gerade als Rennfahrer an Rundenzeiten feilt und »Kampflinie« fährt, empfiehlt es sich als Sicherheitsgrundsatz, Kurven stets zu hinterschneiden. Dazu wählt man eine weite Eingangslinie, bleibt also so lange wie möglich außen, um nach dem Lösen der Bremse von außen Richtung Kurvenscheitel einzulenken. Das Hinterschneiden schlägt zwei Fliegen mit einer Klappe, weil man weit in die Kurve hineinsieht und am Ausgang wenig Not hat, seine Fahrt auf der richtigen und nicht auf der Gegenfahrbahn fortzusetzen.

Beim Schneiden einer Kurve passiert genau das Gegenteil wie beim Hinterschneiden, weil man durch das frühe Einlenken bei gleichem Radius Gefahr läuft, dass einem ab dem Kurvenscheitel die Fahrbahn ausgeht, weil man weiter aus der Kurve getragen wird. Im unglücklichsten Fall auf die Gegenfahrbahn. Auf einer Rennstrecke ist das Ausnutzen der Fahrbahn durch Schneiden erwünscht, weil zeit- und geldökonomisch. Helmut Dähne pflegt als

Der Felsen verdeckt die linke Fahrspur in der nächsten Kurve. Hinterschneiden, das Anfahren der ersten Kurve von der Straßenmitte aus, würde den Blick hinter den Felsen »öffnen« (Foto: Jahn)

Instruktor seine Schützlinge aufzuklären: »Ihr habt für die ganze Strecke bezahlt, also nutzt sie auch aus!«. Im Straßenverkehr, bei möglichem Gegenverkehr, hat diese Form der Nutzung schon manchen Motorradfahrer ins Spital gebracht.

2. Phase: Blick

Kopf und Blick richten sich über den Rückspiegel hinweg in Richtung Kurvenausgang oder, wenn der noch nicht einsehbar ist, zum weitest entfernten Punkt in der Kurve. An dieser »Voraussicht« sollte sich vernünftigerweise natürlich auch die Fahrgeschwindigkeit orientieren.

3. Phase: Lenkimpuls

Mit Gewichtsverlagerung alleine ließe sich kein Motorrad zielsicher und flink in eine Kurve einlenken. Dazu bedarf es eines Lenkimpulses, der es augenblicklich zum Kippen und Einlenken

Blickführung extrem weit voraus, Blick über den Rückspiegel in Richtung Kurvenausgang (Foto: Ducati)

in die Kurve bewegt: Am (kurven-)inneren Griff schiebt man in Kurvenrichtung, je nach Geschwindigkeit und angepeiltem Radius, unterschiedlich lange und kräftig. Ohne Lenkimpuls, alleine mit Gewichtsverlagerung, ginge das Einlenken, wenn überhaupt, zu langsam und zu ungenau und erforderte außerdem erheblichen Körpereinsatz, um die Kreiselkräfte der rotierenden Räder zu überwinden. Man hinge wie ein Fähnlein im Wind und könnte dabei das Motorrad gerade einmal nach Art eines träge rollenden Schiffs bewegen. Beim Kurvenschwingen kommt der Lenkimpuls leicht und weich, beim harten Ausweichen erinnert er eher an einen Karateschlag, vielleicht sogar unterstützt durch Ziehen des äußeren Lenkerendes gegen die Kurvenrichtung. Rechts ziehen – nach links kippen – und umgekehrt – alles zu seiner Zeit. Beim Sportfahrer-Lehrgang, bestimmt aber bei Rennfahrern in Schikanen und Wechselkurven wird das schnelle Umlegen mit einem energischen Lenkimpuls-Stoß eingeleitet. Supermoto-Piloten und

Der Weltmeister driftend neben der Sitzbank (Foto: 2snap)

vor allem Moto-Crossfahrer ziehen das kurvenäußere Lenkerende noch zu sich heran, um im schweren Geläuf Kontrolle zu behalten.

Den Lenkimpuls setzt man beim Fahren meist nicht bewusst, aber er ist ein ständiger Begleiter, mit dem man viel Spaß haben kann, wenn man lernt, ihn dosiert einzusetzen. Ausprobieren und trainieren lässt sich das übrigens auf einer leeren Straße oder einem Übungsplatz rollend: Rollen im Leerlauf, dabei freihändig versuchen, alleine mit Körperbewegungen Kurven zu fahren. Und jetzt zum Vergleich zunächst vorsichtig und kurz an einem Lenkerende schieben: Das Motorrad kippt unvermittelt in Schräglage. Mit einem Extra, das man an Motorrädern sehr selten findet, einem Tempomat, lässt sich diese Erfahrung bis zur Routine einüben: Auf leerer Autobahn stellt man eine Geschwindigkeit ein, lässt den Gasgriff los und schon kann man sie probieren, die sanften Bögen ohne Lenkimpuls. Es ist eine fast schon schweißtreibende Angelegenheit und nimmt einem den Spaß genau an dem, was am Motorradfahren so reizvoll ist, dem flinken Reagieren. Dass ein Tempomat übrigens auf langen, mit ständig wechselnden Geschwindigkeitsvorgaben quälend gespickten Autobahnetappen eine feine Sache sein kann, steht auf einem anderen Blatt.

4. Phase: Gewichtsverlagerung

Gewichtsverlagerung auf die innere Kante der Sitzbank unterstützt die entspannte Balance in Schräglage nach dem Einlenken, wobei das Innenknie zwangsläufig nach vorne schiebt. Hintern, Hände und vor allem den inneren Arm entspannen. Je nach Kurventechnik (Kap. 4) fällt die Gewichtsverlagerung unterschiedlich aus. Beim Legen kommt leichter Druck auf die Innenkante, beim Drücken auf die Außenkante der Sitzbank, weil man das Motorrad förmlich unter sich wegdrückt und das äußere Knie im Stehen oder Sitzen gegen den Tank pressen kann. Beim Hängen kommt der kurvenäußere Oberschenkel nicht selten bis zur inneren Kante der Sitzbank, was bei extremer Schräglage im Rennen den Hintern fast komplett neben die Sitzbank platziert, auf der dann der äußere Oberschenkel Platz findet. Die Abbildung links zeigt, wie Moto-GP-Weltmeister Casey Stoner mit dem linken Oberschenkel auf der Sitzbank liegt, die der Hintern im Moment geräumt hat. Das ganze Manöver im gepflegten Drift.

5. Phase: Beschleunigen

Durch Gasaufziehen am Kurvenausgang richtet man das Motorrad auf. Soll es schneller gehen, so hilft dabei das zusätzliche Belasten der äußeren Fußraste bei gleichzeitigem Zug am inneren Lenkerende.

Drei Kurventechniken – Legen, Drücken, Hängen

In der Praxis sieht man drei Techniken beim Kurven fahren:
1. **Legen,**
2. **Drücken** und
3. **Hängen** (Hanging off).

Jede dieser Techniken hat ihren Einsatzzweck und damit ihre Vor- und Nachteile. Das Hängen ist fraglos die spektakulärste, was manchen sportiv auftretenden Motorradfan zum etwas o-beinigen Auftritt mit seinen Knieschleifern verleitet. Generell folgen alle drei Techniken dem oben skizzierten Grundmuster in den beschriebenen fünf Phasen, unterscheiden sich allerdings markant in der Fahrer-Motorrad-Linie und der Armbewegung bzw. -haltung.

Die Fahrer-Motorrad-Linie

Einen der Unterschiede zwischen den drei Techniken macht die Fahrer-Motorrad-Linie aus, also die vom Reifenaufstand in Verlän-

Legen: Fahrer gleiche Schräglage wie das Motorrad. Gilt als die Alltagstechnik, weil man schnell reagieren kann, guten Überblick behält und anpassungsfähig ist. Durchaus auch für schnelle Kurvenfahrt in großer Schräglage geeignet (Foto: PVW)

Legen – Die Alltagstechnik (Foto: PVW)

Drücken – Die Geländetechnik (Foto: Burgman)

Hängen – Die Rennstreckentechnik (Foto: PVW)

gerung des Vorderrads gezogene Linie. Die drei Abbildungen auf Seite 98 bzw. 101 zeigen, wie man sich das vorzustellen hat.

Die Armbewegung

Legen, Drücken und Hängen unterscheiden sich auch markant hinsichtlich der jeweiligen Armbewegung bzw. -haltung. Beim Legen bleiben beide Arme gleich, locker und leicht gebeugt, können aber auch durch Entspannung sowie mehr Beugung und Druck des inneren Armes die Schräglage weiter unterstützen. Beim Drücken streckt sich der innere Arm, drückt den Lenker nach vorne, während der äußere sich beugt und bei Bedarf auch am Lenker zieht, der Oberkörper bleibt annähernd senkrecht. Beim Hängen beugt sich der innere Arm, die Schulter fällt nach vorne innen, der äußere Arm bleibt locker gestreckt. Das innere Knie fällt Richtung Fahrbahn und bekommt bei großer Schräglage Fahrbahnkontakt.

Rettung durch Drücken

Jede dieser Techniken hat, abhängig vom Einsatzzweck, ihre Berechtigung. Legen gilt als Alltagstechnik, Hängen hat im Straßenverkehr nichts zu suchen, macht aber auf einer Rennstrecke beim Sport- oder Renntraining sehr wohl Sinn, obendrein auch unbändigen Spaß. Wie hilfreich und unfallvermeidend, vielleicht sogar lebensrettend das Drücken in einer brenzligen Verkehrssituation sein kann, um schnell auszuweichen, zeigt die linke der beiden Abbildungen auf Seite 102. Hier drückt sich der Fahrer geradezu am entgegenkommenden Auto vorbei. Der Fahrer in der rechten Abbildung auf Seite 102 steht gleich vor zwei fahrerischen Problemen: Er scheint das entgegenkommende Auto anzuschauen wie das Kaninchen die Schlange und braucht mit seiner Kurventechnik, dem Legen, viel zu viel Zeit, um im guten Sinne noch die Kurve zu kriegen. Er schwebt in akuter Gefahr.

Das »Mischen« von Kurventechniken

Nicht selten lassen sich Motorradfahrer beobachten, die Legen, Drücken und Hängen in der Kurve mischen. Manche beispielsweise simulieren die kühne Schräglage, um vielleicht ihre Knieschleifer prestigeträchtig einzusetzen. Ich nenne sie Pseudoschräglage,

Drücken: Fahrer aufrechter als Motorrad. Kommt aus dem Geländesport. Das Motorrad ist deutlich schräger als der fast aufrechte Fahrer. Technik für schnelle, erzwungene Ausweichmanöver (Foto: Burgman)

Hängen: Fahrer schräger als Motorrad. Kommt aus dem Straßen-Rennsport, höchste Kurvengeschwindigkeiten möglich, niedrigster Schwerpunkt. (Foto: PVW)

Armbewegung beim Legen (Foto: PVW)

Armbewegung beim Hängen (Foto: PVW)

Armbewegung beim Drücken
(Foto: Burgman)

Rettungsaktion: Drücken mit beherztem Lenkimpuls zum Ausweichen (Foto: IfZ Broschüre Gefährliche Begegnungen,2006)

Wer sich in dieser Situation als Kurventechnik für das Legen entschiedet, legt sich im günstigsten Fall vor oder gar ins Auto, weil er seine Schräglage zu langsam aufbaut (Foto: Jahn)

denn das Motorrad hat ordentlich Schräglage, der Hintern belastet die innere Sitzbank-Kante und das Knie angelt geradezu nach dem Boden, um die Knieschleifer einzusetzen. Das Ganze hebt aber die geringere Schräglage des Oberkörpers wieder auf, dessen Bewegung von der Drück-Technik stammt. Das Ergebnis: Unten Hängen, oben Drücken – soll heiß aussehen, bringt wenig. Die zweckmäßigere Lösung wäre gewesen, einfach gerade sitzen zu bleiben, klassisches Legen eben, das hätte geringere Schräglage bei mehr Sicherheit und gleicher Geschwindigkeit zur Folge gehabt.

Road Racing in Irland und England ist aus Sicherheitsgründen eine Domäne des Mischens. Der Fahrer kann auf Hindernisse schneller und gefahrloser reagieren, wie auf Seite 103 TT-Recke Adrian Archibald, der sich hier von Felsen und Zaun fernhält, was er mit Hängen bei gleicher Geschwindigkeit und Schräglage schwerlich geschafft hätte.

Road Racing auf der Isle of Man. Adrian Archibald im Streckenabschnitt Glentramman (Foto: Steven Davison)

Gelegentlich kann man auch eine durchaus kritische Mischung von Kurventechniken bei zwei Personen auf einem Motorrad beobachten. Bleibt der Sozius, vielleicht aus Schräglagenfurcht aufrecht sitzen, »drückt« also, während sich der Fahrer »legt«, zwingt er dem Fahrer eine größere Schräglage auf. Was den wiederum vor Probleme stellt, wenn er nur geringe Schräglagenreserven einkalkulierte und jetzt mittendrin noch einmal nachlegen muss, um die Kurve zu kriegen. Weniger problematisch für den Fahrer ist es, wenn sein Sozius »hängt« während er »legt«, denn er kann sein Gefährt aufrichten, was allerdings eine Schräglagenkorrektur in der Kurve erfordert. Die gilt es nach Möglichkeit zu meiden, weil sie Unruhe ins Gefährt bringt und dem Fahrer die Kurvenfahrt obendrein schwer fällt, weil sich das Ganze einfach nicht flüssig anfühlt. Die Lösung liegt in der Absprache und Abstimmung zwischen beiden, das Ergebnis spüren beide, weil sie entspannt miteinander fahren und nicht gegeneinander kämpfen. Die Abbildung unten zeigt die ideale Abstimmung, weil beide die gleiche Schräglage eingenommen haben und der Passagier freien Blick nach vorne sucht, ohne die Körperlinie zu verlassen.

Synchron in Schräglage und Blick macht es auf dem Motorrad auch zu zweit mehr Spaß (Foto: BMW)

Wer es kann, braucht ohne Anti-Blockier-System (ABS) so von 100 auf Null keine 40 Meter, vorausgesetzt, er fährt mit weichen, warmen Reifen auf griffigem Asphalt und hat das Bremsen trainiert. Mit ABS kommen auch Ungeübte in die Nähe solcher Traumwerte, wenn sie sich denn trauen (Foto: MOTORRAD)

Bremsen – Energie abbauen

Bremsen auf zwei Rädern – ein Balanceakt

Jeden Motorradfahrer interessiert, in wie vielen Sekunden sein Gerät von 0 auf 100 km/h beschleunigt. Ganz Eilige interessieren sich natürlich auch für den Wert von 0 auf 200 km/h, wenn ihn das Motorrad denn hergibt. Es geht hier um positive Beschleunigung, also Geschwindigkeitsaufbau. Der interessanterweise auch in allen Tests einschlägiger Fachblätter auftaucht, wogegen am umgekehrten, dem Wert für die negative Beschleunigung, weniger Interesse zu bestehen scheint.

Antworten beim Fragen nach diesem Wert gehen bei den meisten Motorradfahrern irgendwo im Ungefähren auf, mit Sicherheit nicht so zehntelsekundengenau wie beim Gasgeben. Wer kennt schon den Wert, den sein Motorrad von 100 auf Null in Sekunden

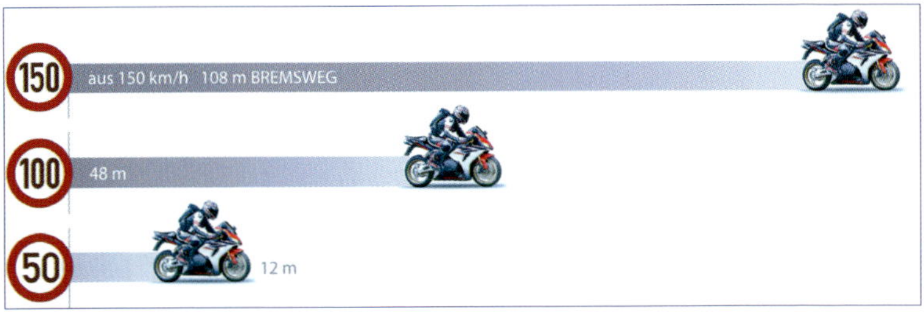

Durchschnittliche Bremswege aus verschiedenen Geschwindigkeiten auf trockener Straße bei einer mittleren Verzögerung von 8 m/s², die noch als gute Bremsleistung gilt (Foto: Louis; Grafik: Ulf Eberspächer)

oder in Metern benötigt? Von 180 oder 200 ganz zu schweigen. Dabei ist dieser Wert für sicheres Fahren ein ungleich bedeutsameres Datum als die paar Zehntel hin oder her beim Gasgeben.

Die Begründung für diese Bedeutsamkeit lässt sich dem Kasten auf Seite 109 entnehmen: Wer aus 108 km/h (30 Meter pro Sekunde) statt mit 10 nur mit 8 m/s² (m/s² ist die Maßeinheit, in der die Bremsverzögerung gemessen wird) verzögert, schlägt am Hindernis mit 48,3 km/h ein. Noch Fragen? Aus 144 (40 m/s) wären es atemberaubende 64,4 … Dabei ist auch 8 m/s² noch ein recht guter Verzögerungswert, ohne ABS auf schmutzigen feuchten oder holperigen Straßen, wenn überhaupt, allenfalls von Profis erreichbar. Mit ABS wurden bei Bremstests (MOTORRAD 14 2009) aus 100 km/h ca. 40, bei Nässe ca. 43, auf Holperstrecke ca. 51, auf einer Strecke mit Reibwertsprüngen durch Nässe plus Zebrastreifen ca. 52 Meter gemessen. Mit Sozius verlängern sich diese Bremswege.

Bremsen ist, wie sich zeigt, ein wichtiges, ziemlich differenziert zu betrachtendes und leider in seiner Dimension vielfach fahrlässig unterschätztes Geschehen. Wer kennt schon seine Bremsleistung oder trainiert schon Vollbremsungen bei Autobahngeschwindigkeit und Nässe mit beladenem Motorrad? Dabei wird auch von Motorradfahrern in jeder Situation unabhängig von Straßenbelag, Wetter, Beladung etc. optimales Bremsen verlangt, wenn es darauf ankommt. Von Fachleuten gibt es das Rezept für gutes Bremsen auch gleich wohlfeil dazu: Üben, üben, üben. Wenn es nur so einfach wäre, denn eine Frage taucht natürlich sofort auf: Was soll ich denn da üben?

Das Ziel jedenfalls steht schon einmal fest: Es gilt, mindestens eine ganze Litanei von Systemen, Handlungen, Informationen und Überlegungen perfekt zu koordinieren. Wer sich mit seinem ABS-gerüsteten Motorrad jetzt genüsslich zurücklehnt, weil ihn das alles wegen des vermeintlich vollautomatisch ungefährlich funktionierenden Bremsens nicht tangiert, sollte sich nicht zu früh freuen.

Anforderungen beim herkömmlichen Bremsen auf einem Motorrad

Zwei Hebel

Beim Bremsen auf den meisten Motorräder müssen auch heute noch zwei Hebel bedient werden, einer per Hand, einer per Fuß. Und damit es nicht zu einfach wird, wirkt einer auf die Vorderbremse, einer hinten. Vorne zu verzögern trägt zur Bremsleistung 80 bis 90% bei,

Zwei Hebel bei leicht abhebendem Hinterrad (Foto: MOTORRAD)

hinten höchstens 20. Auf dem Foto von Seite 107 sind es gerade 0%, weil das Hinterrad im Moment keinen Bodenkontakt hat.

Unterschiedliche Wirkungen

Vorder- und Hinterradbremse lösen dramatisch unterschiedliche Wirkungen aus. Während ein länger als einen Sekundenbruchteil blockierendes Vorderrad akute Sturzgefahr bedeutet, hat im Vergleich ein blockierendes Hinterrad bei Geradeausfahrt einen unproblematischen Radiergummi-Effekt, in Kurven immer noch ein einigermaßen kontrollierbares Versetzten des Hinterrads bei geringer Sturzgefahr zur Folge.

Fahrbahnbelag

Die Bremsverzögerung muss zur Haftung der Reifen und des Fahrbahnbelags passen, der sich auf öffentlichen Straßen oft durch Wechsel des Belags, Verschmutzung durch Betriebsmittel oder Fahrbahnneigung schwer vorhersehbar ändern kann.

Fahrwerksstabilität

Am Motorrad verkürzen sich durch das Einfedern beim Bremsen mit dem Radstand und dem Nachlauf zwei grundlegende Größen der Fahrwerksstabilität, und zwar zum Negativen. Unterstützt wird diese Tendenz noch durch das Anheben des Hecks, eine bei der Fahrwerkseinstellung von Rennmotorrädern beliebte Variante,

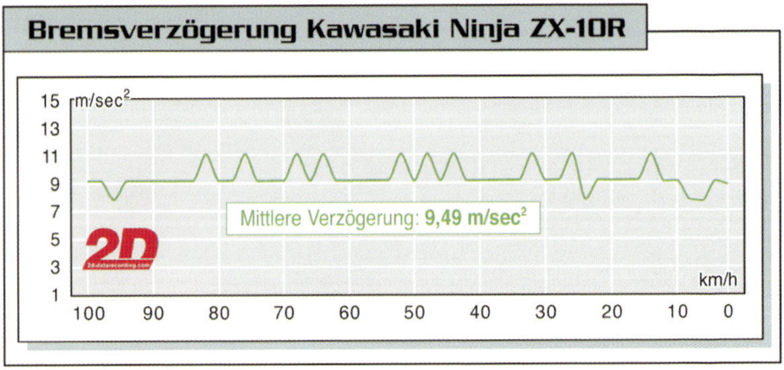

Mittlere Bremsverzögerung eines Sportmotorrads bei einem Test. Die Kurve macht zweierlei deutlich: Die Verzögerung muss sich zu Beginn der Bremsung erst aufbauen. Überdies zeigt sie, dass die Verzögerung schwankt, weshalb die Rede von der »mittleren Verzögerung« Sinn macht. (Grafik: Zeitschrift MOTORRADFAHRER)

Bremsweg und Restgeschwindigkeit*

Die Formel zur Berechnung des Bremswegs:

$$s = v^2 : 2\,a$$

s = Bremsweg (m); **v** = Geschwindigkeit (m/s); **a** = Verzögerungswert (s. Tabelle)
Beispiel für die Berechnung des Bremswegs aus 108 km/h:

Km/h in m/s umrechnen (teilen durch 3,6) = 30 m/s im Quadrat = 900 geteilt durch doppelten Verzögerungswert (20; unter optimalen Verhältnissen erreichen sehr gute Fahrer als mittlere Verzögerung 10 m/s²).

$$s = 900 : 20 = 45\ m$$

Mit weniger geübtem Fahrer unter ungünstigeren Straßenbedingungen verlängert sich der Bremsweg entsprechend (siehe Tabelle unten), was am Haltepunkt aus 100 km/h schnell eine heftige Restgeschwindigkeit bedeuten kann! Dabei gelten 9 m/s² als sehr gut, 8 als noch recht guter Wert, von dem Chopper- und Enduropiloten, ihren langen Gabelfederwegen geschuldet, allenfalls träumen dürfen. Schlechtere Fahrbahnbedingungen (holprig, nass, schmutzig etc.) tun ein Übriges.

Bremswege und Restgeschwindigkeiten

10 m/s²		9 m/s²		8 m/s²	
36 km/h - **Bremsweg** =	**5** m	**5,6** m	**11,4** km/h**	**6,3** m	**16,1** km/h**
72 km/h - **Bremsweg** =	**20** m	**22,2** m	**22,8** km/h	**25,0** m	**32,2** km/h
108 km/h - **Bremsweg** =	**45** m	**50,0** m	**34,2** km/h	**56,3** m	**48,3** km/h
144 km/h - **Bremsweg** =	**80** m	**88,9** m	**45,5** km/h	**100,0** m	**64,4** km/h

Wer also aus 144 km/h (40 m/s) statt mit 10 m/s² mit nur 8 m/s² verzögert, prallt mit einer Restgeschwindigkeit (**) von 64,4 km/h oder 17,9 m/s auf das Hindernis, bei 9 m/s² sind es immer noch 45,5 km/h (12,6 m/s)!

** Restgeschwindigkeit im Vergleich zum Top-Verzögerungswert 10 m/s², berechnet nach der Formel:

$$\sqrt{v^2 - 2a \times s}$$

(s gilt als der Vergleichswert, gegen den die Restgeschwindigkeit gemessen wird)

*Dank an Heiner Göttsche

um die Handlichkeit auf Kosten der Längsstabilität zu verbessern. Beim Bremsen allerdings sollte genau diese Längsstabilität im Vordergrund stehen und nicht quirlige Handlichkeit, die der Fahrer im günstigsten Fall als lebhafte, aber halt zusätzlich irritierende Eigenbewegung der Maschine erlebt.

Verkehr

Gleichzeitig haben Motorradfahrer beim Bremsen den Verkehr zu beobachten, besonders den Weg vorbei am Hindernis, das zum Bremsen zwingt.

Emotionale Ausnahmesituation

Motorradfahrer befinden sich im Falle einer erzwungenen Vollbremsung, der gefährlichsten Variante des Bremsens, in aller Regel in einer emotionalen Ausnahmesituation durch Stress, Schreck, wenn nicht gar Panik.

Der übliche Ablauf ist dabei: Gebannte Aufmerksamkeit, panische Konzentration auf das Hindernis (Kaninchen-Schlange-Syndrom), Angst (besonders bei nasser Straße – Sturzgefahr), Hand und Fuß versagen in der feinen Koordination, obwohl genau die jetzt zu leisten wäre.

Mit systematischem Training (s. S. 186 ff.) lässt sich diese Flut an Anforderungen durchaus bewältigen, vorausgesetzt, man trainiert lange und systematisch. ABS, das sich inzwischen auch bei Motorradherstellern immer mehr verbreitet, ist dabei eine feine Unterstützung.

Man sollte sich aber nicht täuschen: Auch mit ABS ist der Griff in die Bremse genau so zu üben wie ohne, denn er kostet durchaus Überwindung, z.B. bei Nässe und/oder aus höheren Geschwindigkeiten. Nicht zu vergessen die Risiken beim Bremsen in Schräglage, gegen die auch mit dem besten ABS noch kein Kraut gewachsen ist, und bei manchen ABS die Gefahr eines Überschlags, die wohl durch immer weiter verbesserte Überschlagkennung bei den meisten Modellen weitestgehend gebannt scheint, aber keineswegs sicher auszuschließen ist.

Fakten zum Bremsen

Der folgende Überblick über einige Fakten zum Bremsen ist als mentale Sinn-Basis (s. Kap.5) vor Beginn eines eigenen Brems-Trainingsprogramms gedacht. Wobei sich schon mit einem einfachen Taschenrechner besonders aufgrund der im Kasten auf Seite 109 zusammengestellten Formeln interessante Werte berechnen lassen. Einer davon ist z.B. die Restgeschwindigkeit, wenn man aus 180 km/h statt mit sehr guten 9 nur mit, für eine Enduro durchaus normalen, 7,5 m/s^2 verzögert. Gepäck bringt noch Gewicht und verlängert natürlich den Bremsweg zusätzlich. Zu bedenken gibt es bei der Beurteilung von Bremsleistungen auch noch, dass immer von mittleren Verzögerungswerten ausgegangen wird, die Bremsleistung aber nie gleichförmig, sondern immer mehr oder weniger »gezackt« verläuft.

So bremst man besser

Zur Optimierung des Bremswegs auf dem Motorrad und als Grundlage zum Trainieren sehe ich fünf Maßnahmen oder Techniken, an denen sich arbeiten lässt, auch als Fahrer eines ABS-gerüsteten Motorrads:

1. Einhebelbedienung: Auf den wirksamen Hebel, also den (Vorder-)Bremshebel konzentrieren, zum einen, weil die Wirkung der Hinterradbremse im allgemeinen gering ist, zum anderen, um sich unter mentalem Druck die zusätzliche Anforderung zu ersparen, mit zwei Hebeln koordiniert zu agieren. Moderne Integralsysteme fördern endlich die Einhebelbedienung durch elektronische Unterstützung, indem sie den Bremsdruck des Handbremshebels auf beide Räder verteilen. Auch die meisten Rennfahrer verwenden die Hinterradbremse allenfalls zum Stabilisieren der Fuhre oder in der Hohen Schule zur Kontrolle des driftenden Hinterrads (s. Abb. S. 83). Bei ABS sieht es anders aus, weil die Blockiergefahr entfällt.

Wer ein Motorrad ohne ABS fährt und das möglicherweise vollmundig als die echte, ursprüngliche Art des Motorradfahrens preist, kommt spätestens beim Vergleichen dann ins Grübeln, wenn er sich einen eigenen Eindruck von den möglichen ABS-Verzögerungen gemacht hat, insbesondere auf wechselnden, feuchten und nicht asphaltierten Straßenbelägen mit Reibwertsprüngen.

2. Bremshebel und Kupplungshebel gleichzeitig ziehen, um nicht am Ende Gefahr zu laufen, wegen des abgewürgten Motors und dem damit einhergehenden schlagartigen Verlust der das Motorrad stabilisierenden Kreiselkräfte umzukippen.

3. Hohe **Bremsverzögerung so schnell wie möglich aufbauen,** weil sich auf dem Bremsweg am Anfang versäumte Verzögerung bis zum Ende nicht mehr aufholen lässt. Welch dramatische Wirkungen eine auch nur um 1 m/s^2 geringere Bremsverzögerung hat, zeigt der Kasten auf Seite 109.

4. Sich auf dem Motorrad »fest« machen: Arme leicht gebeugt blockieren und Knie an den Tank pressen (Knieschluss), um Spannung gegen die Bremsverzögerung aufzubauen. Wenn es dazu noch gelingt, das Körpergewicht etwas nach hinten zu schieben, um Last auf das nach oben tendierende Heck zu bringen, unterstützt dies zusätzlich stabilisierend. Bei Rennfahrern ist dies Standardtechnik; aber sie können ja in der Regel Runde um Runde ihre Bremspunkte vorhersagen bzw. -sehen. Auch beim Fahren im Alltag bereiten Bremspunkte, die sich vorhersagen bzw. -sehen lassen, weit weniger Probleme als überraschend auftretende, die vielleicht noch einen gehörigen Schreck auslösen.

5. Der Blick bleibt weit über das Hindernis hinaus gerichtet.

Bremsen mit dem Hinterrad

Bei erzwungenem Bremsen durch eine plötzlich auftretende Situation, sogar bei griffigem Belag, ist die Sturzursache Nummer Eins der panische Griff in die Vorderradbremse: Blockierendes Vorderrad. Nicht selten sieht man auch die »Autofahrerbremse« durch vollen Tritt auf das Pedal, die viel Unruhe ins Fahrwerk bringt und das Motorrad schwänzeln oder ausbrechen lässt. Mit der geringen Bremswirkung erleben die nur hinten Bremsenden zunehmende Bedrohlichkeit durch kaum verzögerte Annäherung an das Hindernis, die nur allzu oft Panik und Sturz oder Unfall auslöst. Bei angemessenem Einsatz jedoch erweist sich die Hinterradbremse in einigen Situationen als durchaus hilfreich:

- Stabilisieren bei Vollbremsung
- Beim Steil-bergab-Fahren, wenn auf dem Vorderrad ohnehin hohe Last liegt, leistet die hintere Bremse zwar nur einen geringen, aber doch spürbaren Verzögerungsbeitrag, ohne das Vorderrad noch zusätzlich zu belasten.
- Bei Glätte. Zum Langsamfahren bleibt man am Gas und bewegt das Motorrad behutsam »gegen« die getretene Hinterradbremse.
- Die angelegte Hinterradbremse unterstützt beim Bergabfahren das Einlenken in Kurven zusätzlich.

Typische Anforderungen beim Bremsen
Um die eigene Bremsleistung zu prüfen und Ansätze zur Verbesserung weiter aufzugreifen, habe ich im Folgenden einige sehr häufig vorkommende typische Anforderungen zusammengestellt, mit denen man es beim Bremsen zu tun bekommt. Um Fehlverhalten beim Bremsen abzubauen, empfehle ich, sich mit fünf typischen Anforderungen auseinanderzusetzen und deren Bewältigung anzugehen:

Anforderung 1: Automatismen trainieren
Man kann nicht zwei Dinge bewusst gleichzeitig tun, also beispielsweise voll bremsen und gleichzeitig den Straßenverkehr beobachten. Von den anderen obigen Anforderungen ganz zu schweigen.

Die Bewältigung von Anforderung 1:
So lange und systematisch trainieren, bis sich die Handlungsabläufe beim Bremsen automatisieren. Der Körper kontrolliert dann (unbewusst, automatisch, kinästhetisch) das Bremsen. Der Kopf ist bewusst und frei für die geradezu strategische Beobachtung der Situation (Fluchtweg, Lücke, Bewegung des Hindernisses, Straßenbelag etc.). Fraglos ist das möglich, allerdings nur, wenn man das Bremsen mit und ohne Ansagen, erzwungen und absichtlich auf allen Arten von Straßenbelägen in allen möglichen Situationen trai-

! Bewusst schauen, unbewusst bremsen

niert, und zwar regelmäßig, planmäßig und kontrolliert über Jahre (Trainingsvorschläge finden sich in Kapitel 5).

Anforderung 2: Das Unerwartete bewältigen
In die »Es wird schon nichts passieren!«-Falle tappt jeder, der beispielsweise mit 130 auf der nassen Autobahn sein mit zwei Personen besetztes voll beladenes Motorrad bewegt. Oder wer in der Innenstadt, wo übrigens 60% aller Motorradunfälle passieren, zwischen Straßenbahnschienen und Bitumenstreifen herumfegt, oder auf Alpensträßchen usw. Anzunehmen, dass schon nichts passieren wird, und damit umzugehen, wenn es passiert, sind zwei Paar Stiefel.

Die Bewältigung von Anforderung 2:
Wer verantwortlich fährt, geht davon aus, dass es passiert – bestimmt! Das gelbe Postauto kommt auf der Schweizer Nebenstraße, vorschriftsmäßig zwar, wie alles in der Schweiz, aber es kommt einem leider in der Rechtskurve entgegen, genauso wie das Auto auf der feuchten Innenstadtstraße aus der Parklücke fährt und das Kind unerwartet auf die Straße rennt. Gehen Sie davon aus und bewegen Sie das Motorrad deshalb zurückhaltender, defensiver, bremsbereit.

Mit dem Unerwarteten rechnen

Anforderung 3:
Bremstechnik trainieren – Bremstechnik nutzen
Wenn ein Motorrad nicht mit ABS oder vergleichbaren elektronischen Bremssystemen ausgestattet ist, entspricht der Stand seiner Bremstechnik im Prinzip auch heute noch den frühen Jahren des letzten Jahrhunderts, als ein starkes Motorrad 15 PS hatte. Heute haben Motorräder leicht die zehnfache Leistung und ohne Frage hat die Bremstechnologie auf dieses Niveau aufgeschlossen. Zweifel hege ich allerdings daran, dass auch die Fahrer solcher technischen Meisterwerke in ähnliche Dimensionen vorgedrungen sind. Von Rennfahrern kann man das wohl mit Fug und Recht behaupten, obwohl auch diese Profis in nassen Trainingssitzungen zu Dutzen-

den den Asphalt mit dem Leder trocknen. Alltagsfahrer sind noch viel eher überfordert, weil sie mit ungleich mehr Faktoren kalkulieren müssen als Rennfahrer und dabei im Durchschnitt gerade einmal ein paar Tausend Kilometer pro Jahr fahren. Die Bremstechnik mag zum Anschauen, zum Herstellen und zum Bearbeiten riesig sein. Dass die dahinter stehende Verantwortung auf dem gleichen Niveau steht, wage ich zu bezweifeln. Denn verantwortungsvolle Technik stellt immer ihren Bezug zum menschlichen Handeln, seinen Möglichkeiten und Zielen her. Das schwächste Glied am Motorrad ist der Fahrer, also ist sein mindester Beitrag, den Umgang mit der Technik verantwortungsvoll zu trainieren.

Die Bewältigung von Anforderung 3:
Es ist an der Zeit, dass Motorradhersteller und Zulassungsstellen nur noch Techniken herstellen bzw. genehmigen, die ihre Nutzer in ihrem Handeln unterstützen, und nicht selektieren, indem sie Jahrtausende alte Muster der Handlungsregulation ignorieren. ABS und Vergleichbares ist inzwischen in jedem Kleinwagen selbstverständlich und hat schon viele Menschenleben gerettet. Es ist für das Motorradfahren nicht die Erfindung des Jahrzehnts, sondern des Jahrhunderts, und damit beim heutigen Stand der Technik überfällig.

Anforderung 4: Geschwindigkeit beherrschen
Viele Motorradfahrer sind für ihr Bremskönnen (viel) zu schnell unterwegs. Auf der Autobahn kann man manche sehen, die zum Bekunden ihrer Überholabsicht förmlich zwischen den Rücklichtern eines Autos hängen. Hohe Geschwindigkeiten zu fahren, ist im Rahmen der StVO-Vorgaben wohl kein Problem; aber aus hohen Geschwindigkeiten zu bremsen sehr wohl.

Nicht die Technik setzt die Grenze beim Bremsen, sondern der Fahrer

Die Bewältigung von Anforderung 4:
Ich beobachte immer wieder, wo Bremsübungen angeboten werden, auf Parkplätzen mit Fahrlehrern beispielsweise, aus Geschwin-

digkeiten, die weit unter denen liegen, die gefahren werden. Auf meinen Vorschlag hin haben wir beim Perfektionstraining auf der Nordschleife einstens die Döttinger Höhe, eine kilometerlange Gerade, als Bremssektion ausgewiesen und genutzt. Aus Höchstgeschwindigkeit, denn die fahren wir ja auch.

H Bremsen muss man bei den Geschwindigkeiten trainieren, die man fährt

Anforderung 5: Bergab bremsen

Beim Bremsen bergab wandert die Radlastverteilung weiter nach vorne, bis zu 80% des Gewichts lasten auf dem Vorderrad. Die Kombination einiger im Fahrbetrieb völlig normaler Vorgänge wie Gaswegnehmen, Zurückschalten, Einfedern der Gabel, Schräglage bei ohnehin voll beladenem Motorrad kann das Haftungskonto des Vorderreifens bergab gnadenlos überziehen. Von Unerfahrenen wird ein Sturz in solcher Situation oft mit dem Satz kommentiert: »Ich habe nichts gemacht, plötzlich ...!«. Die Erfahrung im Abschätzen der Vielzahl zusammenwirkender Faktoren macht das Geheimnis des sicheren Fahrens aus.

Die Bewältigung von Anforderung 5:

Motorräder mögen keine plötzlich einwirkenden Kräfte. Mit Federung und Dämpfung versucht man beispielsweise, die über die Fahrbahn einwirkenden weitgehend auszugleichen. Auch mit einem Bremshebel kann man einem Motorrad sehr heftig und plötzlich zusetzen, muss es aber nicht. Als Vergleich gefällt mir da das Bild des Dimmers, der etwa einem Licht-Kippschalter seine Alles-oder-Nichts-»Natur« austreibt, indem er von Dunkelheit bis zum hellen Licht einen stufenlosen Übergang zaubert. Eine Bremse sollte man genauso bedienen: Stufenlos übergehend von Bremse anlegen bis zum vollen Zugriff, je nach Situation und Anforderung. Beim Bremsen in Schräglage wird diese Erfordernis deutlich, denn keiner würde auf die Idee kommen, mitten in einer Kurve voll in die Bremse zu greifen. Beim langsamen Wenden, wenn sie sich vermeintlich verschätzt haben, habe ich das mehr als einmal beobachtet.

100 EUR – Vom Bremsen und der Schräglage
Stellen Sie sich vor, Sie hätten 100 EUR zur Verfügung, die sich ja, wie wir alle wissen, nur einmal ausgeben lassen. Stellen Sie sich weiter vor, Sie alleine könnten entscheiden, wie viel Sie davon wofür ausgeben, beispielsweise im Urlaub. Verplanen Sie 20 EUR, blieben nach einem Frühstück zu zweit halt nur noch 80 für einen Ausflug, bei 80 für eine opulentes Abendessen müsste der Ausflug etwas kleiner ausfallen. Überzieht man sein Konto und gibt mehr aus, als man hat, wird es teuer. Genau so verhält es sich mit der Reifenhaftung, von Keith Code übernehme ich hier gerne seine 100-Dollar-Metapher in Euro. Ein Reifen überträgt beim Bremsen und beim Beschleunigen in Fahrtrichtung auf die Fahrbahn (Brems-)Kräfte und in Kurven Seitenführungskräfte, wofür ihm insgesamt ein bestimmter festgelegter Betrag an »Haftkräften« zur Verfügung steht, die er »ausgeben« kann. Je mehr er davon für Bremskräfte »ausgibt«, desto geringere Seitenführungskräfte bis zum Wegrutschen kann der Reifen noch übertragen und umgekehrt!

Bremshebel sind Dimmer und keine Kippschalter

In Kurven heißt es also bei zunehmender Schräglage nur mit äußerster Vorsicht oder überhaupt nicht mehr an die Bremse zu fassen. Ohne zu sehr zu vereinfachen: Wie gut moderne Reifen haften, erkennt man daran, dass das lange Hineinbremsen in Kurven heute bei Sportfahrern zur Standardtechnik gehört. Wo man früher sagte: Vor Kurven erst bremsen, dann umlegen, fährt man heute »auf der Bremse« in die Kurve. Das ist möglich, aber ein Manöver, von dem ich angesichts des erforderlichen fahrerischen Fingerspitzengefühls und der damit verbundenen Risiken im Alltagsverkehr abrate.

Die Abbildung auf Seite 118 zeigt Stoner vorne und Rossi dahinter in unterschiedlichen Schräglagen 2008 beim legendären WM-Lauf in Laguna Seca, den Rossi schließlich nach streckenweise haarsträubender Fahrt für sich entscheiden konnte: Stoner (vorne) hat die Bremse schon losgelassen (der Bremsgriff ist zu sehen), um fast die maximale Seitenführungskraft zu nutzen (schätzungsweise 90%, Tendenz zunehmend), während Rossi noch bremst, um gleich danach loszulassen, weil er die Seitenführungskräfte voll ausnutzen muss, wenn er dranbleiben möchte.

Bremskraft und Seitenführungskraft bei verschiedenen Schräglagen (Foto: Stefan Wolf; Grafik: Bähren)

Bremsen mit dem Motorrad

von Martin Hauswirth

Martin Hauswirth,
von Beruf Maschineningenieur, ist Späteinsteiger. Mit 51 erwarb er den Führerschein und legte bisher eine halbe Million Kilometer als Alltags- und Tourenfahrer zurück. Seit seiner Pensionierung engagiert er sich für die Sicherheit der Motorradfahrer, Schwerpunktthema Bremsen, und er machte sich seit Mitte der 1990er Jahre für das Zweirad-ABS stark. Hauswirth verfasste eine Broschüre übers Bremsen und tritt als Fachreferent bei Polizei, Fahrlehrern und Motorradclubs auf.

Bremsen müssen wir alle. Sei es vor Kurven, Hindernissen oder im Notfall. So simpel das klingt, so komplex und anspruchsvoll ist wirksames Bremsen auf zwei Rädern heute geworden. Früher war es einfacher. Trotz (bzw. wegen) weniger stark zupackender Bremsen. Ursache vieler Motorradunfälle ist heute **falsches Bremsen.** Auch bei Tempo 50. Warum das so ist, wollen wir unter die Lupe nehmen.

Auto und Motorrad – zwei Welten

Wer als Autolenker eine plötzliche Gefahr erkennt, drückt reflexartig auf das Bremspedal. Je drohender die Gefahr empfunden wird, umso kräftiger drückt man. Weil bei Autos ein Antiblockiersystem (ABS) das Ausbrechen aus der Spur verhindert, bleibt das Auto bis zum Stillstand hinreichend lenkbar. Ein solches Notmanöver ist recht einfach, weil Autolenker sich nicht um Radlastverschiebung, Bremskraftverteilung, Reibwertsprünge und die gleichzeitige Regelung zweier sich gegenseitig beeinflussender Bremskreise kümmern müssen.

! Anders beim Motorrad. Motorräder sind gleichgewichtslabile Einspurfahrzeuge, die zur Hauptsache durch die Kreiselkräfte der rotierenden Räder in aufrechter Lage gehalten werden. Ein Motorrad mit stillstehenden Rädern fällt um.

Im Notfall sind **zwei Bremskreise** zu bedienen, je einer für das Vorderrad und das Hinterrad. Dies gilt für fast alle motorisierten Zweiräder. Beim Bremsen vergrößert sich die Last auf dem Vorderrad, während sie hinten abnimmt. Das kann bis zum Abheben des Hinterrades gehen. Die Bremsdrücke müssen in Sekundenbruchteilen korrigiert werden, besonders vorne. Wird so stark gebremst, dass das Vorderrad blockiert, besteht höchstes Sturzrisiko.

Weil Motorradfahrer diese Gefahr kennen, nutzen die meisten das Potenzial ihrer Bremsen nicht aus, was zu längeren Bremswegen führt. In Schrecksituationen wird oft zu stark gebremst, was Stürze mit Schaden an Mensch und Material zur Folge hat. Autolenker, die nicht selber Motorrad fahren, sind sich dieser Problematik nicht bewusst.

Bremsen einst und jetzt

Historische Motorräder hatten auch Bremsen. Ihre Wirkung war bescheiden. Nachdem die Trommelbremse über Jahrzehnte weiterentwickelt wurde, musste sie anfangs der 1970er-Jahre der Scheibenbremse Platz machen. Heutige Bremsanlagen sind technische Wunderwerke mit enormer Wirkung, und die Entwicklung geht weiter.

Jede Medaille hat zwei Seiten. Mit den meisten Trommelbremsen war ein Vorderrad auf Asphalt-Straßen kaum zu blockieren. So blieben bei einer Vollbremsung noch ausreichende Kreiselkräfte erhalten, und das Sturzrisiko war gering. Mit den Bremsanlagen moderner Straßenmotorräder kann das Vorderrad mit zwei Fingern am Hebel blockiert werden.

Entwicklungsstadien von Motorradbremsen

Bild 1: Trommelbremse der 1930er-Jahre (BMW)

Bild 2: Trommelbremse der 1960er-Jahre (Guzzi)

Bild 3: Hochleistungs-Scheibenbremse 2003 (Aprilia)

Bild 4: Verbundbremse mit ABS 2002 (Honda)

Die Technik schreitet fort, der Mensch vermag ihr nicht zu folgen. In den letzten 50 Jahren wurden die Bremsanlagen ständig weiterentwickelt. Ihre Wirksamkeit ist enorm gestiegen. Testberichte sprechen von »phänomenalen Bremsen«. Das stimmt – und ist doch nur die halbe Wahrheit. Ein ebenso wichtiger Teil des Bremssystems ist der Mensch.

Bremsen werden vom Menschen bedient, und dieser setzt die Grenzen im Gesamtsystem.

Die Wirkungskette des Bremssystems

Die Bremsanlage

Die Bremsanlage umfasst sämtliche Elemente vom Bremshebel bis zur Bremsscheibe.

Bremshebel

Während Autos ein einziges, fixes Bremspedal aufweisen, sind Motorräder mit einem Handbremshebel und einem Fußbremshebel ausgestattet. Moderne Roller mit Automatikgetriebe haben zwei Handbremshebel (wie ein Fahrrad).

Die einstellbaren Bremshebel sollen in einer für den Bediener optimalen Position fixiert sein. Sie sind so an den Fahrer anzupassen, dass sie einen raschen Zugriff ohne Verrenkungen erlauben. Ein Zeitverlust von 0,2 Sekunden führt bei Tempo 80 zu einem 4,5 Meter längeren Bremsweg und einer Restgeschwindigkeit von gut 30 km/h.

Bei Scheibenbremsen muss die Anpresskraft mit einem hydraulischen System erzeugt werden. Es gibt aber noch Motorräder mit mechanischer Bremskraftübertragung über Kabel und Gestänge. Das sind vorwiegend Modelle, die hinten eine Trommelbremse haben.

Das hydraulische System

Es besteht aus Bremszylindern, Bremsleitungen und der Bremsflüssigkeit. Wir beschränken uns hiernach auf die Leitungen und die Bremsflüssigkeit.

Als **Bremsleitungen** dienen meist dünne Stahlrohre und dort, wo Beweglichkeit gefordert ist, armierte Hochdruckschläuche. Ein Schlauch ist mehr oder weniger elastisch, er dehnt sich unter Druckeinwirkung aus. Dies kann den Druckpunkt schwammig werden lassen und das präzise Gefühl für den perfekten Bremsdruck verwischen. Da helfen Stahlflex-Leitungen. Das sind mit Stahldrahtgewebe ummantelte Schläuche, die sich unter Druck nur noch unmerklich ausdehnen.

Stahlflex-Leitungen sind für Sportfahrer ein Muss. Auch Normalbremsern bringen sie ein präziseres Gefühl für die Bremse. Ein Umbau auf Stahlflex ist aber kein Ersatz für das Üben! Durch Handhabungsmängel beim Bremsen geht mehr verloren, als mit

Stahlflex-Leitungen zu gewinnen ist. Die Bremsleitungen sind regelmäßig auf Schäden zu kontrollieren (Beulen, Druck- und Scheuerstellen, Versprödung, Hitzespuren).

Sehr wichtig ist die **Bremsflüssigkeit.** Diese überträgt die Bremskräfte zwischen Hebel und Bremse. Entscheidend ist die Temperaturfestigkeit bzw. der **Siedepunkt.** Die Bremsflüssigkeit steht über die Bremskolben im Kontakt mit den Bremsbelägen und wird durch starkes und häufiges Bremsen von diesen aufgeheizt. Überschreitet die Temperatur örtlich den Siedepunkt, bilden sich Dampfblasen. Die quasistarre Verbindung Bremshebel-Bremskolben wirkt durch die plötzliche Kompressibilität wie eine Feder. Die Bremse kann weich werden oder ganz versagen. Bremsflüssigkeit ist hygroskopisch, d. h. sie nimmt mit der Zeit Wasser auf. Dadurch sinkt die Temperatur, bei der sich Dampfblasen bilden. Deshalb muss man die Bremsflüssigkeit unbedingt nach Vorschrift periodisch austauschen lassen.

Der **Bremssattel** ist Träger der Bremskolben und der Bremsbeläge. Im Bremssattel wird der hydraulische Druck in mechanische Bremskraft umgewandelt. Je nach Art und Zweck des Motorrads gibt es Bremssättel mit einem oder mehreren Kolben.

Die **Bremsbeläge** moderner Scheibenbremsen sind thermisch und mechanisch hoch beansprucht. Sie bestehen aus Trägerplatte und Reibbelag. Die Reibbeläge sind aus organischem Material oder aus Sintermetall. Meist fährt man gut mit den Originalbelägen des Motorradherstellers. Manchmal lassen sich mit Ersatzprodukten bessere Verzögerungen erzielen. Aber die Bremsbeläge müssen mit der Bremsscheibe harmonieren. Vor Experimenten ohne Absprache mit der Fachwerkstatt sei gewarnt. Beläge periodisch auf Verschleiß prüfen! Neue Bremsbeläge gefühlvoll einfahren, damit sie sich den Unebenheiten der Bremsscheibe anpassen können und nicht örtlich überhitzen!

Die **Bremsscheiben** sind das sichtbarste Merkmal einer Motorrad-Bremsanlage. Die vordere Scheibe ist größer als die hintere, da beim Bremsen vorne größere Kräfte einwirken. Leistungsstarke Motorräder haben vorne zwei Bremsscheiben. Die symmetrische Kraftverteilung verhindert zudem ein Verdrehen der Gabel beim Bremsen.

Feste Bremsscheiben sind einteilig und fest mit dem Rad verschraubt. Schwimmende Bremsscheiben bestehen aus zwei Teilen, wobei der mit den Bremsbelägen in Kontakt stehende Teil über bewegliche Elemente (Floater) mit dem fest verschraubten Innenteil verbunden ist. Diese Beweglichkeit der Scheibe ermöglicht eine optimale Anpassung an die fest montierten Bremssättel, und sie gleicht Wärmedehnungen besser aus.

Bremsscheiben sollen rund und plan laufen. Verzogene, wellige oder rissige Bremsscheiben sind zu ersetzen.

Die Reifen

Die Reifen sind das einzige Bindeglied zwischen Maschine und Fahrbahn. Sie übertragen alle Kräfte beim Beschleunigen, Bremsen und Kurvenfahren. Anders als Autoreifen haben Motorradreifen eine runde Kontur. Wir wollen ja tolle Schräglagen fahren. Alle einwirkenden Kräfte werden über eine kaum handtellergroße Aufstandsfläche übertragen. Es gibt je nach Motorradtyp und Einsatzzweck eine Vielzahl von Formen, Bauarten, Profilen und Gummimischungen. Jeder Reifen hat seine bestimmten Eigenschaften, Vor- und Nachteile. Den optimal zur Maschine passenden Reifen muss man selber herausfinden.

Die Reifen sind ein wichtiges Element für sicheres Fahren, wenn nicht gar das wichtigste.

Die Sicherheitsanforderungen an Motorradreifen sind extrem hoch. So unterschiedlich diese Reifen sind, eines ist allen gemeinsam: **mit jedem Reifen wird gebremst**. Beim Bremsen wirken im Alltagsbetrieb die größten Kräfte auf die Reifen ein.

Die Reifen müssen immer genügend **Profil** haben. Man ersetzt sie besser, bevor das gesetzliche Minimum erreicht ist, denn schon vorher verschlechtern sich die Fahreigenschaften spürbar. Auch ist der Luftdruck periodisch zu kontrollieren (am kalten Reifen).

Abschließend eine Bemerkung zum **Schlupf**. Jegliche Antriebs- und Bremskräfte erzeugen Reifenschlupf. Andersherum: ohne Schlupf gibt es keine Kraftübertragung vom Reifen auf die Fahrbahn. Nur ein frei geradeaus laufendes Vorderrad ist ohne Schlupf.

Schlupf ist die Differenz zwischen dem abgerollten Radumfang und der zurückgelegten Wegstrecke.

Schlupf ist also ein leichtes Durchrutschen. Beim Vorwärtstrieb ist der abgerollte Weg am Rad größer als die Wegstrecke, beim Bremsen ist er kleiner. Auch beim Fahren mit konstanter Geschwindigkeit tritt am Hinterrad Schlupf auf, weil das Rad gegen den Roll- und den Luftwiderstand arbeiten muss.

Die Schaltzentrale Mensch

Keine Bremse arbeitet von alleine. Es ist immer ein Mensch, der die Bremsen aufgrund seiner Beobachtungen und seiner Einschätzung der Lage betätigt.

Jeder Bremsvorgang wird vom menschlichen Gehirn ausgelöst, gesteuert und geregelt.

Gerne bilden wir unsere Meinung über eine Bremsanlage aufgrund von Testberichten. Doch vergessen wir Normalfahrer oft,

- dass technische Tests mit dem realen Alltag nicht vergleichbar sind und
- dass wir nicht über die fahrerischen Qualifikationen eines Testprofis verfügen.

Vor Selbstüberschätzung sei deshalb gewarnt!

Die Vollbremsung

Die wirksamste Methode, eine drohende Kollision zu vermeiden, ist die Vollbremsung.

Warum eine Vollbremsung auf zwei Rädern viel schwieriger ist als im Auto und welche Faktoren bei diesem Manöver mitspielen, wollen wir näher betrachten. Dabei spielen folgende Größen und Maßeinheiten eine Rolle:

- **Weg** in Meter [m],
- **Zeit** in Sekunden [s] und

- **Masse** in Kilogramm [kg] sind uns bekannt.
- **Kraft** = Masse x Beschleunigung in Newton [N].
- 1 kg Masse übt unter dem Einfluss der Erdbeschleunigung (9,81 m/s^2) eine Kraft von 9,81 N auf die Erdoberfläche aus.
- **Energie** = Kraft x Weg; [1 N x 1 m = 1 Nm = 1 J (Joule)].
- **Geschwindigkeit** in Meter pro Sekunde [m/s]; (km/h / 3,6 = m/s).
- **Beschleunigung** = Geschwindigkeitsänderung pro Zeiteinheit [m/s^2]. Verzögerung ist Beschleunigung mit umgekehrtem Vorzeichen.

Oft reden wir auch von »g«. 1 g entspricht der Beschleunigung, mit welcher frei fallende Gegenstände von der Erde angezogen werden [1 g = 9,81 m/s^2].

Bei 1 g liegt auch etwa die Grenze der mit Motorrädern bei guten Bedingungen auf Asphalt erreichbaren Verzögerungen (Rennmaschinen ausgenommen). Das schaffen nur wenige. 1 g Verzögerung ergibt einen Bremsweg von knapp 40 m aus 100 km/h. **Üben, Freunde!**

Reibung

Alle Beschleunigungs-, Brems- und Seitenkräfte (beim Kurvenfahren) zwischen Reifen und Fahrbahn werden durch Reibung übertragen. Das Maß der Reibung wird Reibungsbeiwert µ (»mü«) oder kurz Reibwert genannt. Er liegt zwischen Null und Eins und ist dimensionslos.

(Auf nassem Glatteis geht der Reibwert gegen Null, bei besten Bedingungen gegen Eins. Mit warm gefahrenen Reifen auf griffiger Straße kann der Wert größer als Eins sein, weil sich der weiche Gummi mit der rauen Fahrbahn verzahnt. Ohne diese Verzahnung, die auf Rundstrecken noch ausgeprägter ist, könnten Rennfahrer ihre hohen Bremsverzögerungen nicht erreichen, ebenso wenig Schräglagen bis weit über 45 Grad.)

Beim Motorradfahren auf der Straße wollen wir nie die Haftung verlieren. Leider ist der Reibwert beim Gleiten kleiner als bei Haftung. Im Übergangsbereich (Rutschgrenze) kann deshalb das Rad plötzlich wegschmieren, je nach Reifentyp sanft oder abrupt.

Der Reibwert bestimmt die vom Reifen übertragbaren Kräfte (Bremsen, Beschleunigen, Kurvenfahren).

Die Formel ist einfach:

$$F_{Ü} = \mu \times F_{N}$$

Übertragbare Kraft = Reibwert mal Normalkraft
(Normalkraft ist die durch das Gewicht von Motorrad und Fahrer senkrecht auf die Fahrbahn wirkende Kraft.)

Dynamische Radlastverschiebung

Während der Fahrt verteilt sich die Last von Maschine und Fahrer zu etwa gleichen Teilen auf Vorder- und Hinterrad, mit Sozius ist es hinten mehr. Beim Bremsen ändern sich die Verhältnisse deutlich. Verglichen mit Autos haben Motorräder einen kurzen Radstand, und mit Besatzung einen hohen Schwerpunkt. Die Verzögerungskraft zieht im Schwerpunkt nach vorn. Dadurch nimmt die Last auf dem Vorderrad zu, und hinten wird sie kleiner. Je größer die Verzögerung, umso höher die Vorderradlast. Im Extremfall hebt das Hinterrad ab und die ganze Last wirkt auf das Vorderrad. Deshalb sind die Bremsen vorne stärker ausgelegt als hinten. Ein abgehobenes Hinterrad hat keine Bremswirkung.

Diese Wirkung der Massenkräfte erhöht die Anforderungen an den Bremser auf dem Zweirad massiv. Autolenker drücken einfach aufs Pedal.

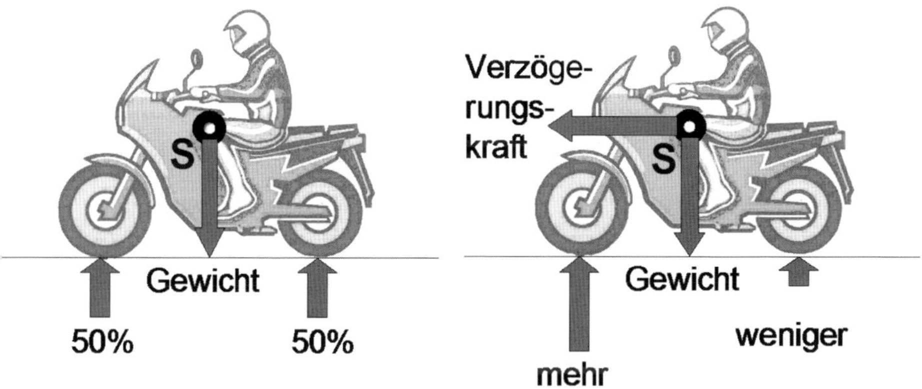

Änderung der Radlasten beim Bremsen

Stabilitätskriterien – warum fällt ein Motorrad nicht um?

Beim Bremsvorgang rütteln verschiedene Einflüsse an der Fahrstabilität unseres Motorrads. Aber was sorgt denn für diese Stabilität? Warum fällt das Motorrad nicht um?

Motorräder werden durch die Kombination folgender Einflussgrößen am Umfallen gehindert:

- Massenträgheitskräfte,
- Kreiselkräfte,
- Nachlauf und Rückstellmoment,
- Seitenführung.

Das sind dynamische Kräfte, d. h. diese Kräfte wirken nur, wenn sich das Fahrzeug bewegt. Im Stillstand sind sie gleich Null, wirkungslos, und das Motorrad fällt um.

Massenträgheitskräfte

Geradlinig bewegte Massen beharren durch ihre Trägheit in ihrer Bewegungsrichtung. Sie lassen sich nur durch äußere Krafteinwirkung davon abbringen. Je höher die Geschwindigkeit der bewegten Masse, umso größer sind diese Trägheitskräfte und umso besser ist die Stabilität.

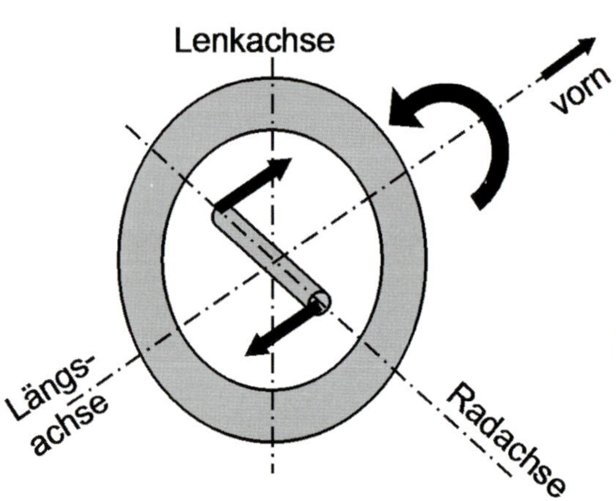

Kreiseleffekt

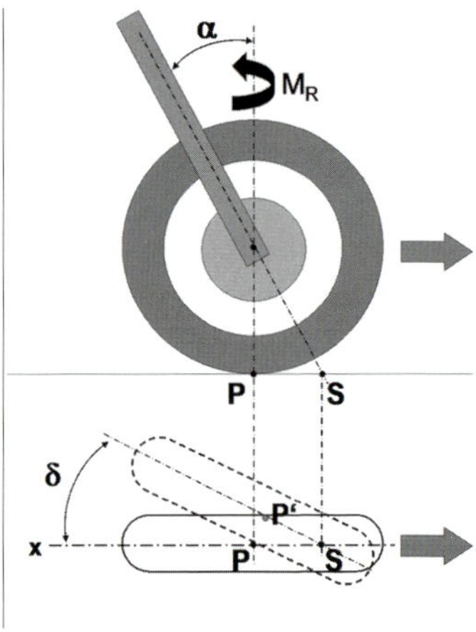

Nachlauf und Rückstellmoment

Kreiselkräfte

Rotierende Massen erzeugen auch Trägheitskräfte. Am drehenden Rad entstehen Kreiselkräfte, die das Rad zwingen, Lage und Richtung einzuhalten. Je schneller ein Rad dreht, umso stärker wirken diese geheimnisvollen Kräfte. Versucht man ein in aufrechter Lage drehendes Rad aus seiner Richtung zu lenken, reagiert es auf seltsame Weise: es neigt sich um die rechtwinklig zur Lenkachse liegende Längsachse, es will »abliegen«.

Diesen Effekt nutzen wir unbewusst beim Einlenken in Kurven. In Linkskurven drücken wir – ohne es zu merken – am Lenker links nach vorn. Dadurch müsste das Vorderrad nach rechts lenken. Das tut es zuerst auch, aber die Kreiselkräfte kippen das Rad sofort aus der Senkrechten nach links. Das Motorrad legt sich in die Linkskurve.

Kreiselkräfte entstehen an beiden Rädern, rund 80 Prozent der stabilisierenden Kreiselkräfte entfallen auf das Vorderrad, weil es lenkbar ist. Ein überbremstes Vorderrad ist gefährlich.

Nachlauf und Rückstellmoment

Der Lenkkopfwinkel eines Motorrads ist immer mehr oder weniger schräg (α). Verlängern wir die Lenkachse, bis sie die Fahrbahn berührt, erhalten wir einen imaginären Durchstoßpunkt (S). Das Fahrwerk ist so konstruiert, dass der Aufstandspunkt des Vorderrads (P) auf ebenem Boden hinter dem Durchstoßpunkt liegt. Weil der Antrieb von hinten kommt, läuft das Rad der Lenkachse hinterher. Diesen Abstand nennt man Nachlauf.

Sobald das Vorderrad von der geraden Spur abweichen will (δ), entsteht ein Drehmoment (MR) um die Lenkachse, welches das Rad wieder auf die Gerade (x) zurückführt. Diese Korrektur erfolgt automatisch, solange wir im Gleichgewicht auf dem Motorrad sitzen.

Seitenführung

Die Haftreibung zwischen Reifen und Fahrbahn gewährleistet beim drehenden Rad auch die Seitenführung, d. h. das Rad wird daran gehindert, seitwärts aus der Spur zu rutschen. Wenn bei starkem Bremsen die Haftreibung ganz in Gleitreibung übergeht, ist die Seitenführung verloren und das Rad schmiert weg. Passiert das vorne, so ist der Sturz unvermeidlich.

Eigenstabilität
Obgenannte Kräfte hindern ein Motorrad am Umfallen, solange es schnell genug rollt. Ein Motorrad erreicht seine Eigenstabilität ab 25–30 km/h. Bei kleineren Geschwindigkeiten müssen wir mit kleinen Lenkbewegungen selber für das Gleichgewicht der Fuhre sorgen. Bei höheren Geschwindigkeiten fällt das Motorrad nicht mehr von selbst um.

Probleme bei der Vollbremsung

! **Eine optimale Vollbremsung heißt, mit der höchstmöglichen Verzögerung über den ganzen Bremsweg stabil und in aufrechter Lage bis zum Stillstand auf den Rädern zu bleiben.**

Schön wärs! – Folgende Gemeinheiten erschweren uns das Manöver:

Reibwert Bremsbelag/Bremsscheibe
Der Reibwert zwischen Belag und Scheibe ist nicht konstant. Er verändert sich in Abhängigkeit von Temperatur und Umlaufgeschwindigkeit. Das heißt, ein konstanter Bremsdruck führt nicht zwingend zu einer konstanten Verzögerung. Gegen Ende der Bremsung, bei kleiner Umlaufgeschwindigkeit, erhöht sich der Reibwert, und das Rad kann blockieren.

Reibwert Reifen/Fahrbahn
Wichtig ist die Temperatur. Kalte Reifen haften schlecht. Allround-Straßenreifen haben ab 35 °C über einen weiten Temperaturbereich gute Eigenschaften. Im Alltag auf der Straße kann damit meist bessere Haftung erzielt werden als mit reinen Sportreifen, die erst bei 60 bis 80 °C überlegen sind.

Fabrikneue Reifen sind an der Oberfläche noch glatt. Nach Reifenwechsel ist auf den ersten paar Dutzend Kilometern erhöhte

! **Eine besondere Gefahr, die Autolenker nicht kümmert, sind die schwarzen Bitumenflicken. Bei Nässe und Hitze sind das Rutschfallen. Motorradfahrer nennen sie »Schwarzes Glatteis«.**

Vorsicht geboten. Starke Schräglagen vermeiden!

Noch gewichtiger sind die unbeeinflussbaren Eigenschaften der Fahrbahn. Der Reibwert kann sich ständig, und urplötzlich, verändern (Schmutz, Sand, Splitt, Wasser, Laub, Ölspuren, Fahrbahnmarkierungen, Kuhfladen etc.)

Das blockierte Vorderrad

Ein blockiertes Vorderrad ist ein großer Risikofaktor bei einer Vollbremsung und die Hauptursache aller Bremsunfälle. Was läuft denn dabei ab?

! **Wird so stark gebremst, dass das Vorderrad blockiert, so werden dessen stabilisierende Kreiselkräfte zu Null und die Seitenführung geht verloren. Die Fahrt wird schlagartig instabil und ein Sturz ist unausweichlich.**

Der Sturz kann nur vermieden werden, wenn man die Bremse sofort löst, damit sich das Rad wieder drehen kann. Das kostet Bremsweg.

Radlastaufbau braucht Zeit

Tatsache ist: je höher das Vorderrad belastet ist, umso größere Kräfte kann es auf die Fahrbahn übertragen und umso später blockiert es.

Der Aufbau der maximalen Vorderradlast (dynamische Radlastverschiebung), das Einfedern der Gabel, benötigt 0,2–0,3 Sekunden Zeit. Bei einer Panikbremsung erfolgt der Aufbau des Bremsdrucks meist schneller (ca. 0,1 s).

! **Dadurch wirken maximale Bremskräfte auf das Rad, bevor es voll belastet ist und diese Kräfte auf den Boden übertragen kann. Das Rad blockiert früher als erwartet und der Sturz folgt sogleich. Dagegen hilft ein ABS.**

Bremswegverlust

Ein kurzer Bremsweg ist nur mit einer hohen Anfangsverzögerung zu erreichen. Ein Beispiel (Tempo 72; Verzögerung 5 m/s^2): In der ersten Sekunde der Bremsung legt man 17,5 Meter zurück, in der vierten und letzten nur noch 2,5 Meter. – Das heißt: wer zu Beginn der Bremsung zögerlich bremst, verliert viel Weg, weil die Geschwindigkeit noch hoch ist. Viele Fahrer unterliegen diesem Fehler.

Was am Anfang der Bremsung verloren geht, ist nicht mehr gutzumachen.

Nachstehende Grafik erklärt den Vorgang:

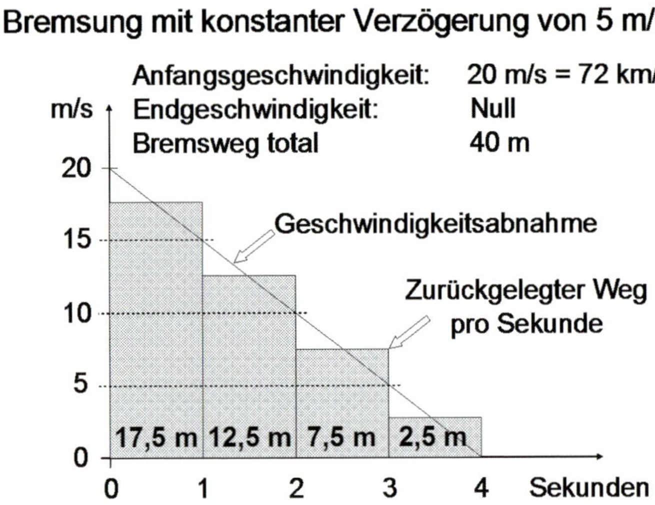

Bremsung mit konstanter Verzögerung

Man muss schnell einen hohen Bremsdruck erzeugen. In gut zwei Zehntelsekunden soll der Druck bis zur Rutschgrenze, aber ja nicht darüber hinaus, aufgebaut werden. Der Übergang von Haftreibung in Gleitreibung ist zu vermeiden, sonst rutscht das

Doppelte Geschwindigkeit ergibt vierfachen Bremsweg.

Geschwindigkeit und Bremsweg

Dieser wichtige Zusammenhang sei anhand eines Zahlenbeispiels nochmals erklärt.
Jede bewegte Masse beinhaltet eine bestimmte Bewegungsenergie (kinetische Energie) E_K. Diese Energie nimmt mit steigender Geschwindigkeit quadratisch zu.

Die Formel lautet: $E_K = m * v^2/2$

Energie = Masse mal Geschwindigkeit im Quadrat durch zwei

Das heißt, in dem mit doppelter Geschwindigkeit bewegten Motorrad steckt die vierfache Energie. Diese Energie muss mit den Bremsen bis auf Null abgebaut werden (Vollbremsung zum Stillstand).
Energie ist Kraft mal Weg, in unserem Beispiel Bremskraft mal Bremsweg.

Die Formel: $E_{Br} = F * s$

Bremsenergie = Bremskraft mal Bremsweg

Unter Bremskraft verstehen wir die Reibungskraft zwischen Reifen und Fahrbahn.
Bei Vollbremsung ist die nötige Bremsenergie gleich der abzubauenden Bewegungsenergie ($E_{Br} = E_K$). Daraus lässt sich der Bremsweg berechnen.

Beispiel: Ein Motorrad mit Fahrer wiegt 280 kg.
Die Berechnung der Bewegungsenergie ergibt:
bei 50 km/h: 27 kJ (Kilojoule),
bei 100 km/h: 108 kJ
(doppelte Geschwindigkeit = vierfache Energie).
Der Abbau dieser Energie erfolgt aber jetzt linear (Bremskraft mal Bremsweg). Bei doppelter Energie braucht es den doppelten Weg, bei vierfacher Energie den vierfachen usw.

Die Bremswege für dieses Beispiel ergeben bei einem
Reibwert $\mu = 0{,}8$ (trocken):
für 50 km/h: 12,28 m,
für 100 km/h: 49,1 m, d.h. also viermal mehr.
Diese Tatsache ist durch physikalische Gesetze untermauert und lässt sich nicht überlisten.

Die Realitäten im Alltag

Motorradfahrer müssen öfters scharf bremsen, sei es eine Vollbremsung bis zum Stillstand oder brüskes Herunterbremsen vor einer Kurve oder einem überraschend auftauchenden Hindernis.

Die Mehrheit der Motorradfahrer schafft auf trockener Fahrbahn Bremsverzögerungen zwischen 5 und 8 m/s². Das ist deutlich unterhalb des Erreichbaren. Was sind die Gründe?

Drei grundlegende Bremsfehler

Jeder Motorradfahrer weiß, dass er stürzt, wenn er das Vorderrad überbremst. Diese Sturzangst ist verinnerlicht und führt zu typischen Fehlern, die wertvollen Bremsweg kosten.

Fehler 1: Zu schwaches Bremsen

Vollbremsung bedeutet, mit der höchstmöglichen Verzögerung auf kürzester Distanz stillzustehen. Schwacher Zug an der Bremse (siehe Bild unten) aus lauter Vorsicht, ja nicht zu stürzen, kann schnell zum doppelten Bremsweg – und oft zum Unfall – führen.

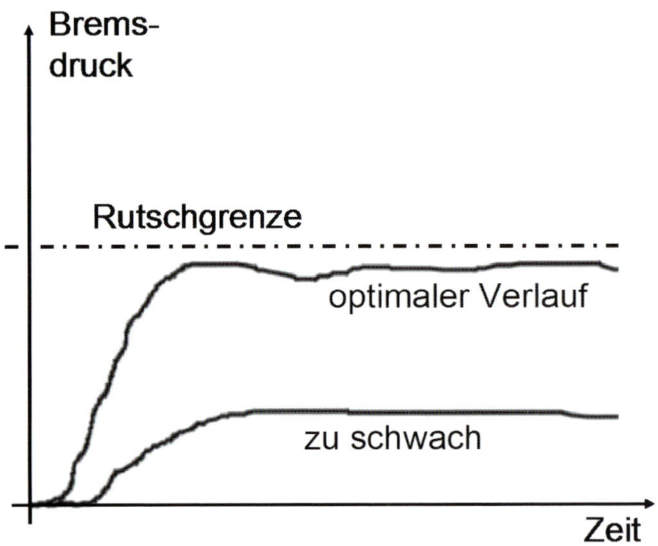

Optimal und schwach gebremst

Fehler 2: Zu zögerliches Bremsen
Viele Motorradfahrer tasten sich durch zögerlichen Bremsdruckaufbau an die Rutschgrenze heran. Zu Beginn einer Vollbremsung, bei noch hoher Geschwindigkeit, ist aber am meisten Weg zu gewinnen. Optimal wäre, den Bremsdruck innerhalb von gut zwei Zehntelsekunden bis nahe an die Rutschgrenze aufzubauen, ohne sie zu überschreiten. Das schafft kaum einer von Hand. Im Notfall schon gar nicht. Mit ABS-Unterstützung gelingt das optimal.

Wie groß die Unterschiede sein können, zeigt folgendes Beispiel:
Vollbremsung aus 80 km/h. Wie groß ist der Bremswegunterschied zwischen dem optimalen und dem zögerlich zugreifenden Bremser?

Wie groß ist die Restgeschwindigkeit des Letzteren am Ort, wo der optimale Bremser stillsteht?

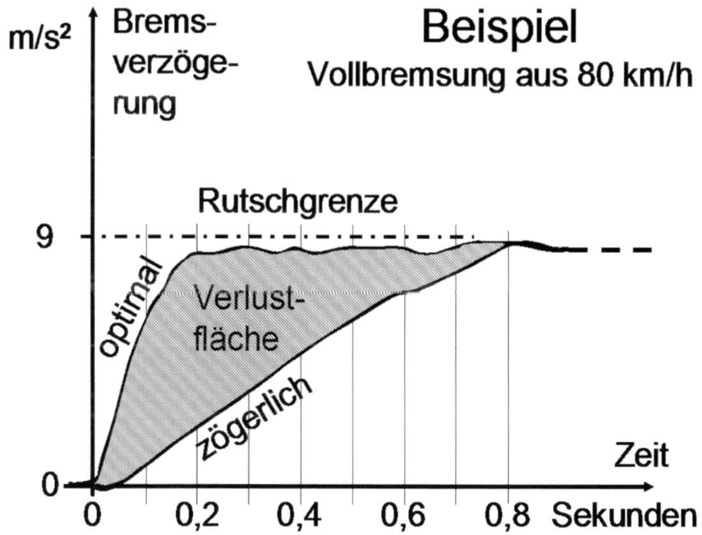

Optimal und zögerlich gebremst

Der optimale Bremser baut den Bremsdruck (und damit die Verzögerung) innerhalb von 0,2 Sekunden bis nahe an die Rutschgrenze auf. Der zögerliche Bremser benötigt dazu 0,8 Sekunden. (Annahme: der weitere Verlauf der Verzögerung bis zum Stillstand sei für beide gleich).

Die Verlustfläche zwischen beiden Kurven rechnet sich aus Verzögerung mal Zeit. Das ergibt eine Geschwindigkeitsdifferenz von 7 km/h bei 0,8 s. Der optimale Bremser hat hier noch 61 km/h, der zögerliche immer noch gut 68 km/h.

Der Bremswegunterschied beträgt vier Meter und die Restgeschwindigkeit am Punkt, wo der optimale Bremser stillsteht, beträgt immer noch 30 km/h. Ein Aufprall auf ein Hindernis wäre da nicht mehr harmlos.

! **Die Bedeutung der Restgeschwindigkeit bei Vollbremsungen ist zu wenig bekannt. Diese bestimmt aber in wesentlichem Maße die Unfallfolgen.**

Alltägliches Beispiel: Ein Fahrzeug muss aus Tempo 50 plötzlich notfallmäßig bremsen und steht vor dem Hindernis still. Aus Tempo 60 wäre dasselbe Fahrzeug noch mit einer Restgeschwindigkeit von 40 km/h ins Hindernis geprallt. Gewusst?

Fehler 3: Zu starkes Bremsen

Das passiert vor allem bei plötzlichem Auftauchen einer Gefahr. Man erschrickt, überbremst und muss die Bremse sofort lösen, damit man nicht stürzt. Während der Lösezeit rollt man ungebremst weiter und das Spiel beginnt von vorne. Dabei sinkt der Mittelwert der Verzögerung stark ab und es geht viel Bremsweg verloren. Dagegen hilft wiederum ein ABS.

Die Gemeinheiten der Fahrbahn

Bremsentests von Fachzeitschriften finden meist auf sauberer und griffiger Fahrbahn statt. Es geht darum, Bremssysteme verschiedener Motorräder miteinander vergleichen zu können. Dazu braucht es reproduzierbare Bedingungen. Es sind Laborversuche.

Der Alltag des Straßenfahrers sieht oft anders aus. Fahrbahnzustand und Reibwert (bzw. die Haftung, der »Grip«) können sich überraschend schnell ändern.

Jeder Motorradfahrer kennt die folgenden Tücken:

- Bitumenschmierereien (bei Nässe, Hitze),
- Sand, Schmutz, Ackererde von Traktoren,
- Splitt (wird besonders gerne auf schöne Motorradstrecken gestreut),
- Regenbeginn nach Trockenphasen (schmierige Staubschicht),
- Fahrbahnmarkierungen,
- Schachtdeckel aus Gusseisen (liegen immer in der Ideallinie),
- Laub, besonders bei Nässe,
- Ölspuren (»Regenbogen« auf der Straße),
- frische Kuhfladen (Alpengebiet).

Führt eine Vollbremsung mit einem Motorrad über solche Rutschzonen, besteht ein hohes Sturzrisiko. (Einmal mehr: vorausschauend fahren und die Fahrbahn lesen!)

Bremsen in Schräglage

Ist das Bremsen auf zwei Rädern in aufrechter Lage schon schwer genug, wird es in Kurven noch anspruchsvoller. Wir wissen es: man sollte so vorausschauend fahren, dass man in Kurven nicht scharf bremsen muss. Notbremsungen in Schräglage nehmen allzu oft ein böses Ende. Umso wichtiger ist, dass wir das periodisch üben, damit wir die Reaktionen unserer Maschine in diesem Betriebszustand kennen lernen. Wer sich damit nicht vertraut gemacht hat, ist im Notfall chancenlos.

Mit Übung lassen sich auch in landstraßenüblichen Schräglagen unerwartet hohe Verzögerungen erreichen. Auf der letzten Rille geht aber nichts mehr und der Abflug ist gewiss.

Beim Bremsen in Schräglage treten zwei neue Erscheinungen auf, das Aufstellmoment und die zusammengesetzten Kräfte (Kammscher Kreis).

Das Aufstellmoment

Bremsen wir in der Kurve stark, so sträubt sich die Maschine gegen die momentane Schräglage und will sich aufstellen. Diese Reaktion ist unterschiedlich stark. Unerfahrene Biker können darob erschrecken. Durch das Aufstellen vergrößert sich der Kurvenradius, und in Rechtskurven droht man auf die Gegenfahrbahn zu geraten.

Ursache dieser Aufstellneigung ist das Lenkmoment, das wir vom Einlenken in Kurven kennen. Doch wer drückt denn da am Lenker? Es ist die Bremskraft am Vorderreifen. In aufrechter Lage, auf der Geraden, liegt der Radaufstandspunkt A in der Ebene der Lenkachse La. In Schräglagen wandert der Radaufstandspunkt von der Lenkachse weg. Die Bremskraft greift im Radaufstandspunkt an und erzeugt jetzt ein Moment M_L um die Lenkachse La.

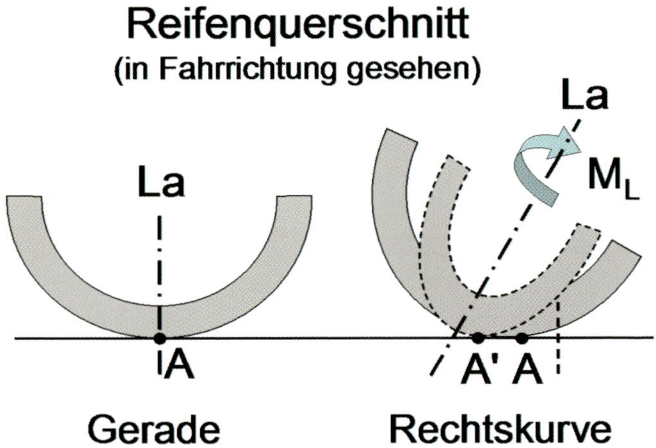

Ursache des Aufstellens

Dieses Lenkmoment M_L wirkt in gleicher Weise wie beim Einlenken. Drücken wir in einer Rechtskurve am Lenker links nach vorn, so verringert das Motorrad die Schräglage und fährt einen weiteren Bogen. Wenn wir in der Rechtskurve bremsen, passiert das Gleiche. Die Bremskraft drückt am Radaufstandspunkt A nach hinten, da dieser rechts von der Lenkachse liegt. Ob man links nach vorne oder rechts nach hinten drückt, die Wirkung ist dieselbe: das Motorrad stellt sich auf.

Das Maß des Aufstellens ist unterschiedlich und hängt primär von der Reifenbreite ab. Ein breiter Reifen (A) stellt stärker auf als ein schmaler (A'). Je größer der Abstand von Punkt A zur Lenkachse, umso stärker das Lenkmoment. Auch die Konstruktion des Reifens spielt eine Rolle. Verschiedene Reifentypen können beim gleichen Motorrad unterschiedliche Aufstellneigung bewirken.

Um beim Kurvenbremsen die Spur zu halten, ist Gegenlenken nötig. Aber aufgepasst: beim Lösen der Bremse passiert das Umgekehrte, die Maschine kippt in die Kurve hinein.

Der Kammsche Kreis

Die Haftreibung zwischen Reifen und Fahrbahn überträgt nur eine begrenzte Kraft. Wird diese Grenze überschritten, geht die Haftung ins Gleiten über und das Rad rutscht weg. Die übertragbare Kraft wird bestimmt durch den Reibwert μ. Dieser ist nicht konstant. Er variiert in weiten Grenzen und hängt von äußeren Bedingungen ab (Fahrbahnbeschaffenheit, trockene, nasse, glitschige oder vereiste Fahrbahn, Qualität, Zustand und Temperatur der Reifen).

Fahren wir geradeaus, können wir die ganze übertragbare Kraft bis zur Haftgrenze zum Beschleunigen oder zum Bremsen ausnutzen. In Schräglage wird die Sache komplizierter. Zur Erklärung dient der Kammsche Kreis.

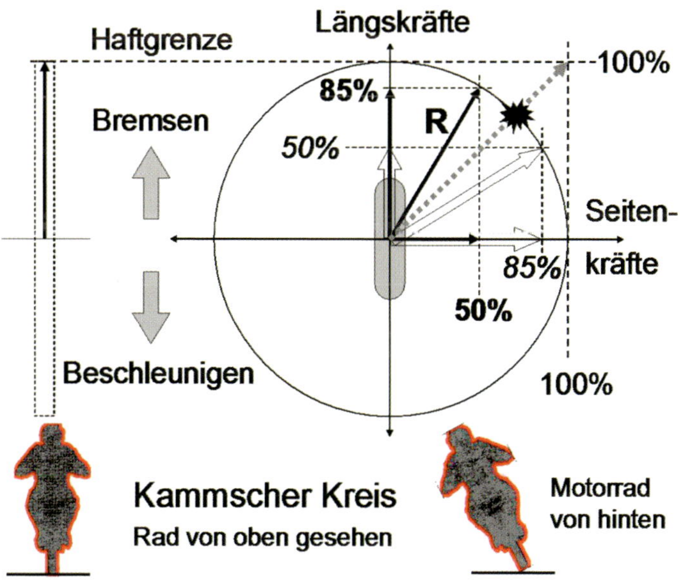

Kammscher Kreis

Beim Beschleunigen oder Bremsen in aufrechter Lage erzeugen wir nur Längskräfte. Wir können die Haftgrenze ausnutzen (im Bild links). Fahren wir eine Kurve, entstehen durch die Zentrifugalkraft Seitenkräfte am Reifen. Auch seitwärts lässt sich in maximaler Schräglage die Haftgrenze voll ausnutzen. Diese Kurvengrenzgeschwindigkeit ist je nach Motorrad- und Reifentyp verschieden.

Erzeugen wir gleichzeitig Längs- und Seitenkräfte (z. B. beim Bremsen oder Beschleunigen in Schräglage), entsteht eine zusammengesetzte Kraft: die Resultierende R. Damit wir nicht rutschen, muss diese Resultierende innerhalb des Kreises bleiben. Der Kreis stellt die Haftgrenze dar. Wollen wir in voller Schräglage noch scharf bremsen, so wird die Haftgrenze überschritten (siehe gestrichelte Resultierende). Das Rad rutscht weg.

In der Regel vertragen Schräglagen höhere Bremskräfte, als wir vom Gefühl her erwarten. So kann bei 50 Prozent Seitenkraft (entspricht über 30 Grad Schräglage) vor dem Abrutschen immer noch bis zu 85 Prozent der möglichen Bremskraft aufgebracht werden. Das verzögert mächtig. (Drei Viertel aller Biker greifen auch in aufrechter Lage nicht so stark zu. Ebenso viele überschreiten auf Landstraßen kaum je 25 Grad Schräglage.) Bei 85 Prozent Seitenkraft (das sind gute 40 Grad Schräglage) ließe sich immer noch bis gegen 50 Prozent verzögern. (Rennfahrer schaffen dank Verzahnung der warmen Reifen mit der Pistenoberfläche noch einiges mehr.) Bei Kurvengrenzgeschwindigkeit hingegen führt jedes Bremsen oder Beschleunigen zum Abflug.

! **Auf Landstraßen sollen die eben beschriebenen Grenzbereiche beim Kurvenbremsen nie voll ausgeschöpft werden. Plötzlich auftretende Stellen mit schlechter Haftung erfordern genügend Reserven. Beim Kreisfahren auf dem Übungsplatz oder auf Rundstrecken darf man sich diesen Limiten getrost annähern.**

Der Durchmesser des Kammschen Kreises hängt vom momentanen Reibwert ab und kann sich stark verändern. Auf nassem Glatteis ist der Kreis so klein, d. h. der Reibwert so gering (<0,1), dass Zweiradfahren kaum mehr möglich ist, weil nicht einmal die zur Seitenführung bei Geradeausfahrt nötige Kraft übertragen werden kann. Die Proportionen der Kräfte innerhalb des Kreises bleiben immer gleich.

Praxis des Kurvenbremsens

Der Bremsvorgang bei Geradeausfahrt spielt sich in einer senkrechten Ebene in Fahrtrichtung ab. Kurvenbremsen ist ein dreidimensionaler Vorgang, bei welchem jede Änderung in einer Achse die anderen beiden beeinflusst. Bremsen in Schräglagen ist das schwierigste Fahrmanöver. Ohne Übung geht das nicht! Aber wer übt?

> **Mein Rezept:** **So fahren, dass man in der Kurve nicht bremsen muss, und so üben, dass man es könnte.**

Es werden zwei verschiedene Bremstechniken praktiziert, das Aufstellen und das progressive Bremsen.

Aufstellen

Durch einen kräftigen Lenkimpuls stellt man das Motorrad aus der Schräglage auf und bremst wie bei Geradeausfahrt.

(Meine Meinung: Diese Technik macht Sinn in Linkskurven, wenn Gelegenheit zur »Flucht ins Gelände« besteht. In Rechtskurven reicht die Fahrbahnbreite für dieses Manöver nicht aus. Man benötigt die eigene Fahrbahnhälfte allein für das Aufstellen und bremst erst jenseits der Mittellinie. Im Alltag werden solche Landstraßenkurven eher schneller gefahren, was noch mehr Platz erfordert. Der fehlt. Deshalb bevorzuge ich den zweiten Weg.)

Progressives Bremsen

Man folgt der Kurvenlinie und bremst vorne progressiv. Das Aufstellen der Maschine kompensiert man mit Gegenlenken. Mit abnehmender Geschwindigkeit verringert sich die Schräglage und man kann immer stärker bremsen bis zum Stillstand.

Dieses Manöver erfordert ein anderes Vorgehen als bei Geradeausfahrt:

- progressiv bremsen (nicht sofort an die Rutschgrenze gehen; gilt auch mit ABS).
- Fuß weg vom Bremspedal! Nur vorne bremsen.
- Blickführung: kurz vor dem Stillstand nicht mehr in die Kurve blicken, sondern tangential zur Kurve geradeaus. Man kippt sonst am Ende der Bremsung in die Kurve hinein.

Eine kontrollierte Vollbremsung in Schräglage ist sehr schwierig. Ohne Übung geht nichts!

Nach einigem Training wundert man sich dennoch, welch kurze Bremswege in Schräglagen möglich sind. Da sich der Reibwert auf Landstraßen überraschend schnell ändern kann, sind immer Sicherheitsreserven vorzusehen.

Technische Bremshilfen

Integralbremsen
Hier sind Vorder- und Hinterradbremse miteinander verbunden. Mit der Bedienung nur eines Bremshebels erzielt man mehr Wirkung. Entweder wird mit der Handbremse auch das Hinterrad mitgebremst (BMW-Teilintegral) oder mit der Fußbremse das Vorderrad (z. B. Honda Deauville; Yamaha FJR). Besitzer solcher Maschinen mögen sich bitte über die genaue Funktion ihrer Bremse kundig machen, um die Vorteile zu nutzen. Integralbremssysteme ersetzen aber noch längst kein ABS.

Bremskraftverstärker
BMW rüstete eine Zeitlang die großen Modelle mit einer elektrohydraulischen Servobremse aus. Inzwischen kehrte man wieder zur reinen Handkraft zurück. Für ein Motorrad reicht das.

ABS
Das Antiblockiersystem hat lebensrettendes Potenzial und hielt bei Motorrädern viel zu spät Einzug. Ein ABS ist dem menschlichen Regelvermögen überlegen. Viele Modelle werden heute mit ABS angeboten. Alle Straßenmotorräder müssten es haben. Wer wählen kann, solte unbedingt ein Modell mit ABS kaufen!

Blockiert beim Bremsen das Vorderrad, entfallen augenblicklich zwei von drei Stabilitätskriterien, nämlich die Kreiselkraft und die Haftreibung. Der Sturz folgt in weniger als einer halben Sekunde. Ein ABS bringt zwei entscheidende Vorteile:

- das Sturzrisiko sinkt massiv, das Motorrad kommt auf den Rädern zum Stillstand,
- voller Zugriff ohne Sturzangst verkürzt den Bremsweg.

Umsteiger auf ABS müssen umlernen, um die Vorteile voll ausnutzen zu können.

Vorsicht beim Kurvenbremsen! Der Kammsche Kreis gilt auch für ABS-Maschinen. In starken Schräglagen kann das Vorderrad die Haftgrenze überschreiten. Deshalb in Kurven auch mit ABS schön progressiv zugreifen. Voll kurventaugliche ABS werden kommen, heute gibt es sie erst vereinzelt.

Ein ABS löst nicht jedes Problem, aber es erhöht die Sicherheit beim Bremsen ganz enorm.

Ein ABS am Motorrad ist der Sicherheitsgurt des Bikers.

Ausweichen – wenn es plötzlich eng wird

Wer vor einem unverhofft auftauchenden Hindernis ausweichen muss, den zwingt höchste Zeitnot zum schnellen Verlassen der eigenen Spur. Bei unverhofft geöffneten Autotüren oder überraschend ausscherenden Lkw, Gegenständen auf der Fahrbahn oder bei Wildwechsel scheint es gelegentlich zum Bremsen zu spät. Ausweichen wird dann zur rettenden Technik, man schlägt

Unverhofft kommt oft! (Foto: Institut für Zweiradsicherheit)

einen Haken, um so Kontakt zu vermeiden, in der Regel begleitet von einem heftigen Adrenalinschub. Hätte man genug Zeit, könnte man um das Hindernis in aller Ruhe herum- oder daran vorbeifahren. Ausweichen gilt demnach als Alternative in höchster Not, um Schaden zu vermeiden, will aber, so paradox es klingen mag, bedacht sein. Denn die Sache mit dem Hakenschlagen hat den Haken, dass man seine Fahrspur sehr schnell verlassen muss, wohin? Auf eine andere Spur, die nicht zwingend frei sein oder bleiben muss. Wer also das Ausweichen als erste Option sieht, sollte bedenken, dass es im Augenblick schon Rettung, danach aber Verhängnis bedeuten kann. Dem ausscherenden Lastwagen auf nasser Fahrbahn auszuweichen kann schnurstracks in einer Leitplanke, im Gegenverkehr oder an einem festen Hindernis am Fahrbahnrand enden. Aus diesen Gedanken ergibt sich für mich die Konsequenz, das scheinbar so unproblematische Retten per Ausweichen als zweitbeste Lösung zu wählen, birgt es doch unter Umständen schwer kalkulierbare Risiken. Die beste Lösung ist und bleibt das Bremsen.

Wenn es denn als Alternative gewählt wird, bietet die Technik des Drückens mit beherztem Lenkimpuls (s. S. 100) die besten Chancen beim Ausweichen: Das Motorrad so schnell wie möglich drücken und dabei den Grundsatz befolgt, am Hindernis vorbei- oder darüber zu schauen und möglichst schnell wieder auf seine alte Fahrspur zurückzukommen, um sich nicht unversehens im Gegenverkehr wiederzufinden. Weil Ausweichen eine der Grundtechniken zur Motorradbeherrschung ist, muss man sie genauso trainieren wie das Bremsen.

Ich sehe fünf Schritte:

1. Lenkimpuls: Das entsprechende Lenker-Ende in die Ausweichrichtung stoßen, unterstützt durch Heranziehen des anderen,
2. Blick in den freien Raum,
3. Blick auf die alte Spur,
4. Schnellstmöglich zurück in die sichere Spur.
5. Lenkimpuls in die umgekehrte Richtung wiederholen. Dann hat man es geschafft.

Bremsen – Lösen – Ausweichen

Bei höheren Geschwindigkeiten, etwa bei Autobahntempo, bedeutet die Kombination aus Bremsen und Ausweichen oft Sicherheitsgewinn und Schadensminderung. Diese Kombination empfiehlt sich hier deshalb, weil Kreiselkräfte der Räder eines schnell fahrenden Motorrads nicht so einfach und schnell per Lenkimpuls zu überwinden sind. Selbst bei Nachdruck bewegt sich das Motorrad nur eher träge aus der Spur und wieder zurück. Wie sich bei jedem Motorradrennen mit knappem Zieleinlauf beobachten lässt, fällt es gar nicht so leicht, den im Windschatten hängenden Verfolger bei hoher Geschwindigkeit durch einen Haken »in den Wind zu stellen«. Wegen dieser Trägheit empfiehlt sich vor dem Ausweichen wo immer möglich kompromissloses Bremsen, um so viel wie möglich Geschwindigkeit abzubauen.

Nach dem Lösen der Bremse folgt das Ausweichen. Absolut wichtig dabei ist das strikte Nacheinander dieser beiden Vorgänge, anderenfalls läuft man Gefahr, in Schräglage beim Ausweichen zu bremsen, ein Manöver, über das man nicht allzu viele Erfolgsberichte liest. Das Erfolgsgeheimnis dieser Ausweichtechnik liegt also im Timing, das richtige zum richtigen Zeitpunkt zu tun, was wiederum intensivstes Training voraussetzt.

Flucht ins Gelände?!

Obwohl das kontrollierte Verlassen der Fahrbahn, etwa zur Vermeidung eines Zusammenpralls, seit eh und je zum Übungskanon jedes Fahrsicherheitstrainings für Motorradfahrer gehört, erscheint es mir im Zeitalter der Leitplanken höchstens bedingt zweckmäßig.

Denn nur zu schnell führen auf der Flucht jenseits des leitplankenbewehrten Asphaltbandes neue, vielleicht kaum vorhersehbare Schwierigkeiten in Form von Stein brocken, sumpfigen Wiesen oder Bäumen vom Regen in die Traufe. An Straßenabschnitten, die einen einigermaßen sicheren »Übergang« bieten, lässt sich Ungemach jedoch per Flucht ins Gelände wenn nicht vermeiden, so doch reduzieren (s. S. 43).

1. So viel wie möglich **Geschwindigkeit** vor dem Übergang ins Gelände **abbauen,**
2. Kupplung ziehen und **Bremse lösen,**
3. In die **Rasten stehen,**
4. **Weit** vorausschauen,
5. Bremsen mit dem **Hinterrad**

»Was mache ich, wenn jetzt ...?«

Nicht nur in diesem Buch ist häufig von mentalen Prozessen und mentaler Vorbereitung beim Motorrad fahren die Rede. Auch unter Motorradfahrerinnen und -fahrern hat es sich herumgesprochen, wie wichtig der Kopf als Entscheidungs- und Bewertungsinstanz bei ihrem Hobby ist. Gefahr beim Bremsen und Ausweichen erwächst aus dem Zeit- und Entscheidungsdruck, der mit riskanten Situationen und bedrohlichen Schadensszenarien einhergeht. Und genau deshalb muss und kann man sich im Vorgriff mental darauf vorbereiten. Über den konkreten Ansatz des Mentalen Trainings findet sich in Kapitel 4 Genaueres. An dieser Stelle aber möchte ich eine ebenso einfache und wichtige Form der mentalen Vorbereitung vorstellen. Sie besteht in der schlichten Frage: »Was mache ich, wenn jetzt ...?«. Was nicht mehr, aber auch nicht weniger bedeutet, als sich während des Fahrens permanent mit der Situation und den sich daraus möglicherweise ergebenden Notwendigkeiten und Handlungsoptionen zu befassen. Wer beispielsweise mit 130 voll bepackt mit Soziuspassagier bei Nacht auf feuchter Autobahn eilig aus dem Urlaub zurückfährt, um am nächsten Morgen wieder am Arbeitsplatz erscheinen zu können, möge sich genau diese Frage für den Fall stellen, dass ein unverhofft ausscherender Lkw ein entschlossenes Bremsmanöver erzwingt: »Was mache ich, wenn jetzt dieser Lkw ausschert?«

Auf Nässe geht mehr, als die meisten Fahrer glauben (Foto: Florian Gerlach)

Regenfahren – wenn das Trockene nass wird

Nasse Fahrbahn reduziert Haftreibung – ohne Frage. Fahrtests der Zeitschrift MOTORRAD konnten aber zeigen, dass Bremswege im Durchschnitt kaum 10% über denen auf trockener Straßen liegen. Trotzdem scheuen die meisten Motorradfahrer den Regen wie der Teufel das Weihwasser. Welche Haftung ein normaler Serienreifen mit einem sehr guten Fahrer auf nasser Bahn aufbaut, zeigt die Abbildung auf der rechten Seite.

Die Scheu vor Regen hilft nur bedingt, denn zum Ersten informiert die Wettervorhersage in unseren Breiten täglich unaufgeregt über Regen an jedem dritten Tag, und zweitens würde diese Scheu eigentlich den ganzen Spaß am Motorradfahren trüben. Denn wenn es nicht regnet, beschäftigt einen die Hoffnung, dass

Regenfahrt (Foto: MO)

so bleiben möge. Wenn es dann tatsächlich regnet, beschäftigt einen die Hoffnung, dass es bald aufhören möge, und wenn es aufgehört hat, beschäftigt einen die Sorge, es könne ja bald wieder anfangen. Spaßbremse vom Feinsten! Ich traf nicht wenige Motorradfahrer, die sich noch nicht einmal beim Geradeausfahren getraut haben, im Nassen zu bremsen, schon gar nicht, in Schräglage einzulenken. Offensichtlich weckt eine nasse Fahrbahn, nicht selten glänzend wie Glatteis (Abbildung S. 149) entsprechende Assoziationen, gepaart mit Meidungsverhalten.

Und gerade deshalb führt am systematischen Regentraining kein Weg vorbei, das, wenn man es ruhig und geduldig angeht, durchaus Spaß machen kann (Vgl. Kap. 5).

Gewichtsverlagerung im Nassen (Foto: 2snap)

Prinzipien beim Regenfahren

Die wichtigsten Prinzipien beim Regenfahren: Zweckmäßige Kleidung, lockere Unterlippe, entspannter Hintern. Die Auswahl an richtig guter Regenkleidung ist inzwischen größer denn je. Ich bewundere heute, wo ich selbst viele Regenkilometer hinter mir und hoffentlich noch vor mir habe, unsere Altvorderen, die ohne Klimamembran, dafür mit Wasser im Stiefel und durchgeweichten Handschuhen auskommen mussten und trotzdem fuhren. Unterlippe und Hintern zu entspannen gab es allerdings damals und gibt es auch heute noch umsonst ... Bei Regen und im Nassen fahren Könner weich, ohne Kraft, immer ruhig, fast sanft, nie ruckartig, um nicht noch zusätzlich Unruhe ins Motorrad zu bringen.

Sachte am Gasgriff, den Lenker nicht zum Festhalten, sondern locker zum Bedienen nutzen, denn eine feste Hand spürt nicht viel. Der Blick geht weit vorausschauend dahin, wo man hinfährt, und nicht dahin, wo man ist. Noch mehr als im Trockenen »lenken« die Bewegungen des Kopfes. Das Motorrad bleibt möglichst aufrecht, wird mit weniger und langsameren Aktionen und mehr mit Gewichtsverlagerung des Körpers bewegt, unterstützt durch bewusstes Be- und Entlasten der Fußrasten.

Man rollt ruhig, tauscht Haftpunkte gegen Beschleunigungspunkte (Vgl.100-EUR-Metapher S. 117), indem man positive und negative Beschleunigung per Gasgeben und Bremsen reduziert. Die Wahl des richtigen Ganges spielt beim Regenfahren keine geringe Rolle: Wer am Kurveneingang einen höheren Gang wählt, muss das Motorrad ruhiger rollen lassen, dabei den Gasgriff eher zurückhaltend bedienen, weil er sonst Gefahr läuft, am Kurvenausgang von der in der Kurve weiter abgesunkenen Drehzahl und dem damit einhergehenden geringeren Drehmoment überrascht zu werden, weil das Motorrad nicht gut am Gas hängt und »zieht«. Will man dann durch Aufziehen des Gasgriffs aus dem Drehzahlkeller heraus, geht man besonders bei starker Motorleistung das Risiko des unvermittelten Leistungseinsatzes mit der Gefahr des Wegschmierens oder gar Ausbrechens. Diese Überraschung vermeidet man aber durch eine sanfte Gashand weitgehend, rollt damit ruhiger. Bei aufgerichtetem Motorrad kann man dann zurückschalten und vorsichtig Gas geben. Rennfahrer, denen Beschleunigung über alles geht, gehen oft den anderen Weg, indem sie im Regen einen niederen Gang wählen, weil sich der Leistungseinsatz des dann besser am Gas hängenden Motors feinfühliger dosieren lässt. Inzwischen empfehle ich das auch für routinierte Alltagsfahrer: In einem niederen Gang einlenken und behutsam Gas dosieren.

Die Prinzipien des Fahrens bei Nässe sind dieselben wie im Trockenen, man kann aber einige Akzente etwas markanter setzten, was sich in diesem Satz zusammenfassen lässt:

Auf nasser Straße weich, weit vorausschauend, ruhig rollen

4. Mentales Training – die 5-4-3-Methode

Mentales Training verbessert Motorradfahren systematisch. Wie bei jeder Trainingsmethode setzt das freilich voraus, sich erst damit vertraut und dann engagiert an die (Trainings-)Arbeit zu machen. Im Ansatz zielt Mentales Training auf eine ganz besonders einflussreiche Sorte mentaler Prozesse, nämlich auf unsere Vorstellungen. Vorstellungen? Vorstellungen! Bildhafte Vorstellungen begleiten alles, was wir tun oder denken, und sind nicht einfach bloß überflüssiger Ballast. Sie haben vielmehr eine Schlüsselfunktion für alles, was wir tun und lassen. Denn wir führen Handlungen gemäß unseren Vorstellungen aus und kontrollieren sie darüber. Jeder kennt und praktiziert das im Alltag. Beim Überlegen, wie sich bestimmte Arbeitsschritte oder Tätigkeiten durchführen lassen, genauso wie beim gedanklichen »Abfahren« eines Weges, den man zwar einmal gefahren ist, aber noch nicht sicher kennt. Vor dem »geistigen Auge«, in der Vorstellung, werden dann Wege und Handlungsmöglichkeiten durchgegangen. Ein Grund übrigens dafür, dass Wegbeschreibungen, um die man Ortskundige in einem unbekannten Ort bittet, oft so schwierig zu verstehen sind: Die Gefragten kennen den Weg und beschreiben ihn deshalb gemäß der ihnen natürlich völlig vertrauten Vorstellung oder inneren Landkarte, die uns als Fragenden aber restlos unbekannt ist, sonst hätten wir ja nicht gefragt. Spätestens nach der dritten Kreuzung (»… an der Apotheke dann links Richtung Straßenbahnhaltestelle … und da dann wieder halbrechts bis zur Schule, da, wo der große Baum steht, wieder links …«) pflegt es im Anschluss an die Ausführungen dann geschehen zu sein. »Vielen Dank, ich frag´ dann noch mal.«

Wenn unsere Vorstellungen mit unserem Handeln zusammenpassen, fühlen wir uns nicht nur wohler, sondern handeln auch besser. Genaue und stabile Vorstellungen sind eben eine genaue

Raga
MICHELIN
GASGAS
Hebo

und stabile Grundlage unseres Handelns. Das gilt für Motorradfahren und Arbeiten gleichermaßen, wie die Aussage des schwäbischen Ducati-Sammlers und Desmo-Verstehers Heinz Laux belegt. Er gab dem fränkischen Desmosophen Jochen Wagner zu Protokoll: »Mit zu'nem Aug schraubed mir en Ducati-Kenigswellamodor zamma, den henn mir em Herza« (Klassik Motorrad Heft 5 2009). Er muss offensichtlich neben der nie verglühenden Liebe zur Duc vom »Kenigswellamodor« eine so präzise und differenzierte Vorstellung besitzen, dass er nicht einmal hinzuschauen bräuchte, um stets zu wissen, wo wann was zu tun ist.

Vorstellungen wirken wie mentale Landkarten

Gute Landkarten vermitteln nicht nur Orientierung, sondern auch Sicherheit. Mentale Landkarten bewahren vor dem ahnungslosen Herumstochern nach dem Versuch-Irrtum-Prinzip. Und sei es beim Wechsel einer Druckerpatrone. Von daher empfiehlt es sich schon, zweckmäßige Landkarten auch für sein Motorradfahren zu entwickeln. Etwa davon, wie man in Schräglage, beim Bremsen, beim Ausweichen im Regen fährt, wie man das Motorrad im Stand und bei langsamer Fahrt handhabt. Was sich dazu in Kapitel 5 findet, sind meine Vorstellungen, die man sich als mentale Landkarten aneignen und für sein Fahren übernehmen könnte. Oder man entwickelt eigene, wie jeder Experte.

Was Experten können

Auch der Trialfahrer auf Seite 154 musste sich eine absolut klare, zuverlässige Vorstellung seiner Aktion erarbeiten. Ohne sie bräuchte er gar nicht erst anzutreten. Hier versucht er sie gerade in die Tat umzusetzen. Nicht wenige, denen ich das Foto gezeigt habe, fragten sich: »Wie geht denn das?« Es geht. Pioniere wie der Freestyler, der den ersten Doppelsalto auf einem Motorrad zeigte, entwerfen, was sich andere gar nicht vorstellen können, um es dann auszuführen. Den ersten Salto mit einem Fahrrad gab es übrigens 1904 im Zirkus Ringling Brothers. Nicht nur in der Sport-

← Hier ist ein guter Entwurf Voraussetzung des Gelingens: Trialfahrer beim Aufstieg (Foto: 2snap)

Vorstellungen als mentale Landkarten – der platte Reifen

Um besser nachvollziehen zu können, wie das mit den Vorstellungen als inneren, mentalen Landkarten und dem Mentalen Training gemeint ist, versetzen Sie sich jetzt einfach einmal in die Lage, Sie stünden mit einem gerade eben plattgefahrenen Reifen irgendwo im Nirgendwo am Straßenrand. Nach dem obligatorischen Einwort-Selbstgespräch beginnen Sie dann vermutlich, in Ihrem Werkzeug zu kramen, und finden hoffentlich erleichtert das in der Abbildung gezeigte oder ein anderes Pannenset (eine Kombizange haben Sie ja ohnehin dabei). Damit kann man einem schlauchlosen Reifen wieder Leben einhauchen, freilich nur, wenn man eine brauchbare mentale Landkarte, eine Vorstellung vom Weg dazu hat. Entschieden weniger komfortabel stellt sich die Lage dem dar, der das alles zum ersten Mal sieht und keine Ahnung hat, wie man damit einen schlauchlosen Reifen flickt.

Dieser arme Tropf stünde dann bildlich gesprochen ohne Landkarte in der Prärie. Orientierungslos. Helfen könnte jetzt fraglos eine Bedienungsanleitung, so er sie denn verstehen würde. Noch besser stünde aber da, wer sich schon in der Vorbereitung auf seine Tour per Probehandeln eine mentale Landkarte gezeichnet, vielleicht sogar ein mentales Navi damit programmiert hat, für den Fall des Falles. Damit wäre die zielsicher professionelle Vorgehensweise Schritt für Schritt programmiert: Loch verschließen in acht Schritten, wie es die Abbildung unten zeigt. Diese Folge von acht Fotos lässt sich fabelhaft als Instruktion für eine eigenes Mentales Training in 5 Schritten, wie es ab Seite 158 beschrieben wird, verwenden. Bei einem Schrauberkurs lernt man übrigens nichts anderes als solche Folgen.

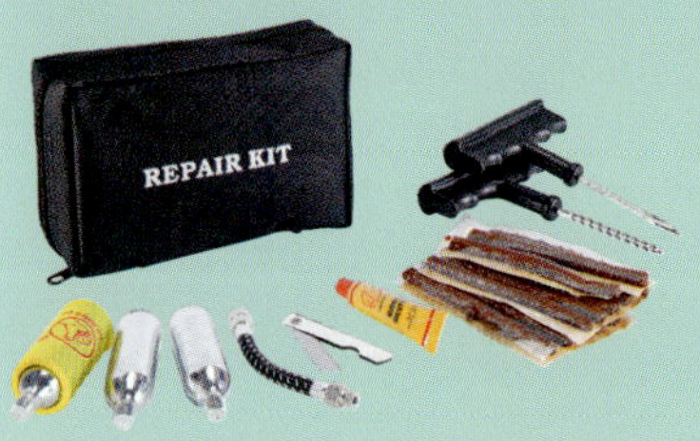

Pannenset zum Flicken eines schlauchlosen Reifens (Produkt: LOUIS, Foto: Zeitschrift TOURENFAHRER)

Die Arbeitsschritte

Flicken eines schlauchlosen Reifens (Foto: Zeitschrift TOURENFAHRER)

und Technikgeschichte finden sich zahllose Beispiele für solche Pioniertaten. Neben dem Erarbeiten eigener mentaler Landkarten macht sich Professionalität von Experten aber auch noch an der Sicherheit fest, mit der sie selbst in schwierigen Situationen routiniert schnell und sicher darauf zugreifen, um damit ihr Handeln zu stützen und zu stabilisieren. Helmut Dähne, einer der erfolgreichsten deutschen Rennfahrer auf der Isle of Man, gilt als Experte für das zügige Bewegen von Motorrädern, gerne auch auf dem Hinterrad. Er schätzt, dass man 50% der Kurven dort blind fährt, was schlicht bedeutet, dass man sich an seinen inneren Landkarten orientieren und danach fahren muss – ohne den leisesten Zweifel an deren Zuverlässigkeit. Selbstvertrauen nennt man das. Die Landkarte wird dann zur Figur (s. Kap. 3) für Rennfahrers Ideallinie vor dem Grund einer Vielzahl anderer Landkarten, die im Moment weniger hilfreich erscheinen. Alois Tost, in den 80er Jahren einer der besten Fahrer der Langstrecken-WM, brach das letzte Rennen seiner erfolgreichen Laufbahn in St. Wendel mittendrin ab, wie er mir kürzlich erzählte, als er (»das erste Mal in einem Rennen«) neben der Ideallinie plötzlich allerlei garstiger harter und weicher Hindernisse gewahr wurde.

Ein Nichtkönner dagegen wird zwar, bildhaft gesprochen, in seiner Kartensammlung suchen, auf die Schnelle aber keine passenden Karten finden. Als Folge kommen ihm in aller Regel Ruhe und Souveränität abhanden, weil seine Gedanken sich auf mögliche Konsequenzen richten. Zu allem Übel gewinnen dann noch unzweckmäßige Handlungsmuster, die Unsicherheit, Hektik oder gar Panik nach sich ziehen, die Oberhand. Beispiele aus Fahrtrainings habe ich dafür zuhauf erlebt: Beim Ausweichen starrten Teilnehmer auf das Hindernis, statt mit dem Blick den freien Weg anzupeilen, oder »kontrollierten« auf nasser Bahn das Vorderrad und schauen nicht weit voraus. Manche stiegen geradezu panisch in die hintere Bremse oder umklammerten den Bremshebel, um ihn kaum mehr loszulassen, statt mit beiden Bremsen nach dem Dimmer-Prinzip (s. S. 117) zu arbeiten. Nur zu oft versuchten viele, beim Kurvenfahren das Motorrad per Festhalten zu »kontrollieren« statt mit entspanntem Hintern, locker aufgelegten Händen und weitem Blick voraus.

Mentales Training: Auf der Basis mentaler Landkarten innere Navigationssysteme programmieren
Das Mentale Training ist die Trainingsmethode, mit der sich Vorstellungen entwickeln, stabilisieren und optimieren lassen, die als mentale Landkarten das Motorradfahren unterstützen (und nicht stören) sollen.

Auf Basis der erarbeiteten mentalen Landkarten lassen sich in einem nächsten Schritt mit Mentalem Training innere Navigationssysteme programmieren. Auch hier gilt wie beim »richtigen« Navi im Auto oder am Motorrad: Ohne Landkarte keine Orientierung. Navis unterstützen Aktionen, nachdem man sein Ziel eingegeben hat, Schritt für Schritt, ohne störende Emotionen. Denken Sie nur an Ihr Navigationsgerät am Lenker oder im Auto, es ist immer cool und nie aufgeregt. Motorradfahrer können damit den »Ernstfall« mental trainieren, ohne dabei auf dem Motorrad zu sitzen. Dass und wie MT wirkt, belegte inzwischen die moderne Hirnforschung recht konkret: Die bloße Vorstellung einer Bewegung aktiviert die gleichen Gehirnareale wie deren wirkliche Ausführung. Nicht umsonst spricht man beim Mentalen Training deshalb auch vom Probehandeln, spielt man dabei doch Abläufe in der Vorstellung durch, ohne sich gleichzeitig zu bewegen.

! Mit Mentalem Training programmiert man systematisch auf der Basis zweckmäßiger Vorstellungen (innerer, mentaler Landkarten) innere Navigationssysteme

Die fünf Schritte des Mentalen Trainings

Mental lässt sich nach meiner 5-4-3-Methode trainieren: 5 Schritte, 4 Wege, 3 Ziele (Eberspächer 2009; 2008). Als Erstes möchte ich zeigen, wie Mentales Training praktisch abläuft, in fünf Schritten.

Prinzip beim Mentalen Training: Genauigkeit vor Geschwindigkeit

Bevor man mit seinem Mentalen Training in fünf Schritten beginnt, lohnt sich der Blick auf ein grundlegendes Prinzip beim Mentalen Training: Genauigkeit kommt immer vor Geschwindigkeit. Um das zu verstehen, muss man sich nur einmal jemanden vorstellen, der nach der Devise auftritt: »Ich weiß zwar nicht genau, was ich machen muss; aber ich muss schnell sein!« In kürzester Zeit schnell das Richtige zu tun, gilt fraglos manches Mal als Erfolgs- oder Überlebensgeheimnis. Die dazu notwendigen Herangehensweisen können sehr unterschiedlich sein, folgen jedoch alle dem genannten Grundprinzip. Das gilt für die Kenntnis einer Strecke, die man fährt, genauso wie für Techniken der Fahrzeugbeherrschung, Bremsen oder Kurvenfahren, besonders im Regen. Als Experte würde jemand, der gegen dieses Prinzip verstößt, schwerlich gelten. Und je nach Profession würde einen angesichts der Vorstellung, sich so jemandem anzuvertrauen, beispielweise als Passagier, Patient oder auf dem Sozius eines Motorrads, das kalte Grausen überkommen. Dass manches schnell gehen muss, steht dabei ganz außer Frage, nicht nur bei Rennfahrern. Auch im Alltag können schnelle Reaktionen oder Aktionen den Unterschied zwischen Unfall und Umfahren ausmachen. In kürzester Zeit schnell das Richtige zu tun, das haben als Prinzip die auf der Isle of Man oder auf der Nordschleife erfolgreichen Rennfahrer verinnerlicht, denn wer vor jeder von 80 Kurven nicht so genau weiß, wo es lang geht, mal hier mal da zu früh oder zu spät, zu zaghaft oder zu heftig bremst, verliert alleine dadurch auf diesen Strecken Sekunde um Sekunde, am Ende Minuten. Obwohl er doch mit vollstem Einsatz so spektakulär unterwegs war. Im StVO-kompatiblen Alltag scheint es kaum um Geschwindigkeit zu gehen, ja, sie scheint geradezu verpönt. Und doch erspart blitzschnelles Drücken zum Ausweichen, hartes, schnelles Bremsen vor einem unerwarteten Hindernis oder rasante Anpassung der Schräglage gelegentlich allerhand Ungemach.

Die schnelle Bewegung setzt aus zwei Gründen Genauigkeit des Wegs voraus: Erstens kann man, je schneller man ist, umso schwieriger korrigieren, und zweitens erwachsen aus Fehlern neue Fehler. Die Korrektur des ersten Fehlers programmiert meist den nächsten, u.s.f. Bei der übereinstimmend positiven Beurteilung aller Fachleute des Könnens von Motorradfahrer Michael S. findet regelmäßig seine beeindruckend genaue Fahrweise Erwähnung. Statistiker sprechen von Wiederholungsgenauigkeit. Sie produziert weniger Fehler und zwingt entsprechend zu weniger Korrekturen. Im Prinzip geht es also auch hier um das Erarbeiten eines präzisen, verlässlichen inneren Navigationssystems (s.o.). Rennfahrer, die eine Strecke das erste Mal fahren müssen, erarbeiten sich ein inneres Navigationssystem.

Heute spielt dabei natürlich die Play-Station-Simulation eine große Rolle, bei Profis auch die Arbeit im Simulator, die im Pilotentraining von Fluglinien schon eine lange Tradition hat. Vor Ort führt für die meisten dann am Joggen um den Kurs, einer Pkw-, Roller- oder Radrunde kein Weg vorbei.

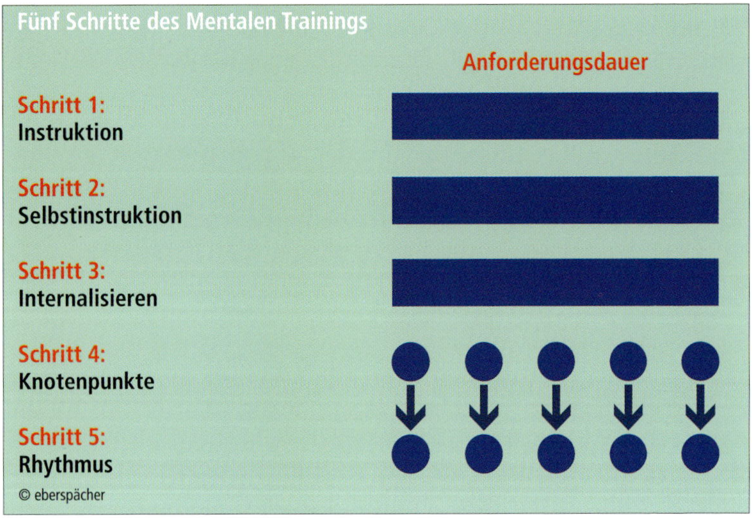

Fünf Schritte des Mentalen Trainings (Vgl. Eberspächer 2008)

Wer schnell sein will, muss zunächst genau sein

1. Schritt: Instruktion – am besten machst Du es so

Nachdem man sich seine Zielstellung klargemacht hat (Was will ich erreichen, was will ich nach meinem Training besser können, als ich es jetzt kann?), beginnt man mit seinem Training, für das es natürlich von irgendwo her einer Anleitung, einer Instruktion bedarf, die einem verdeutlicht, was wie und wo zu tun ist. Eine Instruktion ist eigentlich ein Rezept (»Man nehme bzw. man ma-

Instruktion, die der Fahrer jetzt aufnehmen und in eine Selbstinstruktion »umbauen« muss (Foto: Jahn)

che … dann entsteht dieses und jenes Ergebnis …«). Lehrer in der Motorradszene bezeichnet man traditionell nicht umsonst als Instruktoren, aus deren kundigem Mund man erfährt, wie und was man zu trainieren hat.

Im Motorradfahrer-Alltagsleben können sachkundige Freunde, erfahrene Motorradfahrer oder am besten natürlich Fahrlehrer und Instruktoren bei Fahrtrainings mit sachkundigen Instruktionen beistehen. Wer darüber hinaus in Eigenregie trainieren will, findet in Kapitel 3 dieses Buchs eine Vielzahl von Instruktionen, die als Grundlage für Mentales Training taugen. Die Abbildung auf Seite 161 zeigt eine typische Szene aus einem Perfektionstraining, in der Instruktor Ralf Möckel einen Teilnehmer darüber instruiert, wo es lang geht. Autodidakten instruieren sich per Beobachten, mit geeigneten Texten oder Medien selbst, getreu der Erkenntnis, dass für Vieles, was man in seinem Leben lernt und trainiert oder auch in der Vergangenheit gelernt und trainiert hat, kein Trainer zur Verfügung steht. Man muss sich seine Instruktionen also auf anderem Weg beschaffen. Unzählige Erfinder und Kreative in Technik, Wissenschaft, Kunst oder auch Sport haben ohne Instruktion durch andere Neues erfunden und sich auf diese Weise einen Platz in der Geschichte gesichert.

! **Instruktionen sind Handlungsanweisungen von Instruktoren, Lehrern oder Trainern. Autodidakten beschaffen sie sich über die unterschiedlichsten Medien wie z.B. Bilder, Filme, Texte. In Kapitel 3 finden sich Instruktionen zu den wichtigsten Fahrtechniken als erster Schritt für Mentales Training.**

2. Schritt: Selbstinstruktion – zu seinem eigenen Instruktor werden

Mit der Handlungsanweisung, d.h. Instruktion, ist schon ein erster wichtiger Schritt getan, denn man hat gelesen, gesehen oder gehört, wie es geht. Mehr nicht. Ganz Findige drucken sich Aufkleber oder Spickzettel, die sie an geeigneter Stelle ihres Motorrads anbringen, um die entsprechenden Instruktionen stets vor Augen zu haben, und scheinen das mit Mentalem Training zu verwechseln. Nur zu leicht übersehen sie bei dieser Technik nämlich, dass selbst die brillanteste Instruktion vom begnadetsten Instruktor nur dann Wirkung zeitigen kann, wenn sie, wie auch immer, der Lernende oder Trainierende in eine Selbstinstruktion überführt. Mit diesem Schritt beginnt das Mentale Training eigentlich erst. Aufkleber sind eine hilfreiche Vorstufe dafür.

Genau um das Überführen der Fremd- in eine Selbstinstruktion geht es im nun folgenden zweiten Schritt des Mentalen Trainings, der Selbstinstruktion. Jetzt versucht man, zu seinem eigenen Instruktor zu werden, denn jetzt gilt es, den per Instruktion vermittelten Bewegungs- oder Handlungsablauf oder Weg für sich selbst zu erfassen, zu verinnerlichen oder zu internalisieren und abzuspeichern. Aufkleber sind dazu allenfalls ein Zwischenschritt, keinesfalls jedoch das Ziel.

Der Weg dahin führt über die Wiedergabe der Botschaft des Instruktors mit eigenen Worten, Gesten und Handlungen. Hier gilt das Prinzip, dass eine Instruktion erst dann beim Instruierten Wirkung zeigen kann, wenn der sie in seine eigene Sprach-, Bilder-, Vorstellungs- und Handlungswelt einzubauen vermag. Denn der Sinn einer Instruktion entsteht beim Instruierten. Vom »Am besten macht man es so ...« zum »So mache ich das ...« geht der Weg jedes Lernens und Trainierens.

Wie wichtig dieser »Umbau« in eine Selbstinstruktion ist, haben alle von uns schon erfahren, als sie einmal mit einem Kollegen, Freund oder wem auch immer mehrmals dieselbe Strecke im Auto mitfuhren und nach einigen Malen, aus welchen Gründen auch immer, plötzlich alleine ihr Ziel finden mussten. Plötzlich mussten sie feststellen, dass auch viele Wiederholungen nichts nützen, bevor man sich nicht selbst sein Bild gemacht hat. Mitfahren, schauen und mit sich den Weg durchsprechen, ihn sich vorstellen, per innerem Film speichern (»Nach der roten Tankstelle links abbiegen und dann an der Bäckerei ...«) wäre in diesem Fall die zweckmäßige Herangehensweise. Dabei kann es nicht lebhaft genug zugehen: Farben, Bilder, Haptik, Gerüche, Gefühle, möglichst viele Sinnesmodalitäten unterstützen die Selbstinstruktion, diese wichtige und ausschlaggebende individuelle Sicht der Instruktion. Wer sein

Motorradfahren weiter verbessern will, sollte also jetzt die Anweisungen, Instruktionen aus dem Kapitel über Fahrtechnik (Kap. 3) in Selbstinstruktionen umbauen. Eigentlich geht es darum, sie auswendig zu lernen, wie ein Gedicht oder besser ein Drehbuch, und damit mental gerüstet sein Fahrtraining zu beginnen.

Selbstinstruktion überprüfen

Die Selbstinstruktion gilt es, nachdem man sie erarbeitet hat, auf ihre Richtigkeit hin zu überprüfen. Am Besten im Gespräch mit einem Experten, Trainer, Lehrer oder Instruktor, der die Beschreibung »absegnet« nachdem er vielleicht im einen oder anderen Punkt korrigierte: »Achte noch darauf und sei an der Stelle noch etwas genauer; aber im Ganzen könnte es so gehen, probier's mal.«

> **!** **Instruktionen lernt man am besten, wenn man sie mit seinen eigenen Worten wiedergibt, sie aufzeichnet oder vormacht**

3. Schritt: Internalisieren – Verinnerlichen

Wenn alles passt, die Selbstinstruktion stimmt, wird sie verinnerlicht, internalisiert, auswendig gelernt. Vergleichen lässt sich das ohne weiteres mit dem Lernen eines Gedichts oder der Rolle für ein Theaterstück. Damit macht man sich den Ablauf zu eigen und kommt in die Lage, sich den Handlungs- und Bewegungsablauf immer und immer wieder im Selbstgespräch und/oder im Bild unter Einbeziehen möglichst lebhafter Sinneseindrücke zu vergegenwärtigen. Im Laufe dieses sprachlichen und/oder bildhaften Durchgehens merkt man zunehmend, wie bestimmte Phasen oder Stellen immer prägnanter hervortreten, andere dagegen eher verblassen, nur noch teilautomatisch oder schließlich unbewusst mitlaufen. Dies ist ein Zeichen für beginnende Automatisierung. Für das Internalisieren der auswendig gelernten Selbstinstruktion als drittem Schritt des Mentalen Trainings gibt es im Prinzip drei Möglichkeiten:

- **Mit Sprache**, indem man den Ablauf mit sich durchspricht, beispielsweise beim Bremsen: »Ich klemme die Knie an den Tank, ziehe beide Hebel, trete dabei die Fußbremse, halte die Arme leicht gebeugt fest, schaue weit über das Hindernis hinaus, spüre, wie unter dem Druck der Verzögerung das Motorrad eintaucht, und höre das Wimmern der Reifen.« Falls man ein Motorrad mit ABS fährt, bleibt der Ablauf gleich, erspart bleibt einem lediglich die Gefahr des Überbremsens; aber der entschlossene Zugriff bleibt auch mit ABS eine Eigenleistung.
- **Mit Bildern,** wie sie ein Pilot beschreibt: »Vor meinem inneren Auge stelle ich mir einen Flug vor wie einen dünnen Draht von A nach B, und an diesem Draht hängen an bestimmten Positionen Schilder, auf denen genau steht, was ich tun muss: also an dieser Stelle das Hilfstriebwerk aktivieren, an dieser Stelle eine Kurve einleiten oder an jener Stelle die Landeklappen ein- oder ausfahren. Und ich fahre nun vor meinem inneren Auge diesen Draht ab, und immer, wenn so ein Schild kommt, wird es eben abgearbeitet.« Mit solch einer Bilderfolge könnte man sich beispielsweise den Weg durch die Fuchsröhre, den Streckenabschnitt vor dem Adenauer Forst auf der Nürburgring-Nordschleife, merken. Er ist auf Seite 178 beschrieben.
- In Form von **Körperwahrnehmung**, bei der man in einer Kurve die Dehnung im Hals, den Druck auf der inneren Sitzbankkante und das Entspannen des inneren Armes oder beim Bremsen den Druck auf die Knie »spürt«, der mit heftiger Spannung im Bauch einhergehen muss, weil man andernfalls den Druck auf den Händen abstützen müsste und damit kaum Chance auf ein feines Feedback des Lenkers hätte. Manche Kurven bei Rennstreckentrainings sind bei mir mit dem Gefühl verbunden, das mit dem harten Schrappen des Knieschleifers einhergeht, an manchen Stellen nur kurz, an anderen lang.

Bilder, Sprache und Körperwahrnehmung erfährt man aber nicht immer so getrennt, wie es in diesen Beispielen scheinen mag, sie fließen in einer Vorstellung auch, vergleichbar den Farben eines Bildes, zusammen. Könner erleben Vorstellungen oftmals auf einen Rhythmus, ein Bild oder einzelne Signale reduziert. Diese wesentlichen Signale nenne ich Knotenpunkte. Wie lebhaft in Bildern ein Streckenverlauf verankert sein kann, habe ich im Gespräch mit einem Formel-1-Fahrer erfahren, den ich bat, mir den Kurs von Monaco aufzuschreiben. Er konnte mir nicht weiterhelfen, mit der Begründung, dass er den Kurs als Folge von Bildern gespeichert habe.

! Die erarbeiteten Selbstinstruktionen lernt man am besten, wenn man sie sich lebhaft, unter Einbezug möglichst vieler Sinnesmodalitäten vergegenwärtigt und auswendig lernt: Internalisiert

4. Schritt: Knotenpunkte – darauf kommt es an

Selbst, nachdem man einen Ablauf internalisiert hat und sich auch lebhaft vergegenwärtigen kann, was wie zu tun ist, könnte man sich während des Fahrens unmöglich immer die ganze Instruktion aufsagen, vorstellen etc., weil die Zeit dafür einfach zu knapp wäre. Die Instruktion muss deshalb »eingedampft«, konzentriert, auf die wesentliche Punkte zusammengefasst werden. Dazu arbeitet man die für ein Gelingen unverzichtbaren Knotenpunkte heraus. Rennfahrer sprechen in diesem Zusammenhang bei Streckenverläufen auch von Schlüsselstellen. Und meinen damit die für ihre Handlungsausführung entscheidenden Stellen. Im 4. Schritt des Mentalen Trainings verkürzt man die Knotenpunkte auf Schlagworte. Knotenpunkte einer Handlung erkennt man beim Beobachten anderer daran, dass plötzlich stille Konzentration eintritt. Jedes Gespräch erstirbt, denn jetzt ist im Ablauf ein Punkt erreicht, an dem man keinen Fehler machen darf, weil er unangenehme Folgen nach sich ziehen könnte. Denn Knotenpunkte sind Punkte in einem Handlungsablauf, die kaum Handlungsspielraum lassen, die exakt getroffen werden müssen, ansonsten gelingt das Weitere nicht. Wer beim Vollbremsen vergisst, die Kupplung zu ziehen (Knotenpunkt!), bremst nicht optimal, weil der Motor noch antreibt, und weil zusätzlich am Ende Sturzrisiko programmiert ist wegen des abgewürgten Motors. Wer beim Fahren eines engen Bogens nicht den Kopf weit in die neue Richtung dreht (Knotenpunkt!), wird ihn kaum schaffen. Auch bei meiner ersten Begegnung mit dem Sachsenring hatte ich ein Knotenpunkt/Schlüsselstellenproblem und stand deshalb mitten in der Sachsenkurve ziemlich unvermittelt vor dem Kiesbett. Ich hatte nämlich viel zu früh eingelenkt und nicht, wie mir Rainer Schmid dann erklärte, so lange damit gewartet, bis ich schräg oben das Gitter links neben der Strecke gesehen habe. Damit ging es dann richtig gut.

Der Fehler an einem Knotenpunkt gefährdet den Fortgang der weiteren Handlung

5. Schritt: Rhythmus – ohne Worte

Im fünften Schritt des Mentalen Trainings müssen nun die Knotenpunkte, wo es möglich und sinnvoll erscheint, symbolisch markiert und dem Rhythmus der Bewegung angepasst werden. Diesen Rhythmus bekommt man ganz allmählich beim Fahren für die Folge der Knotenpunkte oder Schlüsselstellen heraus. Wenn man ihn hat, braucht man keine Worte mehr. Ein GP-Rennfahrer, mit dem ich mental trainierte, nahm z.B. Schikanen mit »Tschung-Tschung«, wobei er den nach oben gestreckten rechten Zeigefinger in diesem Rhythmus umlegte. Rhythmisierte Symbole, in diesem Falle »Tschung«, fassen die entsprechenden Handlungsschritte in Kurzformeln, die für Außenstehende keine sinnvollen Worte zu sein brauchen, zusammen. Sie können damit bei der konkreten Bewegungsausführung schnell und problemlos auch per Selbstinstruktion abgerufen werden. Durch solche symbolische Markierung können die Schlüsselstellen in den Bewegungsablauf aufgenommen werden und ihn rhythmisch unterstreichen. Beispiel ist für mich wieder eine Streckenpassage, die enge Rechtskurve ausgangs der Mercedes-Arena auf dem Nürburgring-GP-Kurs. Wer hier nicht vorher »gaaanz weit« links ausholt, bekommt ein Problem mit Schräglage und/oder Straßenbreite am Kurvenausgang. Also fahre ich den Rhythmus am zweiten Linksbogen »Liiiiiinks – rum – auf«: Beim zweiten Linksbogen innen an die Kerbs, flink rechts »um« (-legen) und danach Gas aufziehen in die folgende kurze Gerade.

Meine fünf Knotenpunkte beim Bremsen z. B. sind:	Meine fünf Knotenpunkte beim Kurvenfahren z. B. sind:
1. **Knie fest** an den Tank, 2. **beide Hebel** ziehen, 3. **Arme** leicht gebeugt und **fest**, 4. **Blick weit** über das Hindernis hinaus gerichtet, 5. **Druck** des verzögernden Motorrads **spüren**	1. Kopf drehen, **Blick weit in die Kurve** voraus (über den Rückspiegel!) 2. **Lenkimpuls** 3. **Gewicht** auf Sitzbank nach innen **vorne** 4. Hintern und **Hände am Lenker** locker, loslassen 5. Mit **Gas aus der Kurve** ziehen

Mein Rhythmus beim Bremsen z. B. ist:	Mein Rhythmus beim Kurvenfahren z. B. ist:
1. **»Pack«** (Knie und Hebel) 2. **»Weit«** (Blick) 3. **»Druck«** (spüren)	1. **»Kopf«** (Blick) 2. **»Schub«** (Lenkimpuls) 3. **»Loooos«** (Entspannen) 4. **»Gaaaaas«** (Beschleunigen)

Voraussetzungen für Mentales Training

- **Positive Einstellung**
  Ob es um mentales oder sonstiges Training geht, wer keine positive Einstellung dazu aufbringt, wird keinen Erfolg damit haben können.
- **Zielsetzung**
  Jedes Training braucht eine klare, explizite Vorgabe von Zielen (s. S. 67).
- **Entspannung**
  Entspannung (s. S. 76) leert, bildlich gesprochen, den Kopf von Ablenkendem und öffnet für konzentrierte Zuwendung zum Mentalen Training.
- **Eigenerfahrung**
  Um eigene mentale Landkarten entwickeln zu können, ist eigene Erfahrung mit den Trainingsinhalten eine gute Voraussetzung, damit man am Anfang wenigstens von einer groben Vorstellung ausgehen und darauf aufbauen kann.

- **Eigenperspektive**
  Die gewählten Trainingsziele machen sich an der eigenen Perspektive und Sichtweise fest, damit Erfolg möglich wird. Beim Schräglagentraining sollte man sich tunlichst an seinen eigenen Schräglagen orientieren, nicht an denen von GP-Piloten.
- **Lebhafte Vorstellung**
  Das Einbeziehen aller Sinne wie Sehen, Hören, Fühlen, Riechen, Farben erleben etc. unterstützt erfolgreiches Mentales Training.
- **Wechsel mit motorischem Training**
  Um die Tauglichkeit seiner trainierten mentalen Landkarten und Navigationssysteme immer wieder zu überprüfen, müssen sie permanent im praktischen Fahren getestet und gegebenenfalls abgeändert und angepasst werden.

! Mit dem Mentalen Training kann man sich in 5 Schritten mentale Landkarten als Grundlage von Navis erarbeiten. Damit lassen sich im Wechsel mit praktischem Training Fahrtechniken verbessern

Die vier Wege des Mentalen Trainings

Mentales Training lässt sich auf folgende vier Weisen betreiben:

1. **Beobachten** – von anderen lernen,
2. **Inneres Sprechen** – mit sich durchsprechen,
3. **Visualisieren** – Kopfkino,
4. **Körpergefühl** – einfach spüren, was passiert.

Beobachten – von anderen lernen

Durch Beobachten lernt man von einem Modell, sei es ein Bild, ein Film oder eine Person. Wie machen es die Erfolgreichen? Warum haben manche Misserfolg? Viele Rennfahrer beobachten die (Fahr-)Linien ihrer Mitbewerber und Konkurrenten, um für sich daraus Hinweise abzuleiten. Die Abbildung auf Seite 171 zeigt die klassische Beobachtungssituation einer Gruppe von Trainierenden, die ein Modell beobachtet. Der Instruktor demonstriert als Modell die Ideallinie. Aber, um es hier noch einmal zu betonen, er kann tagelang vorfahren, ohne etwas zu bewirken, wenn seine Schüler nicht versuchen, das Demonstrierte und Beobachtete in einer Selbstinstruktion bis zur Rhythmisierung zu verinnerlichen. Seine Lehrer mit Fragen zu löchern, ist gelegentlich zur »Abrundung« des Beobachteten nicht von Nachteil.

Bei meinem letzten Nordseeurlaub habe ich das erste Mal Kite-Surfer gesehen, faszinierend einfach: Ein kleines Brett mit zwei Schlaufen und ein Gleitschirm reichen aus, um sich recht flott über die Wellen tragen zu lassen. Hätte ich es lernen wollen, wäre ich gut beraten gewesen, in einem ersten Schritt ganz einfach zu beobachten, wie es die machen, die es schon können. Schauen, was und wie andere ihre Aufgaben und Anforderungen bewältigen, kann eine großartige Vorlage für den Entwurf einer eigenen Vorstellung sein. Beobachten gilt auch als klassischer Lernschritt bei Fortbildungen, Kursen oder Seminaren. Wohl aber ist es nur der erste von den vier Wegen des Mentalen Trainings, weil es, wie jede Methode, seine Grenzen hat. Denn da, wo es alleine und für sich steht, gilt es, entgegen landläufiger Annahme, als ziemlich ineffizient. Wird Beobachtetes nicht immer wieder mit sich selbst durchgesprochen und visualisiert, um es in seine Vorstellungswelt »einbauen«, bleibt es beim flüchtigen Eindruck ohne nachhaltige Wirkung.

Inneres Sprechen – mit sich durchsprechen

Beobachtetes speichert man am besten, indem man es mit sich selbst mehrere Male durchspricht, vergleichbar dem Auswendig-

Gruppe beobachtet ihren Instruktor, der die Ideallinie im Adenauer Forst vorfährt (Foto: fact)

lernen eines Gedichts, um es in die eigene innere Struktur »einzubauen«, damit es »sitzt«. (s. S. 164). Schwach- und Leerstellen einer Selbstinstruktion (s. S. 162) erkennt man übrigens erst richtig beim lauten Sprechen, noch besser beim Aufschreiben des Beobachteten. Jeder weiß das vom Gedicht- oder Liedertexte auswendig lernen. Wenn man das selbst Gesprochene aufschreibt oder zeichnet, ist man auf dem besten Wege, eine stabile mentale Landkarte zu erstellen und in ein stabilisierendes Handlungs-Drehbuch zu verarbeiten.

Visualisieren – Kopfkino

Mehr im Scherz, aber wohl verständlich habe ich Studenten immer Training durch Visualisieren als Video für Arme oder Kopfkino erklärt. Im Ernst: Man lässt einen Ablauf vor seinem geistigen Auge passieren, betrachtet ihn als inneren Film unter Einbezug aller Sinne und Eindrücke. Modell und Akteur dieses Films kann man selbst oder jemand anderes sein. Als Vorlagen sind nicht nur Menschen geeignet, sondern auch alle anderen geeigneten Modelle wie Zeichnungen, Filme, Pläne, Strichmännchen, Grafiken u.Ä. Wenn ich winters auf dem Laufband laufe, stelle ich mir mich selbst auf einer etwa neunminütigen Runde auf der Nordschleife vor. Bei zwei Runden komme ich so auf das Zeitmaß für eine 20-minütige Laufsitzung, bei der es über Langeweile oder Eintönigkeit nichts zu klagen gibt.

Körpergefühl – spüren, was passiert

Beim Training des Körpergefühls wandert man über die Visualisierungs-Ebene nach innen und bezieht alle inneren Sinne und Sinneserlebnisse ein: Druck, Zug, Spannung, Entspannung, Winkelstellungen, Belastung, Entlastung. In allen Farben und Formen soll eine innere Landschaft entstehen, die ein möglichst lebhaftes, vital präsentes Erlebnis erschließt. »Hintern loslassen« in der Kurve ist so ein Körpergefühl-Kommando oder »Unterlippe locker«. Die letzte Linkskurve im Adenauer Forst der Nürburgring-Nordschleife vor der Rechtskurve ins Metzgesfeld ist sehr eng. Der Fahrer auf Seite 171 fährt eben darauf zu. Gerade, wo ich diese Zeilen schreibe, kann ich mir das Körpergefühl an dieser Stelle vergegenwärtigen: Eine sehr weite Kopfdrehung bis zum »Anschlag« in die Linkskurve hinein, Spannung im Hals, ausgangs schnell umlegen, Gefühl des kurzen Leichtwerdens und schwer hineinfallen in die Ausgangsrechtskurve mit sehr weiter Kopfdrehung in Richtung Streckenabschnitt Metzgesfeld. Aber auch in einer ganz alltäglichen langen Kurve kann man sich z.B. auf die Entspannung seiner Sitzfläche konzentrieren, genauso wie beim Ausweichen auf den Druck am Lenker beim Lenkimpuls.

Die drei Ziele des Mentalen Trainings

Mit dem bis hierher beschriebenen Mentalen Training in fünf Schritten und auf vier Wegen kann man drei Trainings-Ziele ansteuern: Seinen Eigenzustand, Techniken und Pläne. Im optimalen Falle unterstützen sich Eigenzustand, Technik und Plan gegenseitig, so beispielsweise bei einem Motorradfahrer im Gelände, der sich gut fühlt (Eigenzustand), alle notwendigen Fahrtechniken beherrscht (Technik) und im Unwegsamen seine optimale Fahrspur findet (Plan).

- **Eigenzustand** – der Zustand, in dem man sich zu einem Zeitpunkt erlebt und der nach Möglichkeit unterstützt, was man im Moment tut, z. B. sich beim Motorrad fahren zu entspannen (s. S.72);
- **Techniken,** die man zum Motorradfahren braucht, z.B. Bremsen (s. Kap. 3);
- **Plan** – der Entwurf der Strecke, die man fährt, z.B. beim Rennstreckentraining (s. S. 175), oder auch des Ablaufs (z.B. einer Startvorbereitung)

Eigenzustand – wie man sich fühlt

Es gibt eine Vielzahl von Eigenzuständen, die man erleben und per Mentalem Training ansteuern kann. Wichtig ist, dass der Zustand, den man erlebt, genau das jetzt beabsichtigte Handeln unterstützt. Ein Geiger beispielsweise sollte am Besten nicht vor Nervosität zittern, um seinen Bogen, das Instrument und seine Musik nicht zu beeinträchtigen. Ein Gewichtheber braucht unmittelbar vor seinem Versuch wohl kaum Entspannung, eher schon eine gehörige Portion vom Gegenteil. Beim Motorradfahren sollte man körperlich (Muskelan- und -entspannung) und mental so entspannt wie möglich bleiben. Wie man dabei vorgeht, ist in Kapitel 2 beschrieben.

Technik – Handlungsmuster

Beim Motorradfahren wie im Sport oder beim Arbeiten ist es vorrangiges Ziel, optimal zu handeln, um Anforderungen situations- und anforderungsgerecht zu bewältigen. Sport- oder Arbeitstechniken sind optimierte Handlungsmuster oder -techniken, um wiederkehrende Anforderungen zu bewältigen, etwa einen Ball zu schlagen, als Chirurg eine Naht zu legen, Kartoffeln zu schälen oder was auch immer. Im Sport spricht jeder Zuschauer von der perfekten, gelungenen oder eleganten Technik bei Athleten. Auch im Alltag, wo Techniken nicht so klar und prägnant abgegrenzt sind oder gar trainiert werden wie im Sport, geht es um Techniken, beispielsweise bei der Bedienung von Videorecordern oder Computern, einer Selbstverteidigungstechnik, einer bestimmten Körperposition oder Körpersprache bei einem Vortrag oder Gespräch. Auch die Technik beim Schalten in einem fremden Auto, das mehr Elektronik zu haben scheint als eine Boeing 747. Das alles sind alltägliche Handlungsmuster, die man je nach Anforderung wie im Schlaf beherrschen muss. Dasselbe gilt auch für Experten wie Piloten, Chirurgen, Zahnärzte, Sportler, Gerüstbauer, Architekten und natürlich Motorradfahrer. Obwohl in Handbüchern oder Bedienungsanleitungen meist vielfache Bewältigungshilfen zur Optimierung der notwendigen Handlungsmuster zur

Verfügung stehen, ist man halt gezwungen, sie selbst zu lernen und zu trainieren.

Fahrtechniken beim Motorradfahren sind
z.B. (Vgl. Kapitel 3.):

- Kurvenfahren
- Bremsen
- Ausweichen
- Regenfahren

Ausgehend von den in Kapitel 3 gegebenen Instruktionen lassen sich diese Fahrtechniken über das 5-Schritt-Modell (Kap. 4) mental trainieren, Schritt für Schritt.

Plan – Schritt für Schritt

Wer mit seinem Motorrad nicht den rechten Plan findet oder den passenden Entwurf seiner Strecke hat, muss mit Überraschungen rechnen, landet im ungünstigsten Fall im Graben oder sonst irgendwo, im günstigeren kommt er am falschen Ziel an. Auf der Landstraßentour in unbekannter Umgebung helfen einem Landkarte und Navi, die man aber, wenn man die Strecke kennt, durch Streckenkenntnis, sprich mentale Landkarten und Navis ersetzt. Auf Rennstrecken sieht das ein bisschen anders aus, denn Landkarten und Navis sind da eher ungebräuchlich, es sei denn, man kämpft auf einer Rallye, bei der ein Pilot sogar einen Navigator neben sich sitzen hat – hoffentlich mit einem guten Plan, um dem Piloten den rechten Weg anzusagen.

Boxenstopp und Gespannrennen
Bevor ich das Mentale Training eines Plans am Beispiel des Erarbeitens einer Rennstrecke zeigen will, komme ich an zweien der faszinierenden Belege für die Bedeutung innerer Landkarten und Navis nicht vorbei: Boxenstopp in der Formel 1 und Gespannrennen. Das sind Abläufe, die allenfalls noch von einem guten Orchester an Präzision und Abstimmung übertroffen werden. Beim Boxenstopp müssen bis zu 30 Menschen innerhalb von kaum 10 Sekunden optimal zusammenarbeiten, von denen keiner zu viel

Tanken in 5 Sekunden. Beim F1-Boxenstop hat jeder Beteiligte einen präzisen stabilen Plan von seinem Job, der mit den Vorstellungen der anderen abgeglichen werden muss, um im Gesamtplan perfekt zu harmonieren (Foto: Mercedes-Benz-Motorsport)

Absprache …

… und Aktion (Fotos: Dennis Witschel)

beteiligt sein darf, weil er sonst den anderen nur hinderlich sein und im Weg stehen würde. Erfolgsgeheimnis einer erfolgreichen Boxencrew ist zunächst, dass jeder seinen job kennt, also die dafür absolut präzise, zuverlässige und stabile mentale Landkarte verinnerlicht hat. Bei 30 Mitgliedern also 30 Landkarten, die es nun so aufeinander abzustimmen und in einen Plan einzubringen gilt, dass alles reibungslos und erfolgreich in kürzester Zeit läuft. Schon eine falsche Landkarte eines Mitglieds der Boxencrew würde fatale Folgen für den Plan des Ganzen haben.

Beim rennmäßigen Bewegen eines Motorradgespanns liegen die Anforderungen, was die Abstimmung von Vorstellungen betrifft, sehr ähnlich: Absolute Präzision, Qualität und Zuverlässigkeit entscheiden hier über Erfolg auf dem schmalen Grat zwischen Podest und Spital. Vorherige Absprachen sind deshalb für die Akteure von entscheidender Wichtigkeit.

Eine Rennstrecke mental trainieren – die Ideallinie verinnerlichen

In diesem Kapitel möchte ich zeigen, wie sich mit Mentalem Training der Plan einer Rennstrecke als Grundlage der Ideallinie trainieren und verinnerlichen lässt. Als Beispiel dient der in Abbildung auf Seite 178 gezeigte Streckenabschnitt »Adenauer Forst« auf der Nordschleife des Nürburgrings.

Der Adenauer Forst gilt als Schlüsselstelle und kann nur dann schadensfrei durchfahren werden, wenn man entweder sehr langsam fährt oder ein zuverlässiges inneres Navigationssystem erarbeitet hat, um auch zügiger ohne Gefahr für Leib und Motorrad durchzukommen.

Sicherheit vor Risiko

Die an Witz, Tiefe, aber auch Abgebrühtheit nicht eben arme englische Rennfahrerphilosophie hält für die ganz Schnellen die ultimative Weisheit bereit: »To finish first, you first have to finish.« Was auf der Rennstrecke wie auf der alltäglichen Fahrt gilt. Aus den 5 Schritten des Mentalen Trainings (s. S. 160) lässt sich der

! Ideallinie im Rennen ist die schnellste, im Straßenverkehr die sicherste Linie

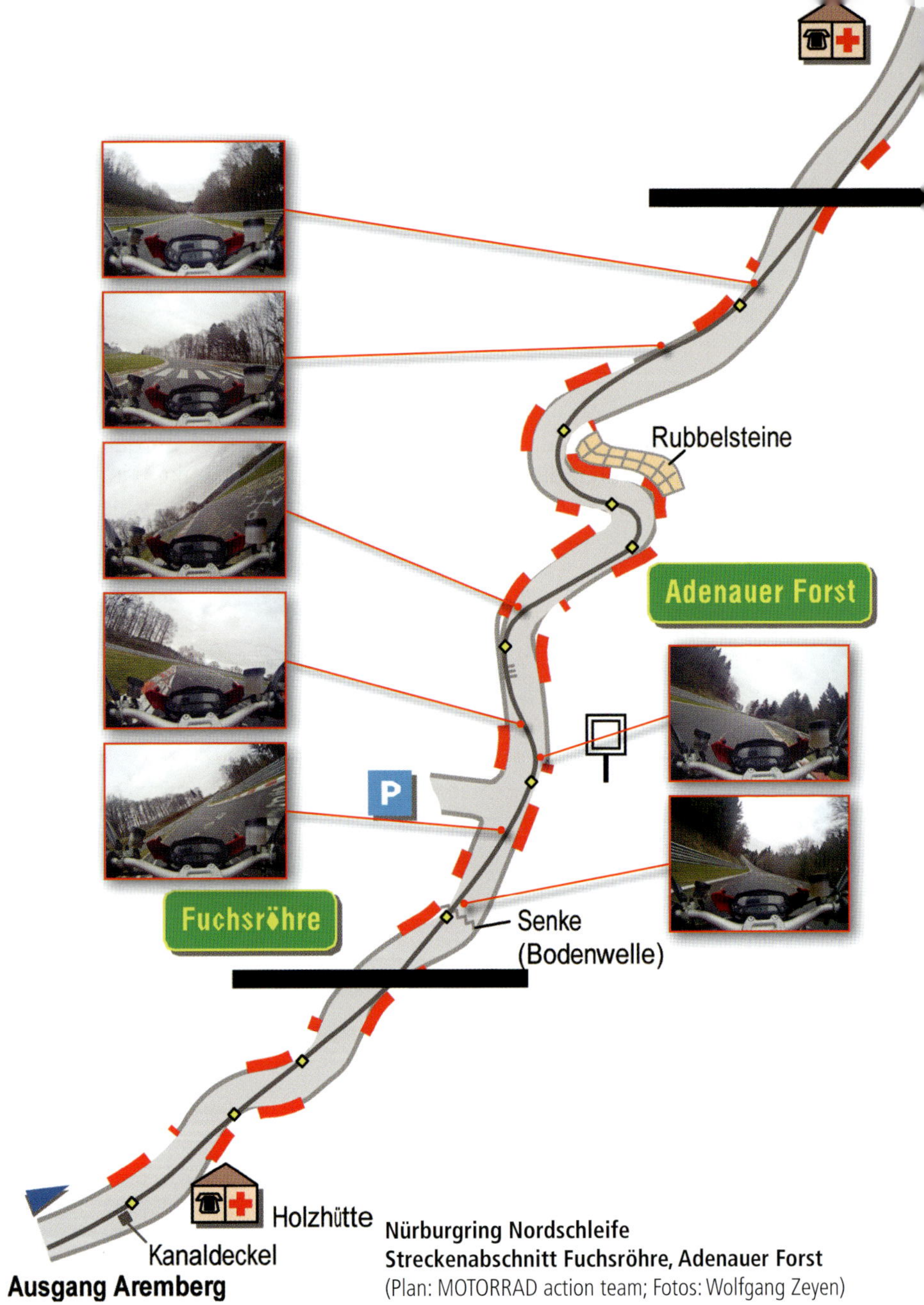

Nürburgring Nordschleife
Streckenabschnitt Fuchsröhre, Adenauer Forst
(Plan: MOTORRAD action team; Fotos: Wolfgang Zeyen)

Ablauf des systematischen Mentalen Trainings einer Strecke übernehmen.

1. Schritt: Instruktion

Als Erstes steht die Beschreibung der Fahrt auf der Ideallinie an, die man sich von einem Instruktor geben lässt. Ich übernehme die Beschreibung aus dem Begleitheft zum Perfektionstraining des MOTORRAD action teams, die Wolfgang Zanker verfasste:

»Vom Ausgang Aremberg führt die Ideallinie diagonal Richtung Holzhütte und von da in einer nahezu geraden Linie steil bergab in die Fuchsröhre. Durch die starke Kompression in der Senke wird das Motorrad vollkommen in die Federn gedrückt. Durch die hohe Geschwindigkeit kommt der schnelle, unübersichtliche Linksknick schneller als erwartet. Links halten und stark verzögern. Die Rechts-links-rechts-Kombination Adenauer Forst ist eine Schlüsselstelle für Ringneulinge. Entgegen dem Gefühl in der Linkskurve lange rechts bleiben und spät einlenken bringt uns auf die sichere Linie ins Metzgesfeld.«

Unterstützen lässt sich diese Beschreibung durch Zeichnen des Abschnitts. Zusätzlich wären Fotos, Filme und Beobachtung oder Befragung anderer von Nutzen. Rennfahrer Helmut Dähne gibt seine Beschreibung der Sektion Adenauer Forst so zu Protokoll: »Dann geht's hinunter in die Fuchsröhre, hier ist wichtig, möglichst gerade durchzufahren, wenig Schräglagenwechsel, das Motorrad hebt kurz ab, und jetzt hinunter ins Loch. Das Motorrad bekommt jetzt eine große Kompression ab, bei Höchstgeschwindigkeit (Kommentar des Autors: zirka 250 km/h). Achtung Linkskurve, man sieht nicht, wo die Straße hingeht. Richtung Adenauer Forst. Schnelle Schräglagenwechsel, Randstein mit ausnützen, nur wenn's trocken ist, ganz gerade Richtung Metzgesfeld.« Aus Dähnes Beschreibung wird auch deutlich, dass Instruktionen immer adressatenspezifisch verfasst sein müssen, denn nicht jeder kommt mit mehr als 250 km/h durch die Senke der Fuchsröhre. Mir reichen zugegebenermaßen schon 220, wodurch ich gerade noch Zeit habe, in der nach der Kompression folgenden Linkskurve nach innen zu kommen. Wer das nicht schafft, muss sich eine alternative »Kampflinie« suchen und finden.

2. Schritt: Selbstinstruktion

Jetzt wird das Gelesene, Gesehene, Gehörte internalisiert, z.B. durch Auswendiglernen. Helfen würde es hier auch, eine eigene Zeichnung anzufertigen oder, was in Wirklichkeit strengstens verboten ist, gegen die Richtung zu »fahren«, wie es z.B. Steve Plater berichtete, einer der ganz Schnellen auf dem Mountain Course der Isle of Man. Ein schönes Beispiel für das Erarbeiten einer Strecke fand ich in Keith Codes lesenswertem Buch (»Der richtige Dreh« 1983, S. 118), mit einem Auszug aus Wayne Raineys Notizbuch, der auch die bewundernswerte Akribie des dreifachen Weltmeisters belegt.

Nachdem man seinem Instruktor, Trainer oder einem anderen Kundigen seine Selbstinstruktion vorgetragen und der sie »abgesegnet hat«, geht es zum nächsten Schritt.

Wayne Raineys* Notizbuch

»Wenn ich auf der Start-und-Ziel-Geraden geradeaus in die Kurve Eins fahre, dann komme ich aus der Verkleidung hoch und mache das Gas kurz vor dem roten Pylon zu. Dann schalte ich einen Gang runter, fange an, meinen Hintern nach links zu bewegen, und lege die Maschine nach links. In der Kurvenmitte gebe ich dann wieder Gas, wobei ich mich immer noch nach links lege und allmählich das Motorrad aufrichte.

Dann die kurze Gerade runter in Kurve Zwei. Wenn ich mich Kurve Zwei nähere, fange ich an, mich ungefähr 1,5 m vom Außenrand der Strecke entfernt nach rechts zu legen; das Gas halb zu und nach rechts gelegt, gehe ich mit ungefähr ¾ Gas durch die Kurvenmitte. Wenn die Kurve sich zu verengen beginnt, dann mache ich das Gas auf und lege das Motorrad in Richtung Innenseite. Dann fahre ich geradeaus. Dann kommt Kurve Drei. Ich mache das Gas zu, schalte beim roten Pylon einen Gang runter und bremse mit der Vorder- und Hinterradbremse, lege mich nach links und mache das Gas wieder auf, wenn die Kurve wieder flach wird. Zu diesem Zeitpunkt bin ich aufrecht und lege mich nach rechts in die Kurve vier. Ich bin an der Innenseite, wenn ich in die Kurve gehe, mache das Gas wieder auf, bin ungefähr 1,5 m vom Außenrand entfernt in der Kurvenmitte, und dann winkle ich stark ab, um gut aus der Kurve zu kommen«.

*Wayne Rainey war 500-ccm-Weltmeister 1990–1992

3. Schritt: Internalisieren

Vor dem inneren Auge kann man sich den Streckenabschnitt jetzt weiter vergegenwärtigen und »anschauen«, wobei auch langsam die Knotenpunkte als die Stellen bewusst werden, an denen man »hängenbleibt«. Sie müssen klappen. Sir John Surtees, legendärer Rennfahrer und der einzige Motorradweltmeister, der später auch in der Formel 1 die höchste Krone errang, wird auf die Frage nach dem Geheimnis seines speeds (auch noch mit Mitte Siebzig) zitiert mit den Worten: »I can see things slowly.« D.h. er hat Zeit. Michael Schumacher, der 2008 im Jahr nach seiner Formel-1-Karriere als Motorradrennfahrer eine mehr als gute Figur machte, betont, dass F-1-Autos einen viel höheren Kurvenspeed fahren als Motorräder und viel später bremsen. D.h. auch er scheint in und vor Kurven auf dem Motorrad Zeit zu haben. Diese Zeit kann er nutzen, um möglicherweise präziser zu fahren und nicht nur später, sondern auch ruhiger zu bremsen als ein Mitbewerber, der auf der letzten Rille fährt.

4. Schritt: Knotenpunkte

Die Sachsenkurve auf dem Sachsenring ist insofern ein Knotenpunkt, eine Schlüsselstelle, als man sie erst sehr spät einlenken darf, viel später als man denkt, weil man sonst unvermittelt vor dem Kiesbett steht oder gar drinsteckt. An ein Weiterfahren braucht man in diesem Augenblick nicht mehr zu denken. Meine Selbstinstruktion beim Anbremsen dieser Linkskurve: »Außen, außen, außen«, und wenn ich links innen ein Fanggitter sehe, »rein, links (schauen)«. In Kurven, die man vom Gefühl her etwas zu schnell angefahren hat, auch auf der Landstraße: »Rüber, rüber (schauen), Schulter (innen) vor.« Knotenpunkte oder Schlüsselstellen sind Abschnitte, die über den weiteren erfolgreichen oder misslungenen Verlauf entscheiden. Man kann die Schlüsselstellen trainieren, indem man von einer zur anderen springt oder sie in Zeitlupe durchfährt, um seine Präzision zu prüfen.

In der Zeichnung des auf Seite 178 abgebildeten »Adenauer Forsts« sehe ich 4 Knotenpunkte:

1. **Links rüber** 2 Gänge zurückschalten
2. **Rechts umlegen** aufrichten, 1 Gang zurück
3. Am »Opelblitz« (eine Fanzeichnung auf der Straße) außen vorbei, dann **scharf links** (Kniepad)
4. Schnell **rechts umlegen** (Kniepad), Gas aufziehen Richtung Metzgesfeld.

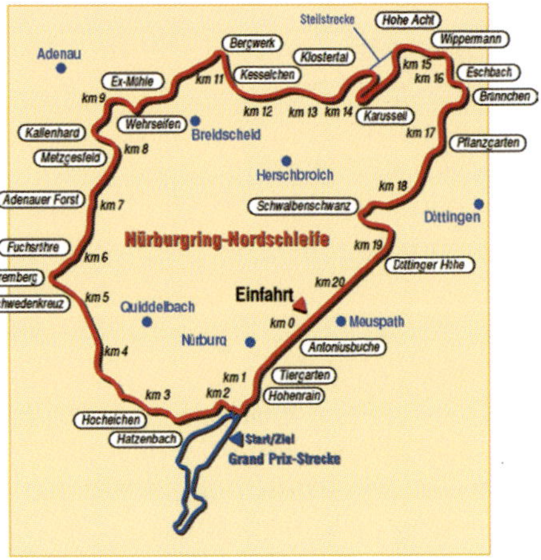

Die Nürburgring-Nordschleife
(MOTORRAD action team)

Nordschleife mit Helmut Dähne

»Die Fahrt beginnt kurz vor Kilometer 2 vor einer Linkskurve: »Diese erste Linkskurve verwenden wir gleich für den Haftungstest beim Herausbeschleunigen aus der Kurve, und dann geht's gleich hinunter in eine lange Rechte, und hier muss der Reifen natürlich schon haften. Wir beschleunigen in Richtung Hatzenbach, jetzt schön langsam bremsen, mit Gefühl, in Schräglage, und jetzt die Kurvenkombination Hatzenbach: rechts, links, starke Bodenwelle, rechts, etwas verzögern, links, und jetzt geht's Richtung Hocheichen. Eine sehr rutschige Kurve bei Nässe. Jetzt fällt die Straße unter mir weg. Vorsichtig am Gas drehen und jetzt volle Beschleunigung Richtung Quiddelbacher Höhe. Hier eine absolute Fahrwerks- und Reifenteststrecke. Flugplatz, bergauf. Das Vorderrad ist in der Luft, schnell wieder nach unten, um die Rechtskurve noch zu erwischen. Jetzt geht's volle Brause Richtung Schwedenkreuz. Und jetzt beschleunigen, kurzer Sprung und Gas weg – Schwedenkreuz. Innen bleiben, wieder kurz beschleunigen, und jetzt heftig bremsen, Aremberg. Dann geht's hinunter in die Fuchsröhre, hier ist wichtig, möglichst gerade durchzufahren, wenig Schräglagenwechsel, das Motorrad hebt kurz ab, und jetzt hinunter ins Loch. Das Motorrad bekommt jetzt eine große Kompression ab, bei Höchstgeschwindigkeit (Kommentar des Autors: zirka 250 km/h). Achtung Linkskurve, man sieht nicht, wo die Straße hingeht. Richtung Adenauer Forst. Schnelle Schräglagenwechsel, Randstein mit ausnützen, nur wenn's trocken ist, ganz gerade Richtung Metzgesfeld. Links, noch mal kurz beschleunigen, dann kräftig bremsen. Metzgesfeld und hinunter Richtung Kallenhard. Etwas länger außen bleiben und gegen Ende hereinziehen an den Randstein. Und volle Beschleunigung, hinunter, kurze Kompression und die dreifach rechte Kallenhard. Erst am zweiten Knick sind wir ganz innen und

beschleunigen hinunter zum Wehrseifen, und dann Beschleunigung hinunter zum tiefsten Punkt der Strecke. Breitschei,d, Linkskurve, die Mauer ist nicht sehr motorradfreundlich. Ex-Mühle, vorsichtig am Gas drehen bei starken Motorrädern, das Motorrad wird hier oben leicht und dreht leicht durch. Jetzt kommt der Niki-Lauda-Linksknick, voll wird der genommen, und dann kräftig bremsen Richtung Bergwerk. Lange außen bleiben, erst gegen Ende hereinziehen, Straße voll ausnützen. Beschleunigen Richtung Kesselchen. Wohl eine der schwierigsten Passagen hier auf dem Nürburgring, eine Dreifach-links-Kombination, die fast Vollgas geht, je nach Motorrad, ein kurzer Sprung, eine Linke, und hinauf. Hier ist eine Fahrwerks- und Reifen-Teststrecke. Die Fahrstabilität kann man hier sehr gut testen. Diese Linke muss einen Gang zurückgeschaltet werden, und jetzt geht's hinauf Richtung Klostertal. Wieder kurzer Sprung und sofort nach rechts, sonst ist es zu spät. Klostertal anbremsen, etwas länger außen bleiben, und dann ganz nach links heraustragen lassen und schnurgerade hoch zum Karussell.
Dann werden wir gleich sehen, wie's den Motorradfahrer schüttelt. Die einzelnen Platten geben harte Stöße ins Fahrwerk. Hinauf Richtung Hohe Acht. Das ist eine Mutkurve gewesen. Außen bleiben, außen bleiben, jetzt nach innen, Richtungswechsel, höchster Punkt der Strecke. Rechts, vorsichtig beim Beschleunigen, hier fällt die Straße etwas nach links ab. Und jetzt ein sehr schneller Rechtsbogen: Wippermann. Diese Passage bringt eine kurze, kräftige Kompression. Eschbach, weit nach außen tragen lassen, und hinunter geht's Richtung Brünnchen. Zweimal am Randstein, fast touchieren und rechts hinein in das Brünnchen. Kurz beschleunigen, wieder verzögern, und die Straße ganz ausnützen. Die Eiskurve. Hier über diese Kuppe wird das Motorrad sehr leicht, da kann man die Reifenhaftung gut testen. Und jetzt ganz gerade Richtung Pflanzgarten. Hier hebt das Motorrad kurz ab, die Doppelrechts in einem schönen weiten Bogen nehmen, und jetzt kommt der große Sprung in die Kompression am Pflanzgarten. Es geht sehr schnell, aber auch weit. Der zweite Sprunghügel, und jetzt Richtung Schwalbenschwanz. Spätnachmittags hat man hier die Sonne genau im Gesicht und etwas Schwierigkeiten mit der Sicht. Schwalbenschwanz – manche sagen auch, das »zweite Karussell«. Jetzt geht's hinauf zum Galgenkopf. Hier nützen wir den Randstein aus, um uns abzustützen in die Rechtskurve hinein. Und dann lange außen bleiben, ganz außen, und erst zum Schluss wieder nach rechts rein, um in die Gerade, die Döttinger Höhe hinein beschleunigen zu können. Ab jetzt ist es vielleicht ein bisschen langweilig, es tut sich wenig, außer ein paar Bodenwellen ist nichts los. Antoniusbuche – bei Trockenheit kein Problem, bei Nässe: Vorsicht! Jetzt hinunter, noch einmal eine heftige Kompression im Tiergarten, links, rechts, Gas weg und heftig bremsen, in die Schikane hinein, letzte Kurve, Zielstrich.«

5. Schritt: Rhythmus

Im Adenauer Forst ist mein Rhythmus z.B. »LAAANG« um den einstens dort aufgezeichneten »Opelblitz« außen rum, »rein« (in die enge Linkskurve, Kniepad schrappt), »raus« (Richtung Metzgesfeld). Erst, wenn man die genaue Bewegung erarbeitet, sein inneres Navigationssystem »geladen« hat, lässt sich nun die Fahr- oder die Bedienungs-Geschwindigkeit (Genauigkeit vor Geschwindigkeit, s. S. 159) steigern, indem man sich auf einzelne Abschnitte oder Phasen konzentriert, die man schneller durchfährt. Mit dem Trainingsfortschritt lassen sich dann einzelne Abschnitte oder im Falle von Technikelementen Phasen zusammenfügen. So geraten die Streckenabschnitte immer länger bzw. die Technikabläufe immer komplexer, wie z.B.: Anbremsen einer Kurve, hineinbremsen, entspannen, früh ans Gas gehen, Gewicht für die nächste Kurve verlagern …

Auch Rennfahrer suchen per Probehandeln mental optimale Wege und trainieren sie, indem sie sich den Verlauf einer Rennstrecke vergegenwärtigen. Helmut Dähne, der Inhaber des Rundenrekords mit 7 Minuten und 47 Sekunden auf der Nordschleife des Nürburgrings mit dem Motorrad, beschreibt, wie er die Strecke befährt, die er hunderte Male durchgegangen ist, bevor er seinen Streckenrekord aufstellte. Die zirka 20 Kilometer lange Strecke mit ihren rund 80 Kurven und 300 Metern Höhenunterschied gilt unter Rennfahrern wegen ihrer ungewöhnlichen Schwierigkeiten und der umgebenden Waldlandschaft als die »Grüne Hölle«.

Mentales Training braucht keinen Trainingsplatz

Mental trainieren, und das ist ein Riesenvorteil, kann man überall, auch ohne Motorrad. Es funktioniert in der Bahn genauso wie beim Spazierengehen oder wenn man irgendwo wartet, sicherlich auch beim Motorradfahren, wenn es gerade etwas ruhiger dahingeht. Trainiert man mental und praktisch im ständigen Wechsel, erzielt man die besten Resultate. Ein Pilot schrieb mir beispielsweise, wie er sein Mentales Training in den Alltag einbaut: »Ich habe mir folgende Strategie zurechtgelegt. Meine Fahrt von zu Hause zum Flughafen mit der S-Bahn dauert ungefähr eine Stunde, und ich habe in meinem Pilotenkoffer ein kleines Heft, in dem die ganzen ›Kochrezepte‹ für alle denkbaren abnormalen Situationen aufgelistet sind. Wenn ich nun in der S-Bahn sitze, hole ich mir dieses Heft heraus, schlage eine Seite auf, zum Beispiel steht da: Ausfall des Landeklappensystems. Nun versuche ich, mir für den kommenden Flug, den ich an diesem Tag abfliegen muss, vorzustellen, dass genau dieses Problem bei diesem Flug auftritt.

Ich klappe mein Heft wieder zu, versuche, mich mental in die 737 zu setzen, und stelle mir nun vor, wie bei diesem Flug das Problem ›Ausfall des Landeklappensystems‹ zu bewältigen ist. Wenn ich das getan habe und mit meiner mentalen Vorbereitungsarbeit fertig bin, hole ich mir mein Heft wieder heraus und vergleiche das, was ich mental trainiert habe, mit dem, was in meinem Heft steht, und überprüfe, ob ich bestimmte Dinge verkehrt gemacht oder verwechselt habe. Damit kann ich mich noch mal versichern, dass ich bei diesem fliegerischen Problemfall auf dem aktuellen Stand bin. Natürlich lassen sich in einer Stunde von den vielen möglichen Problemen, die auftreten können, nur eins oder zwei mental durchspielen; aber über die muss ich mir schon mal keine Gedanken mehr machen.« (Aus: Eberspächer »Gut sein, wenn's drauf ankommt«, Hanser Verlag).

In diesem Zusammenhang kann man das Mentale Training oder die mental vorbereiteten Situationen mit einer Seilsicherung im Hochgebirge vergleichen. An den Punkten des Weges, die mit Seil gesichert sind, ist man geschützt, man kann also innerlich los- und sich auf die vorbereitete Hilfestellung einlassen. Wenn man den gesicherten Weg für ein kurzes Stück verlässt, geschieht dies mit der inneren Sicherheit, genau an dieser Stelle den vorbereiteten Weg oder den bekannten Weg zu verlassen, und man versucht, im Gelände auch möglichst bald wieder den abgesicherten und mit Sicherheitsstrategien versehenen Bereich zu erreichen.

5. Fahrtraining

Da stand sie nun in der Werkstatt, die feuerrote italienische Schönheit mit ihren über 130 PS, jämmerlich deformiert vom Sturz eines Motorradneulings mit wenigen tausend Kilometern Fahrpraxis. Getreu dem Motto »Es ist doch ein Sportmotorrad« hatte er die 190er-Hinterreifen auf öffentlichen Straßen von Flanke zu Flanke bearbeitet, offensichtlich bis ihm, ohne Fremdbeteiligung, erst das Können und dann die Straße ausging. Verletzt hat sich dabei zum Glück niemand. Das ist sicher nicht das einzige Beispiel dafür, dass jemand etwas zeigen wollte, ohne es nach einem Lern- und Trainingsprozess auch wirklich zu können. Auch auf dem Motorrad gilt, dass man erst durch Erfahrungen, die überdauernde Verhaltensänderungen bewirken, lernt und so sein Verhaltensreper-

Stefan Everts zeigt Können nach Training (Foto: KTM)

toire erweitert. 90% von dem, was man selbst ausführt, bleibt als Lernerfahrung, von Gelesenem behält man, glaubt man den Erkenntnissen der Lernpsychologie, 10%. Damit wäre die Idee, wie man sich selbst verbessert und weiterentwickelt, ja umrissen: Am selbst erfahrenen Lernen und Trainieren führt kein Weg vorbei, auch nicht für den 10-fachen Motocross-Ex-Weltmeister Stefan Everts, bevor er gegen den 5-fachen Rallye-Weltmeister Sébastian Loeb eine Wette gewann. Es ging darum, wer die bei Radprofis berüchtigte kopfsteingepflasterte, bis 20% steile »Mauer von Geraardsbergen« schneller hochfährt, Auto oder Motorrad. Everts gewann zwar nur mit 1/10 Sekunde Vorsprung, aber doch zur Überraschung aller. Aufgrund seines Könnens passte er seine Fahrtechnik kreativ-intelligent den Möglichkeiten der nassen Kopfsteinpflasterstraße an. Training vor Können. Ein Können, das er in Zigtausenden von Trainingskilometern soweit stabilisiert erarbeitete, dass er es auch Jahre nach Beendigung seiner aktiven Laufbahn abrufen konnte. Der Verlierer musste, nebenbei bemerkt, danach das Fahrzeug des Siegers reinigen. Bestimmt gibt es viele Motorradfahrerinnen und -fahrer, die auf Training pfeifen und dafür permanent ihr Glück herausfordern, das unbestritten auch beim Motorradfahren in keiner Weise hinderlich ist. Aber auf lange Sicht strapaziert man es nicht ungestraft, steht es doch in einer gelegentlich mehr als unseligen Beziehung zum Pech. Besser fährt man mit Training und guter Vorbereitung, um auf solide Fähigkeiten, Fertigkeiten und Fahrkönnen zu bauen.

Training – dosierte Beanspruchung

Beim Trainieren ist es wie bei so vielem im Leben: Die richtige Dosierung macht die Wirkung, Überdosierung zerstört sie. Genauer geht es um die Dosierung von Beanspruchung, denn sie verbessert mit der Zeit unsere Anpassung an gestellte Anforderungen, die wir deshalb mit dem Trainingsfortschritt durch steigende Fit-

Sinn

Training muss dem Sinn machen, der es auf sich nimmt. Sinn gibt es nicht losgelöst von einer Person, in deren Kopf er entsteht. Wer den Sinn nicht sieht, hat kaum Interesse am Verstehen, schon gar nicht am Trainieren oder sonst irgendeinem Tun. Wer hat sie nicht schon erlebt, die Sinnkrise, in der alles nur Sinn-los und deshalb nicht mehr lebenswert erscheint. Niki Lauda hat seinen ersten Abschied aus der Formel 1 mit dem legendären Satz begründet, dass er keinen Sinn mehr darin sähe, immer im Kreis herumzufahren. Noch Fragen? Auch Verletzte in der Reha kämpfen ausnahmslos um den Sinn dessen, was sie tun und was ihnen bevorsteht, wohl dem, der ihn in solchen Lebensphasen findet. Sinn fungiert als Fundament und Klammer für die Ziele, die man sich steckt und die man vorab stecken muss, um seinem Training Richtung, Orientierung und damit Kontinuität zu geben.

ness immer besser bewältigen. Beanspruchung strengt an, denn sie zwingt aus der Komfortzone; aber nur dadurch macht bzw. hält sie fit. Treppensteigen oder Laufen beispielsweise steigert die Pulsfrequenz, je nach Geschwindigkeit mitunter auf das Doppelte des Ruhewerts, begleitet von Atemnot. Wer jedoch deshalb in den Aufzug umsteigt, riskiert wohl mit geringster Wahrscheinlichkeit, irgendwann einmal darin stecken zu bleiben, in Sachen Fitness darf er mit der Gewissheit leben, stecken zu bleiben.

Für körperliche Fitness genügt es in keinem Falle, bewaffnet mit I-pod, Fitnesscocktail und Handtuch auf Geräten im Fitnessstudio herumzusitzen. Nur beanspruchendes Training optimiert Fitness und damit die flinke Anpassung an Situations- und Anforderungsbedingungen. Der Profit: Wer fit ist, hält länger durch und muss später auf »Reserve« schalten. Training setzt Sinn voraus, wer den nicht sieht, verschiebt sein Programm per Ausrede von Mal zu Mal.

Training ist eine Eigenleistung – schrittweise und nicht delegierbar

Neben dem Sinn als Voraussetzung und der Notwendigkeit, sich voll zu engagieren und anzustrengen, hat Training noch einen Haken: Man muss es schon selbst durchziehen, es lässt sich nicht an andere delegieren. »Was tue ich jetzt, um meinem Trainingsziel einen Schritt näher zu kommen?«, und nicht: »Wovon möchte ich weiter träumen und wie komme ich in Riesenschritten (möglichst ohne eigene Leistung) dorthin?« Auf morgen vertagtes Training bleibt leider wirkungslos. Erfolgreiches Training lebt von den kleinen, systematischen und regelmäßigen Schritten, die sich in den Alltag einbauen lassen, denn wie sagte schon mein Großvater? Auch regelmäßig wenig macht auf Dauer viel. Er meinte aber damit bestimmt das Spar- und nicht das Trainingskonto. Training von Profis ist systematisch und nicht beliebig, planmäßig und nicht zufällig, wiederholt und nicht gelegentlich oder vereinzelt. Zugrunde liegen ausdrücklich formulierte Ziele, Trainingseinheiten und -methoden als Voraussetzung zur Kontrolle des Trainingserfolgs und der Ergebnisse.

Ganz so konsequent muss man es als Hobby-Motorradfahrer natürlich nicht angehen; aber das eine oder andere lässt sich zweifellos abschauen, beispielsweise, dass Training bestimmten Prinzipien folgt. Sie zu beherzigen macht es leichter und erfolgreicher, sich weiterzuentwickeln. Jedes Training folgt, ob man sich nun mental oder körperlich fordert, vier Prinzipien.

Trainingsprinzipien

1. Vom Langsamen zum Schnellen

Training beginnt man immer langsam: Genauigkeit vor Geschwindigkeit (s. Kap. 4), damit man Zeit hat, sich seine Absichten, die Ziele und die Abläufe seiner Aktionen zu vergegenwärtigen und deren Wirkungen zu beobachten. Und damit man vor allem genügend Zeit gewinnt, um sich seine Instruktion vorzusprechen (s. S. 136). Man fängt langsam an und steigert das Tempo mit dem Trainingsfortschritt. Auch das Beginnen mit gut vorhersehbaren Aktionen hat sich bewährt (»Am Strich dort werde ich anhalten«), um schließlich auf zunehmend überraschende Signale zu reagieren, womit man die Vorlaufzeit für seine Reaktionen allmählich verkürzt.

2. Vom Leichten zum Schweren

Leichtes beherrscht man »aus dem Stand«, damit beginnt man. Man holt sich da ab, wo man steht. Ehrlichkeit sich selbst gegenüber ist hier kein schlechter Ratgeber! Beim Motorradtraining bezieht sich das »leicht« sowohl auf die bewegten Gewichte als auch auf die Schwierigkeit der Anforderungen, denen man sich stellt. Wer immer es kann, sollte mit einem leichten, gebrauchten Motorrad beginnen. Es gibt spielerisch-handliche 125er. Leicht lässt sich damit auf ebener Bahn ohne Steigungen, Gefälle oder Hindernisse mit Geradeausfahrt starten, um stufenweise die Schwierigkeit mit anspruchsvollerem Untergrund, Kurvenfahren, Bremsen etc. zu erhöhen; aber immer nur dann, wenn die vorangegangene angstfrei und entspannt geschafft wurde.

3. Vom Einfachen zum Komplexen

Beim Einfachen liegt die Konzentration auf einer Aktion, man vermeidet Mehrfachanforderungen, indem man z.B. einen Hebel bedient (Fuß- oder Handbremse), eine Aktion (Kopf drehen oder Lenkimpuls) ausführt. Am besten unterstützen einen dabei einfach zu bewältigende Umgebungsbedingungen wie griffiger Untergrund oder Fahren ohne andere Verkehrsteilnehmer. Die Komplexität der Anforderungen steigert man mit dem Trainingsfortschritt, indem man immer mehr Anforderungen hinzunimmt: Mehr Hebel, mehr Bewegungen und mehrere Ziele gleichzeitig (z.B. Bremsen – Herunterschalten – Einlenken – zum Kurvenausgang schauen – Hintern entspannen – Straßenzustand beobachten ...).

4. Vom Kleinen zum Großen

Dieses Prinzip bezieht sich nicht nur auf das allmähliche Erweitern seines Aktionsradius mit dem Trainingsfortschritt, sondern auch auf die Gewichte und Dimensionen, die man sich mit seinem Motorrad zumutet. Mit einem kleineren Motorrad anzufangen, ist dabei eine förderliche Bedingung, um bei entsprechendem Können, wenn man es denn will, ein größeres Motorrad anzuschaffen und schließlich mit Gepäck und Sozius zu trainieren, wenn man denn diese Form des Motorradfahrens anstrebt. Auch seinen Aktionsradius sollte man mit Bedacht steigern, und erst dann, wenn man gemäßigtes Mittelgebirge locker bewältigt, in die Alpen abbiegen. Kurze Ausfahrten liegen vor großen Ausflügen und Touren. Man lernt bei kürzeren Ausfahrten sowohl sich als auch sein Material hinsichtlich Belastbarkeit und Toleranz zunehmend besser kennen. Keine schlechte Voraussetzung für den Ritt in die große weite Welt.

Wie Beanspruchung wirkt

Je nach Dosierung hat Beanspruchung ganz unterschiedliche Wirkungen. Leichte Beanspruchung beispielsweise löst Aufwärmeffekte aus. Man kommt dadurch in Fahrt, wärmt seinen »Motor« auf. Jeder hat schon, nicht nur auf dem Motorrad, erfahren: Wenn man erst mal »warm« geworden ist, geht alles mit weniger Anstrengung und leichter von der Hand als zu Beginn, wo sich alles noch etwas zäh anfühlte.

Sportreporter sprechen in diesem Zusammenhang gerne davon, ein Racer fahre jetzt seinen Rhythmus. Mir wird das Aufwärmen und Aktivieren durch Beanspruchung immer wieder auch bei Fahrten im Regen klar, wo es schon einige Kilometer braucht, um ruhig und sicher in seinen Rhythmus zu finden, in dem dann alles leichter geht. Manche Rennfahrer werden von ihren Teams deshalb geschätzt, weil sie auf Anhieb, ohne große Aufwärmphase, sehr schnell fahren können, andere brauchen etwas länger. Mitt-

Komponenten des Flow-Erlebens

- Passung zwischen der eigenen Fähigkeit und den Anforderungen. Man fühlt sich optimal beansprucht und hat das sichere Gefühl, alles unter Kontrolle zu haben.
- Handlungsanforderungen und Rückmeldungen werden als klar und interpretationsfrei erlebt, so dass man jederzeit und ohne nachzudenken weiß, was jetzt richtig zu tun ist.
- Der Handlungsablauf wird als glatt erlebt. Ein Schritt geht flüssig in den nächsten über, als liefe das Geschehen gleitend wie aus einer inneren Logik heraus. (Aus dieser Komponente rührt wohl die Bezeichnung »Flow«.)
- Man muss sich nicht willentlich konzentrieren, die Konzentration kommt vielmehr wie von selbst, ganz so wie die Atmung. Ausgeblendet ist alles, was nicht unmittelbar auf die jetzige Ausführungsregulation gerichtet ist.
- Man vergisst die Zeit und weiß nicht, wie lange man schon dabei ist. Stunden vergehen wie Minuten.
- Man geht in der eigenen Aktivität auf (»Verschmelzen« von Selbst und Tätigkeit). Es kommt zum Verlust von Reflexivität und Selbstbewusstheit.

(Zusammengefasst nach Czikszentmihalyi.)

lere Beanspruchung wärmt nicht nur auf, wie leichte, sondern aktiviert, wie man an gesteigerter mentaler und körperlicher Funktionstüchtigkeit bemerken kann, wenn man »in Fahrt« gekommen ist. Das kann so weit gehen, dass alles wie von alleine geht, förmlich ineinanderfließt. Der Motivationsforscher Czikszentmihalyi sprach in diesem Kontext vom Flow-Erleben (s. S. 191) und wird in diesem Zusammenhang immer wieder von Autoren zitiert, die Motorradfahren partout in der Nähe von ständigem Flow sehen. Flow klingt gut, so recht vermag ich aber nicht nachzuvollziehen, dass Motorradfahren permanenter Flow sei. Dazu habe ich schon zu oft mit klammen Fingern und Regentropfen hinterm Visier auf Passstraßen zwischen überschaubarer Griffigkeit und formatfüllend entgegenkommenden Wohnwagengespannen die sichere Fahrlinie gesucht. Das gehört auch dazu. Ohne Frage kann sich Flow beim Motorradfahren einstellen, wie bei Tänzern, die vom Schweben berichten, oder bei Schauspielern, die in ihrer Rolle »aufgehen«.

Auch Musiker, die sich von ihrer Musik »getragen« fühlen, und viele andere, die sich mit Hingabe auf ihr Tun einlassen, können in Flow kommen. Ein international erfolgreicher Crosser schilderte mir seinen Flow während eines 24-Stunden-Rennens, in dem er, weil einer von vier Fahrern ausfiel, längere Turns zu fahren hatte als üblich. Er kam in einen Flow, alles ging perfekt, wie von alleine, ohne Kraft bei vollkommener Kontrolle. Den Preis dafür zahlte er allerdings beim nächsten Turn, in dem er »unterirdisch« fuhr, wie er sagte, und einen ungewöhnlichen Leistungseinbruch zu verkraften hatte. Offensichtlich hatte ihn der Flow im überlangen Turn zuvor körperlich und mental an den Rand der Erschöpfung gepowert.

Auch beim Perfektionstraining beobachten wir unter idealen Bedingungen mit Teilnehmern oft so etwas wie Flow, ich nenne es einen »Achterbahneffekt«: Das Fahren geht so gut, immer besser und besser, die Schräglagen immer kecker, der speed immer höher, alles geht wie von alleine, tolles Gefühl, alles klappt. Wie bei Kindern, die Achterbahn fahren dürfen und irgendwann gar nicht mehr aufhören wollen. Von der dabei zwangsläufig zunehmenden Ermüdung, oft einhergehend mit Dehydration und Unterzuckern (s. S. 238 ff.) und der nachlassenden Konzentration und Kondition geht ein nicht zu unterschätzendes Unfallpotenzial aus. Verschärft wird das Risiko noch dadurch, dass immer mehr immer besser gelingt, wodurch man beim Fahren in Regionen vorstößt, die jenseits der sicheren Beherrschung liegen. Jetzt muss nur die kleinste Kleinigkeit passieren, damit es zur Überforderung kommt, ein Rutscher etwa oder eine erzwungene Bremsung kann da schon ausreichen, um das Ganze förmlich in sich zusammenbrechen zu lassen.

Motorradfahren erfordert Training

Trainingsplätze – wo man überall trainieren kann

Wer auf dem Motorrad trainieren will, sollte bevorzugt Möglichkeiten jenseits normaler Fahrstraßen mit gebügeltem Asphalt nutzen. Denn die wahren Lernfortschritte erfährt erst, wer die ganze Belags- und Formenvielfalt öffentlich befahrbarer, teilweise nicht befestigter, mit veritablem Schlaglochaufkommen versehener genehmigter Straßen und Wege geringerer Ordnung als Lernfeld wählt. Auch freie Landwirtschaftswege braucht man nicht zu scheuen, und Konflikte mit den dort Berufstätigen lassen sich durch entsprechend zurückhaltendes Fahren in der Regel vermeiden, man braucht ja auch nicht gleich im Stile einer Rallye-Sonderprüfung daherzupflügen. Waldparkplätze bieten mit ihren nur selten befestigten Zufahrten eine ordentliche Übungsgelegenheit auf losem Untergrund. Kreisverkehre sind endlose Kurven mit gleichem Radius, die ohne Problem häufiges Wiederholen bei gleichen Bedingungen anbieten, Ähnliches gilt für Autobahnausfahrten, wenngleich mir hier angesichts der unvermeidlichen Leitplanken Zurückhaltung angeraten scheint. Berg- und natürlich Gebirgsstraßen und Pässe gelten für Motorradfahrer seit jeher als nahezu

Trainingsgrundsätze

Hat man das geeignete Trainingsgelände gefunden und sich sein Trainingsziel klar gemacht, unterstützt die Beachtung von fünf Grundsätzen die Wirkung des Trainings:

- Entspannt fahren, d.h. Unterlippe und Hintern loslassen (s. S. 72).
- Nach dem 5-4-3-Prinzip (s. Kapitel 4) vorgehen.
- Alle Übungen durch Selbstinstruktion unterstützen und mit dem Fortschritt dann Knotenpunkte und Rhythmus seiner Fahrtechniken herausarbeiten (s. Kap. 4).
- Sich zum Pausenmachen, um sich wieder zu entspannen, genauso Zeit nehmen wie zum Fahren und Trainieren.
- Fahr- und mentale Übungen im Wechsel kombinieren.

grenzenloses Lern- und Trainingsfeld. Ich empfehle, zumindest am Anfang und im Gelände, nie alleine zu trainieren, weil Trainingspartner nicht nur als Beobachter, sondern im Fall des Falles auch als Helfer unterstützen können.

Auch die vielen Verkehrsübungsplätze der Automobilclubs oder die wochenends leeren Großparkplätze von Super-, Bau- und Multimärkten, Hallen oder Stadien zu nutzen, spart oft nicht nur längere Anfahrten, sondern lässt auch freie Übungen nach eigenen Zielen leichter einbauen, als dies auf Verkehrsübungsplätzen mit ihren normierten Vorgaben möglich ist. In vielen Regionen finden sich Teststrecken und -gelände, von denen sich einige nach Absprache mit Veranstaltern befahren lassen und die manchem sogar den Weg zur Kart-Bahn, sofern von den Betreibern erlaubt, und schließlich zur Rennstrecke bahnen. Die Angebote für Fahrdynamik-, Sportfahrer- und Rennstreckenlehrgänge und -trainings sind inzwischen kaum mehr zu überschauen. Auf abgesperrter Strecke unter sachkundiger Instruktoren-Anleitung lässt sich der dynamische Umgang mit einem Motorrad ohne Gegenverkehr trainieren und später mit erheblichem Sicherheitsgewinn auf den Straßenverkehr übertragen. Denn Rennstrecken erlauben Schräglagen, die im öffentlichen Verkehr ewig verschlossen oder allenfalls unter höchsten Risiken bei Missachtung der StVO nutzbar bleiben. Auch das Training auf abgesperrten Enduro- und Cross-Strecken, hier allerdings mit geeignetem Material, gilt nach wie vor als hervorragende Schule für Straßenfahrer, weil sie mit vielfältigsten, auf der Straße nicht anzutreffenden Anforderungen wie z.B. steile Ab- und Auffahrten, Sandpassagen u.Ä. unter den unterschiedlichsten Bedingungen ein fast endloses Spektrum an Trainingsmöglichkeiten bieten.

Kurventraining

Sowohl beim Kurvenfahren wie auch beim Ausweichen und Regenfahren sollte man von vorneherein das unbedingte Sicherheitserfordernis »Symmetrie« anstreben, um Links- und Rechtskurven gleich gut und sicher zu beherrschen. Einseitigkeit in der Präferenz für eine Seite bringt nämlich zwangsläufig Sicherheitsdefizite in Situationen mit sich, in denen man sich die Seite nicht aussuchen kann. Instruktionen zum Kurventraining finden sich in Kapitel 3 ab Seite 92.

Vom Langsamen zum Schnellen

- Alle Übungen langsam beginnend mit zunehmender Geschwindigkeit fahren.
- Bei langsamer Fahrt spüren, wie das Motorrad auf langsame Lenkimpulse reagiert.
- Energie des Lenkimpulses steigern bis zum sehr energischen und schnellen Schieben und bis zum Stoßen.
- Blickwechsel von einer auf die andere Seite zunehmend schneller vornehmen.
- Geschwindigkeit erhöhen, wozu sich ein Training auf dem Testgelände oder einer abgesperrten Strecke sehr gut eignet.
- Die drei in Kapitel 3 beschriebenen Kurventechniken mit zunehmender Geschwindigkeit trainieren. Für Hängen (Hanging off) empfiehlt sich ein Rennstreckentraining.

Vom Leichten zum Schweren

- Mit Blick direkt vor das Vorderrad versuchen, Kurven zu fahren, um zu erfahren, dass dies kaum gelingt.
- Beim Geradeausfahren ohne Schräglage den Blick zunehmend weiter nach links und rechts wenden und jetzt spüren, wie das

Motorrad der Blickrichtung folgen will.

- Immer weiter in eine gedachte Kurve schauen, Schräglage mit einem Lenkimpuls einleiten, d. h. kurveninneren Griff nach vorne schieben. In zunehmend engere Kurvenradien »schauen« bis schließlich 90 Grad über die linke bzw. rechte Schulter.
- Lenkimpuls in Kraft und Schnelligkeit und damit das Kippen in Schräglage variieren.
- Kurveninnere Hand locker auflegen, linke schließlich loslassen, rechte noch lockerer halten.
- Kurveninneren linken Arm loslassen, hängen lassen, einhändig weiterfahren.
- Wechselkurven nacheinander fahren (Slalom).
- Umlegen von einer auf die andere Seite (»Schikane«).
- Kurven bergauf und bergab fahren.
- In einem Zug auf einer freien Straße wenden, Straßenbreite zunehmend kleiner wählen.
- Bergauf und bergab in einem Zug wenden.
- Eine Acht fahren, bis man sie auch mit dem Lenker am Anschlag beherrscht.
- Eine Acht am Berg fahren, ohne Fußkontakt mit dem Boden.
- Die in Kapitel 3 beschriebenen Kurventechniken Legen, Drücken trainieren.

Vom Einfachen zum Komplexen

- Sitzfläche entspannen, Lenker locker, leichte Bögen fahren.
- Auf einer Kreisbahn Schräglage zunehmend steigern bis zum kurzen Bodenkontakt mit dem »Angstnippel«, um den Schreck abzubauen, den dieses Geräusch zunächst auslöst.
- Längeren Kontakt »Angstnippel«-Boden auf der Kreisbahn, dabei entspannen und weit vorausschauen. Fahrtrichtung wechseln.
- Kurve anbremsen, einlenken.
- Anbremsen, zurückschalten, einlenken, in Schräglage entspannen, bewusst herausbeschleunigen.
- Anbremsen, zurückschalten, einlenken, Schräglage in der Kurve per Lenkimpuls variieren, herausbeschleunigen, dabei unterschiedlich energisch aufrichten.

Vom Kleinen zum Großen

- Mit Parkplatztraining und kleinen schwachen Lenkimpulsen beginnen, steigern bis zum Rennstreckentraining.
- Blick vom Motorrad zunächst nur wenige Meter lösen, dann zunehmend so weit vorausschauen wie möglich.
- Langsam auf einer bekannten, wenig befahrenen Straße weiterüben, auf der man die Chance zur Wiederholung hat. Mit der Zeit auch auf Straßen mit höherem Verkehrsaufkommen fahren.
- Bei Gegenverkehr auf zunehmend kurvenreichen Straßen fahren.
- Kurven bergauf und bergab aufsuchen mit zunehmender Steilheit und Gegenverkehr.
- Berge, Alpen, Serpentinen mit und ohne Gepäck bergauf und bergab fahren.

Kontrolle der Schräglage

- Füße bleiben immer auf den Rasten. Durch Abspreizen des Fußes lässt sich in Schräglage der Boden ertasten.
- Kreidestrich quer über die Lauffläche des Reifens ziehen um zu sehen, wie viel davon in Schräglage abgefahren wurde, Symmetrie beachten.
- Sich in Schräglage fotografieren lassen.
- Die Schräglage anderer in der gleichen Kurve beobachten, die man selbst gefahren ist.
- Beim Hinterherfahren (gelegentlich) die Schräglage-Reserven der Vorausfahrenden beobachten.

Bremstraining

Bremsen, auch mit ABS, muss man trainieren. Aus meiner Sicht besonders deshalb, weil die meisten Motorradfahrer sicherlich Experten in Sachen positive Beschleunigung (Gas geben) sind, hinsichtlich des Könnens in Sachen negative (Bremsen) aber noch Potenzial haben. Blockierende Räder, insbesondere vorne, werden gerne gemieden, obwohl das Herantasten an die Blockiergrenze, das ja fraglos einen wichtigen Sicherheitsgewinn darstellt, Blockiererfahrung voraussetzt.

Instruktionen zum Bremstraining finden sich in Kapitel 3.

Vom Langsamen zum Schnellen

- Mit langsamer Fahrt beginnen, Tempo mit der zunehmenden Sicherheit steigern.
- Mit geringer Verzögerung beginnen, zunehmend mehr Kraft für ansteigende Verzögerung aufwenden.
- Ziel: Vollbremsung aus allen Geschwindigkeiten beherrschen, die man selbst fährt, auch auf nasser Fahrbahn.
- Vollbremsung auch aus Höchstgeschwindigkeit, wenn man sie gelegentlich fährt.
- Schnellere Zielbremsungen, d.h. aus immer höheren Geschwindigkeiten.

Vom Leichten zum Schweren

Auf ebener, trockener Fahrbahn mit viel Auslauf beginnen, den Druckpunkt der Bremse spüren, also den Punkt, an dem die Bremswirkung beginnt einzusetzen. Auf den unterschiedlichsten Fahrbahnbelägen Bremswirkung erfahren: Asphalt, Sand, Schotter, Geröll.

- Spüren, was der Handbremshebel vorne bewirkt, Fußbremswirkung erfahren.
- Den Bremshebel stets als Dimmer verstehen und zunächst vorsichtig einsetzen.
- Verzögerung steigern, vorne, hinten, beide Bremsen.
- Mit ABS in den Regelbereich bremsen.
- Zunehmend auf feuchten und nassen Belägen sowie auf solchen mit geringerem Reibwert (Sand, Schotter, Erde) trainieren. ABS regeln lassen.
- Ein Stück Blech auf den Boden legen, drauffahren und bremsen, dabei spüren, wie es rutscht, Bremse lösen.
- Hinterrad blockieren, Vorderrad blockieren bzw. mit ABS hart eingreifen.
- Bremshebel immer härter anfassen, um sich an die Blockiergrenze heranzutasten.

- Bremsen in der Kurve, erfahren, wie sich das Motorrad aufrichtet, schließlich bis zum Stand bremsen.

Vom Einfachen zum Komplexen
- Mit Geradeausfahrt beginnen.
- In Bögen und Kurven bremsen.
- Auf wechselnden Belägen mit Reibwertsprüngen (Kanaldeckel, Fahrbahnmarkierungen) bremsen.
- Rutschen üben: Vor dem Anfahren das Motorrad etwas schräg zur Fahrtrichtung stellen, immer energischer anfahren, bis das Motorrad in die Fahrlinie rutscht. Zu Beginn am besten auf Schotter üben.
- »Glühender Griff« in die Vorderradbremse: Blitzschnell hart zugreifen und loslassen, als ob der Griff glühend heiß wäre. Dabei auf das Loslassen konzentrieren, nicht auf das Festhalten!
- Tritt auf den Hinterrad-Bremshebel, ruhig auch sehr kurz und hart. Das blockierte Hinterrad rutschen lassen (Strich auf der Bahn ziehen), auch in Schräglage auf etwas weniger haftendem Belag wie Erde, Schotter beginnen.
- Beide Hebel, Hand- und Fußbremse bedienen, gleichzeitig herunterschalten, Bremse lösen und Kurve einlenken.
- Auf Signal hin mit Bremsen reagieren.
- Zielbremsung aus immer höheren Geschwindigkeiten. Auf ein Hindernis zubremsen (Pylon, Eimer, Brett, leere Plastikflasche, Schnur o.Ä.).

Vom Kleinen zum Großen
- Mit kurzen, wenige Meter langen Bremsstrecken beginnen.
- Zunehmend längere Bremswege mit steigender Geschwindigkeit und unterschiedlichen Straßenverläufen und Belägen.

Ausweichtraining

Ausweichen lebt vom entschlossen gesetzten Lenkimpuls, bei einem Autotraining sprach der Instruktor vom »Karateschlag« ins Bremspedal bei einer Vollbremsung. Ganz so heftig sollte es mit dem Lenkimpuls nicht getrieben werden; aber hart entschlossen sollte er im Falle eines Ausweichmanövers – wenn schon, denn schon – sein.

Instruktionen zum Ausweichtraining finden sich ab Seite 144.

Vom Langsamen zum Schnellen

- So langsam beginnen, dass man sich seine Aktion vorsprechen kann (»Am Hindernis vorbeischauen« – »Lenkimpuls« – »Oberkörper aufrecht« – »Motorrad wieder senkrechtstellen«)
- Fahr- und Aktionsgeschwindigkeit steigern.
- Sich die Knotenpunkte des Ausweichens (ab S. 145) vorsprechen.
- Rhythmus vorsprechen und beim Fahren lautieren, Lenkimpuls an Kraft und Schnelligkeit steigern.

Vom Leichten zum Schweren

- Ohne Hindernisse die Wirkung des Lenkimpulses spüren.
- Auf freier Bahn und Straße mit dem Motorrad Schlangenlinien fahren.
- Mit zunehmend härterem Lenkimpuls nach einer Seite ausweichen, Seiten wechseln.
- Zunächst vor aufgemalten »Hindernissen« (z. B. Punkten oder Linien) beginnen, mit Pylonen (z.B. halbierte Tennisbälle) weiterüben und mit der Zeit das Ausweichen vor festen, stehenden Hindernissen (s. o.) trainieren.
- Auf Signal eines Helfers reagieren und ausweichen.
- Die Bewegung eines Fahrzeugs im Umfeld als Signal für eine Ausweichbewegung nehmen.

Vom Einfachen zum Komplexen

- Mit einem leichten Lenkimpuls das Motorrad aus gerader Fahrt kurz in Schräglage bringen, es wieder aufstellen. Beide Seiten üben.
- Ausweichen und so schnell wie möglich zurück auf die alte Fahrspur. Bremsen, Bremse lösen, ausweichen, weiterfahren. Geschwindigkeit steigern.
- Bremsen, Bremse lösen, ausweichen, »Gegenfahrbahn« im Auge behalten, weiterfahren.

- Auf Hindernis zubremsen, Bremse lösen, ausweichen, weiterfahren.

Vom Kleinen zum Großen

- Mit kleinen Ausweichbewegungen, wenigen Zentimetern, beginnen, um zu spüren, welche Kräfte auf das Motorrad und den Fahrer einwirken. Sobald man sich sicherer fühlt, den Umfang der Ausweichbewegung steigern.
- Schienen und Fugen kreuzen, dabei Winkel und Schräglagen variieren.
- Weg des Lenkimpulses steigern.
- Mit steigender Anfahrgeschwindigkeit steigt der Bremsweg, Bremse lösen, ausweichen.

Regentraining

Wer in unseren Breiten Motorrad fährt, muss mit Regen rechnen. Viele habe ich noch nicht getroffen, die gerne im Regen fahren; aber es ist eben ein Gebot des sicheren Fahrens, sich auf nasse Straßen einzustellen. Hier folgen einige Übungen, mit denen man seine Regenscheu auf dem Motorrad abtrainieren kann.

Instruktionen zum Regentraining finden sich ab Seite 148.

Vom Langsamen zum Schnellen

- Mit langsamer Fahrt beginnen, dabei beim Bremsen, Beschleunigen und Kurvenfahren geringe Kräfte langsam einwirken lassen.
- Fahrgeschwindigkeit steigern, höhere Kräfte (Bremse, Gas) zunehmend schneller und stärker einwirken lassen.

Vom Leichten zum Schweren

- Mit Geradeausfahren beginnen.
- Anhalten, Füße absetzen, anfahren.
- Trial-Stopp: Anhalten, ohne die Füße abzusetzen, weiterfahren.
- Bögen fahren mit leichtem Lenkimpuls, Körpereinsatz, Gewichtsverlagerungen über Fußrasten einleiten.
- Mit Körpereinsatz das Motorrad möglichst senkrecht halten und dabei Kurven fahren.

Auf halbnasser Straße kann man Angst vor nassen Straßen gut abbauen, weil man ja sofort auf das Trockene »flüchten« kann (Foto: Torsten Kämpfer)

- Räder an die Blockiergrenze heranbremsen, Hinterrad blockieren lassen bzw. in den Regelbereich bremsen.
- Sehr kurz blockieren lassen, erst hinten, dann vorne, dann beide Räder.

Vom Einfachen zum Komplexen

- Mit einem Hebel beginnen (am besten Fußbremse), im Laufe des Fortschritts immer mehr Hebel bedienen und Aktionen gleichzeitig einleiten, bis man schließlich Handbremse, Fußbremse und Kupplung bedient, und dabei vor dem Einlenken zurückschalten.
- Nass-trockene Fahrbahnen nutzen, sowohl fleckige, wie sie die Abbildung oben zeigt, als auch »Fahrstreifen«, die sich gewöhnlich auf abtrocknenden Landstraßen und Autobahnen bilden, bei denen man sich schnell wieder ins Trockene »retten« und er-

staunlich schnell die Griffigkeit auch feuchter oder nasser Straßen spüren und »lesen« lernen kann.

- In Schräglage über die nassen Fahrstreifen einlenken, die bei abtrocknender Straße neben den trockengefahrenen bis zum völligen Abtrocknen bleiben.
- Zunächst feuchte, also nicht glitschnasse Fahrbahnen nutzen, um festzustellen und zu erfahren, wie sich hier ganz normal und ruhig fahren lässt.
- Sehr nasse Fahrbahnen befahren, auch im Regen.

Vom Kleinen zum Großen

- Wenn es irgendeine Möglichkeit dazu gibt: Mit einem kleinen, leichten Motorrad in kleinem, überschaubarem Umfeld (Parkplatz, Übungsgelände) anfangen.
- Mit kurzen, vertrauten Strecken beginnen, auch wenn es nur einige Meter sind.
- Kleine Kurven mit niederer Geschwindigkeit zu Anfang. Geschwindigkeit und Kurvenlänge steigern.
- Mit sehr kurzen Bremsimpulsen beginnen, dabei nicht zum Stehen kommen.
- Immer längere Bremsimpulse bis zum Stand.
- Zunehmend größere Strecken fahren und immer weiter vorausschauen.
- Immer öfter und länger und weiter bei wechselndem Wetter fahren.
- Das Ziel des sicheren Fahrens im Regen ist erreicht, wenn man den Regen und die Nässe zur Kenntnis nimmt; aber nicht emotional reagiert.

Handling im Stand und bei langsamer Fahrt

Handling im Stand

Am Anfang dieser Übungen empfiehlt sich die Zusammenarbeit mit einem Helfer.

Vom Leichten zum Schweren bei stehendem Motorrad

- Mit dem Oberschenkel das Motorrad von der Seite durch Dagegenlehnen halten (Sicherheit), auch ohne Einsatz der Hände.
- Vor- und zurück schieben. Mit kürzesten Wegen beginnen, sowohl beim Schieben als auch beim Bewegen im Stand (Winkel, Strecken).
- Sich mit einem Fuß auf dem Ausleger des Hauptständers zwischen den beiden Kontaktpunkten des Hauptständers hin und her wippend bewegen.
- Quer zum Motorrad stehen, eine Hand am Lenker, Motorrad um die Längsachse vorsichtig hin und her bewegen.
- Auf- und Abbocken.
- Motorrad auf den Hauptständer stellen und um die Querachse schaukeln.

Vom Einfachen zum Komplexen bei stehendem Motorrad

- Lenker an beiden Griffen halten, einen loslassen, Motorrad mit einem Griff halten.
- Lenker loslassen, am Tank halten, um das Motorrad herumgehen, Sitzbank, Heck, schließlich mit zwei Fingern (wenn das Motorrad perfekt über dem Schwerpunkt steht, geht das).
- Diese Übung mit geschlossenen Augen ausführen (Helfer nicht vergessen!).

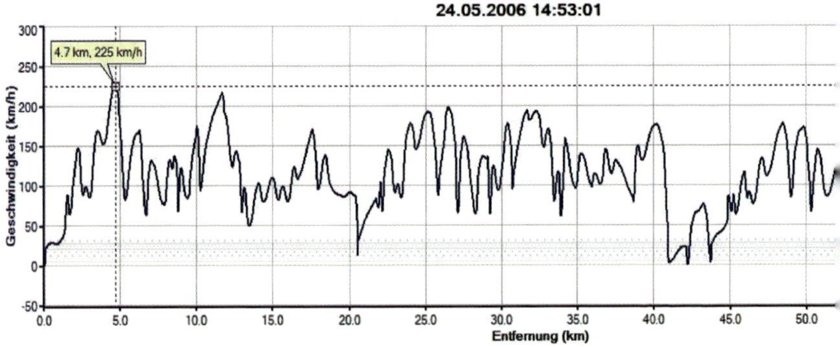

Geschwindigkeitsaufzeichnung einer Runde Nordschleife (Wolfgang Kemper aus Menden hat die Aufzeichnung dankenswerterweise durchgeführt und zur Verfügung gestellt)

- Seitenständer ausklappen, Motorrad auf Vorderrad und Seitenständer stehend hinten über den Soziussitz anheben (Zweipunkt-Kontakt am Boden); wenn der Leerlauf drin ist kann ein Helfer gleich die Kette sprayen.
- Motorrad auf dem Seitenständer drehen.

Handling bei langsamer Fahrt

Hier sind einige Übungen, mit denen man erste Fortschritte in Richtung entspannte Balance auf dem Motorrad erzielen kann. Alle Übungen benötigen, wenn man sie beherrscht, keine Kraft:

Vom Leichten zum Schweren

- Balancieren bei extrem langsamer Fahrt, bis fast zum Stand. Blick geht weit voraus.
- Im Sitzen und Stehen fahren und dabei das Gewicht durch wechselnde Belastung der Fußrasten verlagern.
- »Lenken« mit der Blickführung: Geradeausfahren, Kopf langsam wenden, abwechselnd nach beiden Seiten. Das Motorrad folgt dem Blick. Gleichmäßige, nicht ruckhafte Krafteinwirkung (die nur Unruhe ins Motorrad bringt), so dass man genau spürt, welche Kräfte wo am Motorrad wirken, z.B. vorne eintauchen beim Bremsen, stabilisieren beim Gasgeben, Hineinkippen in eine Kurve mit einem Lenkimpuls.
- Turnen auf dem Motorrad (auf abgesperrtem Platz): Zunächst mit einem Knie, später mit beiden auf der Sitzbank, das Gleiche mit den Füßen.
- Einhändig fahren, auch Kurven.

Der Kasten auf den Seiten 206 bis 207 bringt eine Sammlung interessanter Übungen, die sich in jedes Fahrtraining einbauen lassen. Ausgedacht und erprobt hat sie Helmut Pohl.

Helmut Pohls Übungen

Helmut Pohl ist von Beruf Zahnarzt und ein begnadeter Instruktor für Zwei- und Vierrädriges, der sich seit Jahrzehnten Trainings- und Übungssequenzen einfallen lässt, die seine Schützlinge in die hohe Schule des Auto- und Motorradfahrens einführten. Er war als Mechaniker des BMW-Siegerteams bei der Rallye Paris–Dakar mehr als einmal dabei.

1. **Balance im Stand (statisch)** Mit 2 Fingern das Motorrad zunächst im Stand senkrecht halten. Dann um das Motorrad herumgehen. Helfer sichert. Diese Übung wiederholen, ohne das Motorrad anzuschauen.
2. **Balance in Fahrt (dynamisch)** Schritt-Tempo fahren, mit der Fußbremse zum Stand kommen und das Motorrad nicht mit dem linken (wie üblich), sondern mit dem rechten Fuß am Boden stützen.
3. **Demonstration »peripheres Sehen« (mit Instruktor)** Gruppe steht um einen Pylon im Halbkreis, schaut dem davor stehenden Instruktor in die Augen, sieht den Pylon trotzdem. Schaut sie auf den Pylon, sieht sie den Instruktor nicht mehr.
4. **Demonstration »Platz genug« (mit Instruktor)** »Wie viel Platz ist neben einem Pylon, der als Hindernis da steht, global?« Global?? »Erdumfang durch zwei, also 20 000 Kilometer, und Ihr starrt auf den Pylon und könnt ihm deshalb nicht ausweichen.«
5. **Demonstration »Blickführung«** Auf einem Strich fahren und dabei vor das Vorderrad schauen: geht nicht. Mit weitem Vorausschauen geht es sehr leicht.
6. **Demonstration »Bremswirkung Vorderradbremse bei Schreck«** Motorrad auf Hauptständer stellen, Sozius besetzen. Einer dreht das Vorderrad schnell an. Abrupt in die Vorderbremse greifen: Gesamter Vorderbau des Motorrads schwingt. Sanft in die Bremse greifen (Dimmer): Rad bremst ruhig ab.
7. **»Finger weg von der Vorderbremse bei Lenkeinschlag oder langsamer Fahrt!«** Fahrer schiebt Motorrad rechtsherum am Lenkanschlag. Der Helfer geht rechts vom Motorrad mit und greift überraschend in die Vorderbremse: Motorrad kippt unhaltbar nach rechts.
8. **Demonstration »visuelle Kontrolle«** Auf ein Bein stellen – geht. Auf ein Bein stellen und in den Himmel schauen – geht (ohne Training) nicht.
9. **Koordination** Halbe Tennisbälle auf der Fahrbahn, mit dem Vorderrad rechts und mit dem Hinterrad links vorbeifahren.
10. **Zielgenauigkeit Ideallinie** Halbe Tennisbälle in mäßiger Schräglage überfahren.
11. **Stabilität des Motorrads erfahren I** Kreis mit ca. 50 km/h freihändig fahren.
12. **Stabilität des Motorrads erfahren II** Großen Kreis mit ca. 70 km/h fahren, dabei Blinker anschauen – hinten.

13. »Blumen pflücken« Großen Kreis wie 12., dabei linken Arm locker hängen lassen. Im Laufe der Übung die Hand immer tiefer hängen bis zur Bodenberührung.
14. Aufstellmoment beim Bremsen Kreisbahn wie 12. und 13., linker Arm hängt locker herunter, Druckpunkt Vorderbremse testen, d.h. genau den Punkt fühlen, an dem die Bremse beginnt zu wirken, ohne zu bremsen: Das Motorrad richtet sich unweigerlich auf, obwohl kaum gebremst wurde.
15. Serpentinen bergab Konstante Schräglage beim Bremsen beibehalten führt in eine immer engere Kurve fast bis zum Stillstand. So lassen sich Serpentinen bergab mit der Hinterbremse perfekt fahren, weil die Bremswirkung das Einlenken unterstützt.
16. Eigenstabilität des Motorrads Geradeaus 80 km/h: freihändig rollen lassen, erst deutlich unter 40 km/h lässt die Eigenstabilität des Motorrads nach.
17. Lenkimpuls: 80 km/h im Leerlauf freihändig rollen, dabei versuchen, das Motorrad nur durch Körperbewegungen und Gewichtsverlagerung zu lenken, geht sehr träge und schwer. Jetzt das Gleiche, aber per leichter Berührung der Lenkerenden: Sofortige Richtungsänderung und Schräglage.

Allgemeines Fitnesstraining

Fitness ermöglicht längere Konzentration und reduziert Ermüdung. Leistungskurven von Fitten fallen langsamer ab als die von Couch-Potatoes und sichern länger fein koordinierte Aktionen und Reaktionen. Konkret bedeutet das nicht nur größere Stabilität im Timing, also der Zeitabfolge von Bewegungen, auch Feinmotorik und Sensorik der Bewegungen zur Bedienung der einzelnen Hebel profitieren davon. Phasenweise kaum vermeidbare Anspannung kann immer wieder durch Entspannungsphasen »unterbrochen« werden und geht auf diese Weise nicht so schnell in dramatisch ermüdende und deshalb gefährliche Dauerspannung über.

Interessant ist, dass bei den heutigen Motorrädern die Bedienung der Hebelei und des Gasgriffs am Motorrads, sieht man einmal vom Auskuppeln bei älteren Modellen der Desmo-Fraktion ab, eigentlich kaum noch körperliche Fitness erfordert. Verglichen mit dem nötigen Kraftaufwand und der Ausdauer, die unsere Altvorderen noch aufwenden mussten, um ihre Fahrzeuge zu kontrollieren, fahren wir heute in der Komfortzone. Aber die gängigen Urlaubstouren und Sommerausfahrten stellen uns auch heute noch vor gelegentlich unterschätzte Herausforderungen (vgl. auch Kap. 6). In sich haben es aber heute gewiss mehr denn je die von den Hebeleien ausgelösten Wirkungen beim positiven, negativen, Quer- und Längsbeschleunigen. Denn die Beschleunigungskräfte moderner Sportmotorräder liegen aufgrund der Motorleistungen gepaart mit Fahrwerkskomponenten nie gekannter Qualität auf sehr hohem Niveau. Man denke nur an die Selbstverständlichkeit, mit der heute die Relation von Fahrzeuggewicht und Leistung in PS bei einem Supersportler 1 kg pro PS erreicht!

Bei solch geballter Ladung muss man ziehen, drücken, Gewicht verlagern, umlegen und umsteigen, den Hals gleichzeitig drehen und den behelmten Kopf gegen den Wind drücken, dazu Schläge des Lenkers mit Händen und Armen abfedern. Die Abbildung der Telemetrie-Aufzeichnung eines Durchschnittsfahrers von drei Runden Nürburgring-Nordschleife á 20 km mit von Runde zu Runde abnehmender Geschwindigkeit verdeutlicht dieses Beanspruchungsspektrum praktisch im Zeitraffer, das in dieser Dichte im Alltag sicherlich so kaum vorkommt, wohl aber in der Ausprägung.

Fitnesstraining lässt sich in den Alltag integrieren

Die penetrant oft gehörten Ausreden von »Trainingsmuffeln«, sie hätten keine Zeit, müssten arbeiten, hätten nicht die richtigen Geräte, seien zu alt, oder, oder, oder … klingen wenig überzeugend, wenn man weiß, dass Training leichter in den Alltag zu integrieren ist, als viele denken. Man kann während des normalen Tagesablaufs, in der gewohnten Umgebung, ohne große Vor- und Nachbereitung und ohne wahrgenommene Zeiteinbuße trainieren. Stationen eines solchen Tagesablaufs sind zum Beispiel: Nach dem Aufstehen, kann man erste Fitnessübungen machen, weil es für die meisten danach ohnehin unter die Dusche geht. Auch per Treppen und nicht per Aufzug Höhenunterschiede in Gebäuden zu überwinden hat Trainingswirkung, genauso wie Taschen oder Koffer anheben und tragen, Warten, Sitzen, Stehen, Gehen. Gewohnte Umgebungen sind zum Beispiel Schreibtische, Werkbänke, Stühle, das Auto, Treppen, öffentliche Verkehrsmittel. Auch die Vor- und Nachbereitung sehen viele geradezu als Zeit-Falle:

»Ich würde ja gern Tennis spielen, aber bis ich auf dem Gelände bin, mich umgezogen habe und spielen kann, ist schon eine ganze Stunde futsch.« Wenn man sein Bewegungstraining zu Zeiten einplant, in denen man sich ohnehin in einer Übergangssituation im Tagesablauf befindet, zum Beispiel nach dem Aufwachen, nach dem Aufstehen, vor dem Duschen, vor dem Umziehen, entfällt das Argument einer Zeiteinbuße zwanglos.

Einige Anregungen und Ideen, was und wie man im Einzelnen trainieren kann, geben die folgenden Abschnitte über die Trainingsziele Kraft, Ausdauer und Beweglichkeit. Darüber hinaus eröffnet die umfangreiche, differenziert sortierte Fachliteratur Einblicke in Trainingsformen und -möglichkeiten für jede Interessen-, Ausgangs- und Ziellage.

Krafttraining

Lebensjahre sind im Sinne des Wortes kraftraubend – wenn man nichts tut. Ein 60-jähriger untrainierter Mann hat bereits 40 Prozent weniger Muskelmasse als ein 20-jähriger Untrainierter, bei Frauen liegen die Verhältnisse ähnlich. Bedenkt man, dass 60- Jährige im Durchschnitt einiges mehr wiegen als 20-Jährige und 20-Jährige im Durchschnitt 25 Kilogramm Muskelmasse haben, so bedeutet das im Verlauf von 40 Jahren einen natürlichen Verlust von rund zehn Kilogramm Muskelmasse – und das bei zunehmendem Körpergewicht, was die Relation von Fett und Muskulatur man kann auch sagen, die Gewichts-Leistungs-Relation, noch mehr in Richtung Defizit verschiebt. Muskeln halten und stützen unser Skelett.

Zusammen mit dem Übergewicht bedeutet die schwindende Muskelmasse also eine Überbeanspruchung des Halte- und Stützapparates, vor allem eben für den am stärksten beanspruchten Teil des Skeletts, die Wirbelsäule mit ihrem besonders anfälligen Teil, dem Hals. So ergeben sich Konsequenzen, wenn man auch jenseits der 20 körperlich möglichst leidensfrei leben will: die Stützung der Wirbelsäule durch entsprechendes Krafttraining für Bauch, Rücken und Hals. Wohl gerade deshalb nimmt Krafttraining nicht nur im Gesundheits- und Breitensport inzwischen großen Raum ein, sondern eben auch beim Motorradfahren. Mit etwas mehr Kraft fällt das Rangieren eines Motorrads im Stand wirklich leichter, deshalb erscheint die Idee, durch systematisches Training ein stabilisierendes Muskelkorsett für die Wirbelsäule aufzubauen, gar nicht so abwegig.

Die Chancen zur Stabilisierung der Wirbelsäule durch Muskeltraining sind in jedem Lebensalter gut. Man ist nie zu alt, sondern, sofern man gesund ist, nur zu faul. Es grassieren allerdings eine Menge unzweckmäßiger Meinungen, zum Beispiel die, dass man dazu Tonnen von Gewichten heben müsse. Tatsächlich muss man dazu keinesfalls zwingend ein Fitnessstudio aufsuchen und irgendwelche Hanteln und Kraftmaschinen einsetzen, obwohl man dort gerade am Anfang durchaus recht gute Beratung und Betreuung bekommen kann. Es genügen auch regelmäßige Übungen von erstaunlich geringem Umfang im Alltag, ganz nebenbei. Krafttraining lässt sich mit fünf Übungen einbauen, ohne besondere Trainingszeiten im Terminkalender »freischaufeln« zu müssen. Getreu dem Prinzip von den Wirkungen mäßigen, aber regelmäßigen Trainierens. Es kann so zum ganz selbstverständlichen Teil des Tagesablaufes wie das Zähneputzen oder Duschen werden. Natürlich überschneiden sich Ausdauertraining, Beweglichkeitstraining und Krafttraining bei vielen Bewegungsformen.

Das Fünf-Punkte-Krafttraining

1. Vor dem morgendlichen Aufstehen, noch im Bett, in Rückenlage den Kopf in Richtung Fußspitze anheben und einige Atemzüge lang halten.
2. Während des Zähneputzens die Beinmuskulatur trainieren: Mit geradem Rücken an eine Wand anlehnen, Oberschenkel waagrecht, Unterschenkel im 90-Grad-Winkel dazu senkrecht. Position bis zum Ende des Zähneputzens halten.
3. Im Auto (bitte nur, wenn es die Fahrsituation zulässt, zum Beispiel im Stau) das Lenkrad mit aller Kraft etwa sieben Sekunden lang zusammendrücken und wieder loslassen. Mit dem Motorradlenker an der Ampel die gleiche Übung, indem man mit den Handflächen die Lenkerenden von außen »zusammenschiebt«.
4. Im Stehen oder im Sitzen die Bauchmuskeln und das Gesäß fest anspannen.
5. Beim Tragen einer Tasche oder eines Koffers die Schulterblätter zusammenhalten, den Arm leicht beugen und den Bauch einziehen.

Bei allen Kräftigungsübungen regelmäßig und ruhig weiteratmen und bei der Anspannung besonders auf die Ausatmung achten.

Ausdauertraining

Mit Ausdauer, in der Trainingswissenschaft spricht man auch von Ermüdungswiderstandsfähigkeit, ermüdet man später, bleibt deshalb länger wach und konzentriert.

Schon wer über ein bisschen Ausdauer verfügt, den bringt etwa die Beanspruchung beim Schieben seines Motorrads über ein paar Meter nicht gleich in die Nähe des Sauerstoffzelts, und beim zweitägigen Rennstreckentraining kann er wenigstens die bezahlte Zeit auch abfahren, weil er nicht schon nach den ersten zwei Turns eher reif für eine Kur erscheint als fürs Weiterturnen. Aber auch auf Urlaubsreisen oder Tagesausflügen galt mangelnde Fitness immer schon nicht nur als Spaßbremse, sondern als veritables Sicherheitsrisiko. Bei mangelnder Ausdauer ermüdet man schneller, wodurch man nur allzu häufig mit nachlassender Konzentration und Koordination zu kämpfen hat und zu allem Übel sich auch noch langsamer erholt. Fitnesstraining für bessere Ausdauer ist deshalb für Motorradfahrer mehr als ein putziges Hobby, um den Auftritt am Pool zu optimieren, sondern nicht mehr und nicht weniger als eine Notwendigkeit. Ein bewährter Einstieg zum Ausdauertraining sind drei Läufe in der Woche mit je zehn bis 15 Minuten. Wer dazu keine Lust oder Zeit hat, soll gehen, Treppensteigen oder öfter Rad fahren. Für einen vergleichbaren Trainingseffekt, wie ihn das Laufen bringt, verdoppelt sich dadurch aber der Zeitaufwand. Anzustreben wäre während des Trainings ein Puls von höchstens 180 minus Lebensalter. Wenn das anfangs noch nicht klappt, weil man zu schnell in den roten Bereich »dreht«, lässt man es zwischendurch ruhiger angehen. Für einen ersten Einstieg ist ein Fünf-Punkte-Training geeignet, das sich in den Alltag integrieren lässt. Statt zu laufen, bieten sich natürlich auch andere Bewegungsarten an.

Das Fünf-Punkte-Ausdauertraining

1. Alle Treppen zu Fuß gehen.
2. Treppen zügig hochlaufen.
3. Beim Treppensteigen immer eine Stufe auslassen.
4. Das Auto möglichst oft stehen lassen und stattdessen mit dem Rad fahren oder zu Fuß gehen.
5. Dreimal in der Woche zehn bis 15 Minuten laufen und sich dabei wohlfühlen.

Beweglichkeitstraining
Bewegungen Älterer sind kürzer, weniger weit, im Umfang eingeschränkt. Die Folge sind muskuläre Dysbalancen und oft schmerzhafte Gelenkbeschwerden, denen die Betroffenen durch Schon- und Schutzhaltungen begegnen, womit sie häufig eine Kettenreaktion auslösen. »Frühwarnsysteme« für Beweglichkeitsdefizite sind Halswirbelsäule, Knie und Schulter, weil sich Defizite hier am ehesten ankündigen. Und damit sind wir beim Motorradfahren: Das Wenden des Kopfes für den Kontrollblick beim Spurwechsel, Überholen oder Kurvenfahren, nicht selten unter dem Druck des Fahrtwindes, beansprucht eine unbewegliche, schwache Halswirbelsäule über Gebühr. Auch die Schulter ist ein empfindliches System, weil es alleine durch Muskeln und Bänder und kaum durch Knochenführung stabilisiert wird. Wenn diese Muskulatur und die Bänder erschlaffen bzw. weitgehend abhandengekommen sind und sich dazu noch eine suboptimale Ergonomie gesellt, weil man mit weit vorgestreckten Armen zu den rennsportmäßig angeschellten Lenkerstummeln greift, sind schmerzhafte Probleme programmiert. Drehen und gleichzeitig beugen ist der Horrormechanismus, vor dem jeder Orthopäde schreckhafte Zuckungen bekommt, aber genau diesem Mechanismus, setzen wir auf dem Motorrad die Scharniergelenke der Knie und den Hals dauernd aus. Man kann solchen hier nur skizzenhaft angerissenen Entwicklungen entgegenwirken, und zwar täglich,

Das Fünf-Punkte-Beweglichkeitstraining

1. Schuhe im Stehen binden, ohne sich anzulehnen.
2. Beim Duschen sich am ganzen Körper einseifen, ohne sich abzustützen.
3. Morgens vor dem Aufstehen, noch im Bett: Rückenlage, das eine Knie mit beiden Händen an den Körper ziehen, versuchen, es mit der Nase zu berühren. Das andere Bein bleibt liegen. Einige ruhige Atemzüge lang, im Wechsel.
4. Eine Hand von oben hinter den Kopf führen und versuchen, die von unten geführte andere Hand hinter dem Rücken zu berühren. Einige Atemzüge lang, im Wechsel.
5. Auf einem Stuhl sitzend die Hände hinter dem Kopf verschränken und den Oberkörper ganz langsam (nicht wippend) nach rechts und nach links drehen. Mit jeder Ausatmung ein wenig mehr drehen.

indem man den Bewegungsraum seiner Gelenke im Rahmen der physiologischen Möglichkeiten ausnützt – also dadurch, dass man seine Beweglichkeit aktiv so gut wie möglich erhält. Wer rastet, der rostet. Je weniger man seine Beweglichkeit ausnutzt, desto steifer wird man. Wer dagegen seine Beweglichkeitsfitness durch Stretching, Yoga, Aerobic oder Gymnastik fördert, profitiert davon körperlich und seelisch und durch entspanntes, weil bewegliches Motorradfahren.

! Alle Trainingsziele, für deren Erreichen man nicht bereit ist, bei der nächsten Gelegenheit etwas zu tun, sind nichts als mentaler Ballast

6. Risiken und Beanspruchung

Risiken

Motorradrennfahrer lassen sich, gefragt nach ihren Berufsrisiken, halb ironisch, halb ernst gemeint, gerne mit dem Spruch zitieren, ihnen sei das Fahren im Straßenverkehr viel zu riskant. Risiken auf der Rennstrecke seien dagegen einfacher kalkulierbar als im alltäglichen Verkehr mit seinen vielen Teilnehmern vom Kleinkind über den Berufskraftfahrer bis zum gehbehinderten Greis und deren unterschiedlichen Bewegungs- und Reaktionsgeschwindigkeiten oder Kenntnis- und Fähigkeitsniveaus. Aber nicht nur hinsichtlich der Einschätzung der Risiken auf dem Motorrad durch andere Verkehrsteilnehmer im öffentlichen Verkehr, auch als Verkehrsmittel nährt das Motorrad Vorbehalte. Nicht wenige Fachleute hegen ernsthaft Zweifel daran, dass ein Einspurfahrzeug, das in Schräglagen bis über 45 Grad um Kurven bewegt werden muss, heute als Fahrzeugtyp überhaupt noch Gnade vor den Augen einer Zulassungsbehörde finden würde.

Vielleicht schwingen ja auch solche Vorbehalte oder wenigstens eine gehörige Portion Skepsis bei der Frage mit, die jeder Motorradfahrer kennt: »Motorradfahren, ja ist das nicht viel zu gefährlich?« Nicht selten glaubt man als Motorradfahrer, aus solchen Fragen Verwunderung darüber herauszuhören, dass man als prinzipiell vernunftbegabter Mensch sich so etwas überhaupt antut. Vermutlich sind solche Vorbehalte aber durch alltägliche Eindrücke und Bilder geprägt, die viele so von Piloten, Kletterern, Tauchern oder Geländereitern kaum mitbekommen.

Motorradfahrer dagegen, denen es vor nichts zu grausen

scheint, gehören zum Verkehrsalltag. Sei es, dass sie sich im Meterabstand hinter der Vierrad-»Konkurrenz« abartig zügig über die Autobahn beamen oder durch viel zu riskante Überholmanöver in der Öffentlichkeit ein Bild von risikoversessenen Speedfreaks abgeben. Die Boulevardpresse scheint angesichts solcher Vorurteile nicht hintanstehen zu wollen und macht alljährlich zum Saisonauftakt Stimmung, gerne mit Aufmachern wie »Jetzt rasen sie wieder«. Die entsprechenden Unfallbilder nebst den dazugehörigen Unfallgeschichten bedienen leserwirksam dann oft alle einschlägigen Stereotypen von Motorradfahrern als Rasern auf dem Risiko-Trip.

Dass die vielfach üblichen Motorrad-Typenbezeichnungen, die von Feuerklingen, Schwertern und Kämpfern aus dem Fundus von Kriegsarsenalen stammen, hier gegensteuern, bezweifle ich. Genauso bezweifle ich die Notwendigkeit, Motorräder nach Rennstrecken zu benennen. Man stelle sich nur vor, auch die hier recht zurückhaltende Vierradfraktion würde bei der Namensgebung entsprechend aufrüsten. Willkommen im Krieg der Straße.

Risiko: Schadenshöhe und Auftretenswahrscheinlichkeit

Motorradfahren bringt Risiken mit sich. Angesichts seiner nicht nur konzeptionell, sondern auch technisch bedingten Defizite z.B. hinsichtlich der passiven Sicherheit oder den mit der Einspurigkeit einhergehenden Anforderungen lässt sich dies kaum ernsthaft bestreiten. Genauso unstrittig bleibt andererseits, dass der Bewegung von Menschen in ihrer Welt, ob zu Fuß, in der Bahn, beim Besteigen einer Leiter, dem Fliegen oder wo auch immer allemal Risiken anhaften.

Mancher kommt dabei mit einer bestimmten Wahrscheinlichkeit zu Schaden. So sehr man es sich auch wünschen mag: Risiken lassen sich nie zur Gänze vermeiden. Niemand kann das, selbstverständlich auch nicht auf einem Motorrad. Denn selbst bei trockener und sauberer Straße, ohne Einwirkung anderer, belegen alle Unfallstatistiken Risiken für alle Verkehrsteilnehmer. Ja, wer sich überhaupt körperlich bewegt, gilt als körperlich risikogefährdet. Der Begriff »Restrisiko« wirkt hier

Schräglage bei Nässe, ein Beispiel dafür, dass tatsächliches (objektives) Risiko um einiges unter dem erlebten (subjektiven) liegen kann. Wer würde diese Schräglage bei Nässe riskieren, obwohl sie, wie man sieht, möglich ist? (Foto: MO)

eher beschönigend als aufklärend. Jedes Restrisiko bleibt halt ein Risiko.

Schachspielern oder Musikern bleiben solche Risiken in aller Regel erspart, welche anderen Arten nichtkörperlicher Schäden sie erleiden, füllt allerdings Bände.

Schadenshöhe und Auftretenswahrscheinlichkeit gelten als die beiden Bedingungen, welche das Maß eines Risikos bestimmen, auf das man sich einlassen kann – oder auch nicht. Geringe Auftretenswahrscheinlichkeit bei geringer Schadenshöhe bedeutet ein zu vernachlässigendes, hohe Auftretenswahrscheinlichkeit eines großen Schadens ein hohes Risiko. Drängler, zwei- oder auch vierrädrig, bei 180 km/h und drei Metern Abstand auf der Autobahn unterwegs, kommen in der Regel ungeschoren davon. Im zwar unwahrscheinlichen, aber doch möglichen Fall der Fälle ist ihnen aber erheblicher Schaden ziemlich gewiss. Risiken, in diesem Falle unnötig wie ein Kropf, geht auch weniger spektakulär ein, wer sein Motorrad »schutzbekleidet« mit Sportschuhen nebst den dazu passenden Socken und Jeans bewegt.

Denn Fuß- und Unterschenkelverletzungen stehen in den Verletzungsstatistiken bei Motorradunfällen ganz oben, weil Motorräder öfter umfallen, als man denkt oder es sich gar wünscht. Wer ordentliche Stiefel und Schutzkleidung trägt, minimiert hier sein Risiko signifikant. Im Falle der Sportschuh-Outfits allerdings steigt die potenzielle Schadenshöhe immens an: »No risk, no fun?«

Wenn aber Risiken schon unvermeidbar sind, scheint es ein Gebot der Vernunft, sich mit ihnen vertraut zu machen. Wer sie leugnet, ignoriert oder schlicht übersieht, bewegt sich auf der Grenze zwischen Verantwortungslosigkeit und Gefährdung. Nur wer seine Risiken kennt, weiß, worauf er sich einlässt, und kann sich durch geeignete Technik und kluges Training darauf einstellen und vorbereiten. So bleiben auch auf einem Motorrad annehmbar gute Chancen, viele Kilometer mit Freude und Freunden seinem Hobby zu frönen.

Objektives und subjektives Risiko

Gustav Schwab beschreibt in seinem Gedicht »Der Reiter und der Bodensee« den Moment, in dem ein Reiter von der tödlichen, ihm nicht bewussten Gefahr erfuhr, in der er während seines nächtlichen Ritts über den nur halb zugefrorenen See schwebte:

Der Reiter erstarret auf seinem Pferd,

...

Es stocket sein Herz, es sträubt sich sein Haar,
dicht hinter ihm grinst noch die grause Gefahr

Ihm wurde im Nachhinein das ungeheure Risiko bewusst, das er mit seinem Ritt eingegangen war. Objektiv existierte dieses tatsächlich. Persönlich, subjektiv hat er es während des Ritts nicht erlebt. Und jetzt kommt der Schock. Irgendwie erinnere ich mich gelegentlich an dieses Gedicht, wenn ich immer wieder Superbike-Freunde auf der Autobahn bei der Hatz hinter Autos erlebe, jenseits von Gut und Böse ... beim »Ritt über den See«, denn sie wissen nicht, was sie tun. In der Sicherheitsdiskussion um das Motorradfahren ist die Unterscheidung zwischen tatsächlichem und erlebtem, objektivem (so ist es) und subjektivem (so sehe ich es) Risiko so fundmental wie weiterführend. Im Prinzip gilt diese Unterscheidung auch für den Umgang mit harmlosem exotischem Gewürm im Urlaub, in dessen Gegenwart sich manche schon in Todesgefahr wähnten. Den Unterschied beim Motorradfahren demonstriert auf das Eindrücklichste die beherzte Kurvenfahrt des Redakteurs der Zeitschrift MO auf nasser Bahn (s. S. 216).

Jeder Betrachter hätte diese Schräglage (subjektiv) kaum für möglich gehalten, und doch ist sie (objektiv) möglich, wie der Fahrer meisterhaft zeigt, mit ganz normalen Straßenreifen, wie er versichert. Der geniale Anbau eines Auslegers mindert das objektive Sturzrisiko und damit wie es scheint auch das subjektive, denn man traut sich mehr Schräglage zu, wenn man dem Ding vertraut. Wer würde sich ohne Ausleger so unverschämt reinlegen?

Vergleichbares erlebt, wer zum ersten Mal mit Rennregenreifen auf eine Strecke geht. In den Genuss von ihrer Nasshaftung kommt erst, wer die Balance zwischen subjektivem und objektivem Risiko neu kalibriert. Das braucht Vertrauen, Überwindung und trotzdem Respekt, den aufbringt, wer sein erlebtes Risiko höher veranschlagt als das tatsächlich vorhandene. Angsthasen übertreiben diese Kalkulation etwas, sie sehen Risiken, wo kaum welche sind, bei Unkundigen und Blauäugigen liegt die Sache andersherum.

Bei vielen Perfektionstrainings auf der vom Sonnenwetter nicht eben verwöhnten Nordschleife machten wir regelmäßig die Erfahrung, dass nach Fahrten im Nassen bei wieder abgetrockneter Strecke kaum Stürze zu beklagen waren, ähnlich wie im Nassen. Das in der Abbildung auf Seite 216 physikalisch augenscheinliche Gleichgewicht öffnet den Blick für das, was den bewussten, subjektiven Umgang mit Risiken rechtfertigt: Das objektive Risiko zu sehen und sein subjektives dazu in Balance zu bringen. Jede Kurvenfahrt auf zwei Rädern ist letztlich ein Beleg für diesen im Sinne des Wortes notwendigen Balanceakt zwischen Fahrphysik und Fahrfaszination, der den Reiz des Motorradfahrens ausmacht.

Dem Prinzip folgend, dass man sich einem Risiko am vernünftigsten zu stellen vermag, wenn man darüber Bescheid weiß und sich deshalb darauf vorbereiten kann, finden sich in den folgenden Kapiteln eine Reihe von häufig auftretenden äußeren, also Umgebungs-Risikobedingungen. Sie zeitigen besonders dann auf dem Motorrad verhängnisvolle Auswirkungen, wenn man ihnen ignorant den gehörigen Respekt verweigert. Innere, mentale Risikobedingungen seien damit keineswegs als nichtig eingeordnet. Aus unrealistischer Selbsteinschätzung, Blickfehlern, Fehlschlüssen oder Angst und Panik sind vermutlich ähnlich gravierende Risiken hervorgegangen wie aus diesen äußeren. Sie wurden in Kapitel 2 schon dargestellt. Auf eine sehr eigenständige und gravierende mentale Bedingung allerdings möchte ich hier doch noch gesondert eingehen, den Schreck.

Das »schreckliche« Trio – Hindernis, Gefahr, Schreck

Jeder ist schon einmal erschrocken, der Schreck ist ihm, wie es so schön heißt, »ins Gebein gefahren«. Gottlob kommt das nicht allzu häufig vor, oder wie stellt man sich Menschen vor, die zehnmal oder häufiger am Tag erschrecken? Sie müssen unter fürchterlichen Bedingungen vegetieren, z.B. in kriegerischen oder ähnlich schlimmen Ausnahmezuständen. Situationen, die einem einen Schreck eingejagt haben, haften lange in der Erinnerung, weil sie einen, dem Alles-oder-Nichts-Prinzip folgend, immer intensiv und nachhaltig berühren. Man kann nicht oberflächlich, ein bisschen oder, wie es zeitgeistig heißt, »ein Stück weit« erschrecken. Schreck greift tief ein und hinterlässt entsprechend nachhaltige emotionale Spuren.

Als Schreckauslöser nennen Fachleute als Erstes unerwartete intensive Ereignisse, mit denen man sich unvermittelt konfrontiert sieht. Sie kommen scheinbar aus dem Nichts, wir erleben sie als bedrohlich, gefährlich, potenziell schädigend. Das auf nächtlicher Landstraße plötzlich querende Reh, der unbeleuchtete, plötzlich vom Scheinwerferkegel erfasste Radfahrer, der unerwartet ausscherende Lastwagen; aber auch ein versetzendes Motorrad oder der plötzlich schlagende Lenker. Solche Situationen signalisieren uns Bedrohung, Schädigung und damit Gefahr. Oft wirken auch Hindernisse im Straßenverkehr wie aufgehende Autotüren, aus Seitenstraßen kommende oder unvermittelt bremsende andere Fahrzeuge als Schreckauslöser.

Schreck ändert Verhalten

Im Schreck ändern wir unser Verhalten, und zwar, auch darüber sind sich alle Fachleute einig, in die ungünstige, beeinträchtigende Richtung. Schreckverhalten unterstützt kaum die konstruktive Bewältigung einer Situation, es macht alles nur schlimmer. Geschehen ist es im Schreck um die fein angepassten und koordinierten Reaktionen zum Bewältigen der hochkomplexen Anforderungen auf dem Motorrad, stattdessen gewinnen die dem genau entgegenstehenden Handlungsmuster die Oberhand. Mit der Schrecksekunde setzt oft sogar eine kurze, in Extremfällen auch längere Handlungsblockade ein. Erschreckende erstarren oder sind wie gelähmt. In dieser Phase beginnt nun zu allem Übel noch Hypersuggestibilität: Erschrockene werden über die Maßen geradezu magisch durch das Schreck auslösende Ereignis angezogen und beeinflusst, sie starren es an, fixieren es.

Und damit nicht genug, schiebt es sich auch noch Format füllend ins Blickfeld, um so den Blick für alternative Wege oder Handlungen zu blockieren. Das Auto, das vor einem voll bremst, explodiert im Schreck förmlich zum XXXXXL-Format und nimmt den vollen Wahrnehmungsraum in Beschlag (vgl. Figur-Grund-Prinzip in Kap. 2).

Alles oder Nichts
Im Schreck blockieren Kontrollverlust und primitive Notfallreaktionen die eigentlich nötigen koordinierten Handlungen. Als würde zwanghaft ein Schalter umgelegt, treten Motorradfahrer dann auf die Fuß- oder greifen in gleicher Weise in die Handbremse, weil sich unter der einsetzenden hohen Erregung erstarrende, panikartige und nicht selten gestörte Handlungsmuster durchsetzen – Alles oder Nichts. So habe ich Teilnehmer bei Motorradtrainings erlebt, die auf die Instruktion, jetzt über das Vorderrad zu bremsen, krampfhaft in die Bremse griffen, ohne wieder loszulassen, und stürzten.

Als typisches Handlungsmuster in Schrecksituationen wird immer wieder ein Zurückfallen in primitive, alte Handlungsmuster beschrieben: Starren auf ein Hindernis, und sei es nur ein Pylon, oder zufahren auf den Linksabbieger statt einen Bogen davon weg oder darum herum zu machen.

Vor einigen Jahren fuhr ich mit dem Rennrad bergab in eine Ortschaft hinein und erlebte in einer leichten Linkskurve all diese Muster, was mich dann aber zum Glück vor einem Queraufprall auf einen VW Käfer rettete. Im Spiegel an der ersten unübersichtlichen Kreuzung der Ortsdurchfahrt sah ich dieses rote Auto, ohne zu bremsen.

Meine Annahme, er müsste mich sehen, war falsch, denn in dem Moment fuhr er in die Straße und stand quer vor mir. Hinten herum schien, wenn überhaupt, noch Platz, beim dazu notwendigen Rechtsschwung bremste ich, besser gesagt, überbremste ich das Hinterrad, geriet dadurch ins Rutschen und ließ vor Schreck die Bremse los, was mir aber half, gut vorbeizukommen. Von außen

Aus ... **... wird bei Schreck schnell ...**

sah es bestimmt aus wie ein tolles Manöver. Der Erfolg war aber zwei Umständen geschuldet: Im Schreck überbremste ich ein Hinterrad, und vor Schreck ließ ich es wieder los …

Antizipieren –
Das »Unsichtbare« zu sehen, vermeidet Schreck

Bei der Beschreibung der Merkmale, die eine Situation schlagartig in eine Schrecksituation kippen lassen, stößt man immer auf dieselben Attribute: Unerwartet, intensiv, überraschend, unvermittelt, plötzlich, gefährlich und bedrohlich. Und aus diesen Merkmalen leite ich auch die Logik der Vermeidung ab: Man muss so fahren, dass die Wahrscheinlichkeit sinkt, solchen Situationen zu begegnen, indem man sie »vorhersieht«, antizipiert. Neben der Trennung zwischen Körpergefühl und Blick (s. S. 32) ist noch die zwischen Realem und Möglichem, Gegenwärtigem und Kommendem wichtig. Obwohl kein Mensch in die Zukunft schauen kann, scheinen doch einige mit einem sechsten Sinn gesegnet. Sie sehen Abläufe und sich anbahnende Entwicklungen kommen, obwohl die eigentlich unsichtbar sind. Zauberei? Keineswegs. Erklären lässt sich das ziemlich schlüssig mit dem Prinzip der Antizipation, nämlich in einer frühen Phase einer Handlungsfolge erkennen, was sie für das Kommende zu bedeuten hat. Antizipation meint damit das Einschätzen von Wahrscheinlichkeiten: »Was wird aufgrund dessen, was ich jetzt sehe, wahrscheinlich gleich geschehen?« Per Antizipation kalkulierte Fahrsituationen sieht man deshalb früh kommen, hat Zeit, früh zu reagieren und zu handeln. Damit reduziert man die Wucht der Überraschung, die mit jedem Schreck einhergeht, und schafft gleichzeitig Voraussetzungen für defensives Fahren. Dahinter steckt eine Wenn-dann-Kalkulation, wie sie jeder Rennfahrer gelegentlich beim Überholen in einer Rechts-Links-Kurve anstellt: »Wenn ich in der Rechtskurve auf gleicher Höhe liege, habe ich für die folgende Linkskurve die bessere, weil kürzere Linie, und bin innen«. Im Motorradalltag finden sich ständig Situationen als Lehrbeispiele für Antizipation. Einige davon finden sich hier:

- **Wenn** man eine Kurve möglichst weit außen anfährt, **dann** hat man bessere Einsicht in das Kommende als ein innen Anfahrender.

- **Wenn** ein Ball auf die Straße rollt, **dann** läuft ihm wahrscheinlich ein Kind nach.
- **Wenn** ein Pkw rechts anhält, **dann** öffnet sich wahrscheinlich gleich die Tür.
- **Wenn** ich hinter einem Bus geradeaus eine Kreuzung überfahre, **dann** sieht mich der wartende Linksabbieger wahrscheinlich nicht, der unmittelbar hinter dem Bus abbiegen will.
- **Wenn** ein Trecker bei Regen aus einem Feldweg kommt, **dann** verteilt er wahrscheinlich Dreck auf der Fahrbahn.
- **Wenn** Erntezeit ist, **dann** steigt die Wahrscheinlichkeit, dass Gras- oder Strohabfälle von landwirtschaftlichen Anhängern auf der Fahrbahn liegen.
- **Wenn** man im Spätsommer morgens in einen Tunnel einfährt, **dann** muss man mit Nässe oder gar Eisplacken auf der Straße rechnen.

! Wer antizipiert, schützt sich vor Schreck

Defensives Fahren

Unerwartetes, Überraschendes, Unvermitteltes, Plötzliches begegnet nur dem, der mit engem Wahrnehmungsraum und -fokus unterwegs ist, der ausblendet. Was dem Unerfahrenen, dem Anfänger Gefahr und Bedrohung signalisiert, aktiviert beim Erfahrenen und Könner zweckmäßige Bewältigungsmuster, weil er viele Situationen schon erlebt und deren Bewältigung so intensiv trainiert hat, dass er sie automatisch, ohne zu überlegen abrufen kann. Defensives Fahren lebt vom Erwartungsmanagement: »Was habe ich jetzt am wahrscheinlichsten zu erwarten, und was muss ich tun, um es zu managen, mich darauf einzustellen?« Daraus ergeben sich für mich vier Trainingsrichtungen für defensives Fahren zum Reduzieren der Wahrscheinlichkeit des Erschreckens.

1. Aktiv wahrnehmen

Mit weitem Wahrnehmungsraum und allen Sinnen präsent fahren. Versuchen, alles, auch im weiteren Umfeld, wahrzunehmen. Vielleicht hilft das Bild vom Leuchtturm, der zwar nicht wahrnimmt; aber durch die ständige Bewegung seiner Lampen aus jeder Richtung gesehen werden kann. Devise ist das permanent wachsame Um-Sich-Herum-Sehen, um im Voraus zu »sehen«, was wahrscheinlich geschehen wird. Wie ein optischer Airbag puffert der Blick mögliche Entwicklungen. Entwicklungen, die sich in bestimmten Situationen anbahnen, lassen sich, wie die obigen Beispiele zeigen, oft schon im Keim erkennen. Es mag zwar übertrieben erscheinen; aber wer sich gelegentlich einen der unzählig über alle Fernsehsender ausgestrahlten Tierfilme anschaut, erkennt die Muster, mit denen Tiere in freier Wildbahn wahrnehmen – immer auf der Hut, es sei denn, es wäre ausdrücklich Entwarnung gegeben.

2. Passiv wahrnehmen

Passiv bedeutet in diesem Zusammenhang, dafür zu sorgen, dass einen die anderen sehen. Mit den Augen der Anderen sehen und mit ihrem Kopf denken nennt man Empathie, die so zum wichtigen Sicherheitsverhalten wird. Das bezieht sich einmal auf eine von anderen zu erwartende Handlung; aber besonders auf die Frage: »Sieht der mich?«.

Sich zeigen, sich sehen lassen, um z.B. folgende Situation zu vermeiden: Hinter einem Bus oder auch nur einem Lieferwagen sieht einen dessen Fahrer oft nicht, und wenn man geradeaus über eine Kreuzung fahren will, sieht einen der Linksabbieger nicht. Im toten Winkel von Autos zu fahren bedeutet ebenso erhebliches Risiko, weil man nicht gesehen wird.

Das sind drei Standard-Situationen, die sich mit passivem Wahrnehmen leicht vermeiden lassen: Dafür sorgen, dass man gesehen wird, was durch entsprechend auffällige Kleidungsfarben noch zu unterstreichen wäre.

3. Geschwindigkeit reduzieren

Beim leisesten Zweifel das Gas tatsächlich wegzunehmen und bremsbereit zu sein gilt als die bewährteste und traditionellste Maßnahme gegen Schreck. Sie verschafft neben der Zeit zur Orientierung auch Raum für Reaktionen und zur Korrektur z.B. der Fahrlinie zum Ausweichen.

4. Automatismen trainieren
Wer Automatismen eingeübt hat, kann in der unerwarteten, plötzlich eintretenden Situation schnell reagieren und dadurch Zeit gewinnen, weil ein zweckmäßiges automatisiertes Handlungsmuster auf Abruf, ohne lange Überlegung zur Verfügung steht, z.B. Bremsen und/oder Ausweichen. Hier sei an den schnellen Zugriff auf die richtige Landkarte oder gar das gut programmierte mentale Navigationssystem (Kapitel 4) erinnert. Neben Zeit gewinnt man durch das Abrufen von Automatismen Gehirnkapazität für bewusstes strategisches Handeln.

! Umfassend aktiv und passiv wahrnehmen, Geschwindigkeit reduzieren und Automatismen abrufbereit trainiert zu haben sind vier Voraussetzungen für defensives Fahren

Fahrbahn-Reibwertsprünge möglich

Jeder Motorradfahrer träumt von griffigen, gleichmäßigen Straßen ohne Überraschungen. Selbst eine gleichmäßig nasse Straße hat ihre Reize, und auch im Gelände kann man sich auf Schotter- und unbefestigten Belägen beim Fahren richtig wohlfühlen. Das Geheimnis dieser Erlebniswelt Straße oder Bahn liegt in der kalkulierbaren, weil homogenen Oberfläche mit gleichbleibendem Reibwert. An der Stelle, wo diese Kalkulierbarkeit richtig auf die Probe gestellt wird, spricht man von Reibwertsprüngen. Nasse Kanaldeckel, Bitumenfugen oder Asphaltflicken können den Reibwert einer Straße und damit die Reifenhaftung schlagartig ändern, wer kennt nicht den schon sprichwörtlichen tückischen Ölfleck?

Öl- und Betriebsmittelrückstände
Öl- und Betriebsmittelrückstände in der Fahrbahnmitte habe ich auf Urlaubstouren nicht nur einmal erlebt. An Bergauffahrten tun sich Lastwagen, zumal beladene, mit dem Vorwärtskommen oft schleppend schwer.

Nicht selten garnieren sie dabei die Fahrbahnmitte mit Öl- und Betriebsmittelrückständen, die sich im Laufe der Zeit zu einer schmierigen Gleitschicht verdichten, die mit Vorsicht zu genießen ist, weil sie für Reibwertsprünge sorgt, die sich beim Anbremsen und Anfahren unangenehm bemerkbar zu machen pflegen. Bei Nässe, ohnehin langsamer unterwegs, kann man sich, so man sie denn rechtzeitig erkennt, auf diese warnend in allen Spektralfarben schillernde Schicht einstellen. Bei Trockenheit erscheint sie aber lediglich trügerisch-harmlos dunkler als die Straße, ist aber trotzdem nicht ohne. Das Überfahren der in Längsrichtung verlaufenden Spur, besonders in Kurven, sollte mit Verstand bei äußerst zurückhaltender Schräglage erfolgen. Auch beim Heranfahren oder Starten an Ampeln richtet man sich als Motorradfahrer tunlichst auf zwei gefährliche Situationen ein, die durch Beläge und die Deformation der Fahrbahn entstehen können.

An Ampel-Kreuzungen bilden sich im Laufe der Jahre oft regelrechte Fahrrinnen aus, die sich unter sommers starker Sonneneinstrahlung durch die stehenden und drehmomentstark anfahrenden Autos auf dem heißen Asphalt zusätzlich eindrücken, wellen und deformieren. Es empfiehlt sich dann, in der Reifenspur an- und abzufahren. Sie ist griffiger, und obendrein liegt sie oft ein bisschen niedriger, was den sicheren Bodenkontakt erleichtert.

Einfahrt in Waldstücke – Nässe und Laub

Einfahrten in Waldstücke auch bei fröhlichem Sonnenschein und nicht nur im Herbst oder gar Winter können mit im Schatten langsamer abtrocknendem Wasser, Tau oder Regen rechte Überraschungspakete bereitstellen.

Man sollte vorsichtiger, defensiver einfahren, als es die Straße in der Sonne zulässt. Ähnliche Überraschungen bieten Tunnels, auch wenn man bei schönstem Wetter einfährt, rechnet man vorsichtshalber mit nassen, im Gebirge auch schon einmal gefrorenen Oberflächen und Belägen.

Kuhfladen und Treckerladungs-Verlust

Nicht nur im Frühjahr und zur Erntezeit verwandeln weniger idyllische Accessoires des Landlebens wie Kuhfladen, verlorenes Heu und Ackerscholle aus Treckerreifen, deren Reibwert gegen Null geht, ländliche Straßen augenblicklich in brandgefährliche Sturz-

Waldstück im Spätsommer (Foto: LOUIS)

fallen für Motorradfahrer. Schon in leichter Schräglage oder (ohne ABS) bei gemäßigtem Griff in die Eisen läuft man Gefahr, zu stürzen. Also gilt vor allem in landwirtschaftlicher Umgebung, an Aus- und Einfahrten von Äckern, Scheunen und Ställen: Tempo raus, Blick weit voraus und defensiv fahren.

Asphaltflicken und Bitumenfugen

Das Ausbessern von Straßen scheint nicht einmal bei uns den gleichen akribischen Vorschriften zu unterliegen, wie sie bestimmt bei deren Neubau befolgt werden müssen. Gelegentlich genügt es offensichtlich, dass zwei Arbeiter, mit einem Kübel Asphalt, einer Schippe und einem Stampfer bewehrt, Löcher flicken. Größere Auswaschungen werden gerne auch mit einer Walze bearbeitet, Risse pflegt man aus einer Gießkanne mit Asphalt ohne Split auszugießen. Das Resultat sind vielfältige Farb-, Qualitäts- und Reibwerterlebnisse. Die besonders berüchtigten, weil bei Nässe richtig glatten Bitumenfugen verlaufen üblerweise in aller Regel

Landwirtschaftliche Ablagerungen ...

... Kanaldeckel ...

... und Schienen als Rutschpad

Risiko durch Reibwertsprünge bei Asphaltflicken

längs zur Fahrtrichtung, was insbesondere beim Überfahren und in Schräglage unliebsame Überraschungen nicht ausschließt. Ähnliches gilt für die mit farbigem Asphalt aufgebrachten Fahrbahnmarkierungen.

Dehnfugen an Brücken

Wer kurz nach Karlsruhe von der A5 auf die A8 Richtung Stuttgart abbiegt, erlebt auf einer Brücke in langer Linkskurve bergauf zwei prächtige, eisenbelegte Dehnfugen schräg zur Fahrtrichtung über die Fahrbahn verlaufend, die man in Schräglage überfahren muss.

Schräglage, eventuell noch gepaart mit Gaswegnehmen, weil man den Stau am kommenden Bergaufstück schon sieht, kann Motorradfahrer hier auf nasser Fahrbahn vor echte Herausforderungen stellen, denn solche Dehnfugen mit Eisenplatten sind rutschig, bei Nässe extrem rutschig. Schräglage, Bewegungen am Gasgriff oder gar Bremsen sollte man hier vermeiden. Besonders, wenn die Fugen je nach Straßenverlauf spitzwinklig zur Fahrbahn verlaufen.

Fahrbahnneigung

Kurven können auch überhöht sein oder hängen, Kreisverkehre, die den Verkehr am Fließen halten, die Einfahrenden gleichzeitig zu mäßigerem Tempo zwingen sollen, fallen nach außen ab, sie hängen. Motorradfahrer kommen dadurch auf ansprechende Schräglagen, was bei Nässe und Betriebsmittelrückständen zu brenzligen Situationen führen kann, denn gerade in Kreisverkehren führt Reifenabrieb durch bremsende und dabei stark einlenkende Fahrzeuge zu einer äußerst prekären Fahrbahnhaftung.

Bei feuchter oder gar nasser Fahrbahn gilt deshalb der Grundsatz vom behutsamen Umgang mit Schräglage – weit vorausschauen! – besonders. Das Motorrad hält man durch Körpereinsatz möglichst aufrecht und bremst, wenn überhaupt, dann hinten. Den Gasgriff bedient man nach dem gleichen Prinzip, das sich auch beim Anfassen roher Eier bewährt.

Schlaglöcher und Absätze, Schienen und Rillen

40% aller innerörtlichen Unfälle passieren auf Straßen in schlechtem Zustand (Schlaglöcher, Risse, Absätze etc.). Die GDV-Statistik (s. Kasten von Ingo Gach in Kapitel 9) belegt dies eindrücklich. Auch Straßen mit Straßenbahnschienen mutieren besonders bei Feuchtigkeit oder Nässe zu üblen Sturz- und Unfallfallen. Im Reibwert kommen sie dann Glatteis nahe, was, kombiniert mit der technisch notwendigen Rillenstruktur, die Vorderräder förmlich »einfängt« und Stürze provoziert.

Beanspruchung

Klima und Wetter – heiter bis wolkig

Motorradfahren gilt zu Recht als eine der klassischen Frischluft-Sportarten. An dieser Einschätzung ändern auch Integralhelm und Leder- oder Textilanzug wenig. Wenn man im Auto fröstelt. dreht man die Heizung etwas höher, auf dem Motorrad hilft oft nur anhalten, um eine zusätzliche Jacke überzuziehen.

Bei Regen schaltet man im Auto den Scheibenwischer an und fährt, vielleicht etwas langsamer, weiter. Auf dem Motorrad gilt es, auf Regenkonditionen umzustellen, im einfachsten Fall, wenn man schon wasserfest ist: Handschuhstulpen unter die Ärmel, Kragen abdichten.

Wind von vorne spüren im Auto nur sensible Naturen, auf dem Freisitz beutelt es den Kopf schon mal, genauso wie bei Seitenwind, mit dem man zu Zeiten eines VW Käfer, zumindest bei schneller Fahrt auf der Autobahn, noch um den Verbleib auf der Fahrbahn zu kämpfen hatte und dem man in modernen Autos mit kaum merklichem Gegenlenken locker begegnet. Auf einem voll verkleideten Tourer auch ohne volle Beladung erlebt man Seitenwind gelegentlich völlig anders denn als frische Brise oder nette Abwechslung.

Wind

Je nach Windrichtung tut man gut daran, sich darauf einzustellen. Seitenwind bei schneller Fahrt mit einem großflächig verkleideten Motorrad kann, besonders in Schräglage in schnellen Autobahnkurven, aber auch beim Fahren über Brücken unangenehm oder sogar gefährlich sein, weil er einen in Schräglage drücken oder aus der Kurve heraustreiben kann. Beim Überholen von Lastzügen mit hohem Geschwindigkeitsüberschuss kommt es nicht nur bei Seitenwind zu »Windstößen« zwischen den Lkw, die das Motorrad ins Pendeln bringen können. Gegenwind sorgt im Vergleich zu Seitenwind weniger für überraschende, eher für gleichförmig ermüdende Wirkungen. Das Gegenhalten ermüdet Hals und Nackenmuskulatur mit Ausstrahlung auf Rücken und Krampfgefahr bis in die Hände. Rückenwind erlebe ich immer wieder als ein Geschenk, weil das Fahren dabei leicht anmutet, das Geräuschniveau sinkt und sich alles beruhigt. Nebenbei reduziert sich noch der Spritverbrauch, der bei langen Gegenwindetappen ganz beträchtlich ansteigen kann. Natürlich variieren diese genannten Effekte mit unterschiedlicher Windstärke.

Regen

Regen und nasse Fahrbahn gelten nach meiner Erfahrung bei Motorradfahrern als das am meisten gefürchtete Risiko, was viele davon abhält, bei Regen überhaupt zu fahren, weil ihnen die Veränderung des Reibwerts der Straße, die an Griffigkeit verliert, schlicht als bedrohlich erscheint. Die Abbildung auf Seite 232 wirkt in dieser Hinsicht auch nicht gerade beruhigend. Und doch reduziert sich der Reibwert bei Weitem nicht in dem Umfang, wie üblicherweise befürchtet, wie auch das Foto auf Seite 216 eindrücklich demonstriert.

Natürlich gibt es Straßenbeläge, die bei Nässe nicht eben dazu einladen, mit dem Motorrad darauf zu fahren, wie etwa mit Blaubasalt gepflasterte Straßen; aber man kann sich in seiner Fahrweise darauf einstellen, indem man langsamer und ruhiger fährt. Bremstests mit ABS-gerüsteten Motorrädern zeigen im Schnitt einen weniger als 10% längeren Bremsweg, was vielleicht die Einschätzung der Rutschgefahr relativieren kann. Neben der Reibwertänderung scheint mir die Änderung der Sicht, insbesondere bei aufsprühendem Regenwasser und bei Regen in der Dunkelheit, wo sich Lichter im Straßenbelag spiegeln und damit lebhafteste optische Irrlichter produzieren können, als viel gravierenderes, weil oft unterschätztes Risiko.

Um sich bei Regen wohlfühlen zu können, braucht es entsprechende Kleidung, die vor Nässe, Auskühlung und damit Unbehagen schützt. Im heutigen Goretex-Zeitalter sollte das Finden geeigneten Materials kein Problem mehr sein. Wasserdichte Handschuhe, die sich nicht vollsaugen und damit eine uneingeschränkte rutschfeste Bedienung am Lenker sichern, tun ein Übriges. Neuralgische Stellen sind aber immer wieder die Übergänge am

Herausforderung nasse Fahrbahn (Foto: MO)

Hals und zwischen Ärmeln und Handschuhen. Handschuhstulpen unter die Ärmelbündchen und, das habe ich diesen Sommer mit gutem Erfolg ausprobiert, ein Handtuchvlies (Outdoor-Zubehör) um den Hals haben sich als Maßnahmen bestens bewährt, und im Verein mit wasserdichten Stiefeln steht dem Fahrvergnügen oder wenigstens -versuch im Regen nichts mehr im Weg (siehe auch Kapitel 3).

Licht – bringt es an den Tag

Dunkelheit als Risiko-Falle

Auf nächtlichen Straßen, selbst wenn sie beleuchtet sind, steigt das Unfallrisiko für Motorradfahrer um 70%, um sich auf unbeleuchteten noch einmal zu verdoppeln und mit der Gefahr einer Kollision mit Wild um das Vierfache anzusteigen. Dies sind einige Ergebnisse einer Studie von Per Ole Wanvik, der 763 000 Unfälle auf niederländischen Straßen im Laufe von 20 Jahren untersuchte. Bedenkt man die Landschaftsstruktur der Niederlande im Vergleich zu Deutschland mit ungleich höherem Waldanteil in Mittelgebirgslandschaften, so lässt sich unschwer hochrechnen, welches Unfallrisiko Motorradfahrer auf nachts unbeleuchteten Landstraßen hierzulande eingehen. Neben Gefahren durch Wildwechsel, Fußgänger am Straßenrand und unbeleuchtete Radfahrer komplettieren noch wechselnde, gelegentlich nasse Straßenbeläge das Risikoszenario. Beim einzigen Nachtrennen der Straßen-Motorrad-Weltmeisterschaft führen Regen und nasse Fahrbahn zum Rennabbruch, nicht wegen der Nässe, sondern wegen der nicht mehr akzeptablen Sichtverhältnisse durch Spiegeln und Streulicht. Letzteres wird im Alltagsbetrieb durch zerkratzte und trübe Helmvisiere noch verstärkt, die zu erheblichen riskanten Sichtproblemen führen, die sich bei Dunkelheit noch weiter potenzieren.

Überraschungen in Tunnels

Als es auf der Fahrt in die Türkei auf dem Landweg noch den berüchtigten Autoput durch Jugoslawien über 1000 Kilometer zu bewältigen gab, habe ich meinen VW Käfer in einem der zahllosen Tunnels etwas ablackiert. Ich war schlicht und einfach im Blindflug eingefahren, denn meine Augen hatten sich von der gleißenden Sonne nicht so schnell an die Dunkelheit des Tunnels angepasst. Jeder, der zu spät kommt und im dunklen Kino einen Platz sucht, erlebt Ähnliches, um festzustellen, dass Minuten später der volle Überblick vorhanden ist. Hell-Dunkel-Adaptation nennen es die Fachleute. Feuchtigkeit, Nässe und im Gebirge nicht selten Eis, auch wenn man an Winter gar nicht denkt, sind weitere Überraschungen, die bei einer Tunneleinfahrt einkalkuliert sein wollen. Selbst wenn alles trocken aussieht, in Lawinenüberbauungen kann es immer vorkommen, dass streifenweise Wasser über die Fahrbahn geschossen ist, das im Gebirge, auch im Früh- und Spätsommer, gefrieren und unangenehme Reibwertsprünge produzieren kann, die dadurch noch riskanter werden, dass das Fahrlicht von der Dunkelheit förmlich aufgefressen wird. Ich kenne Kameraden, die in solchen Tunnels regelrecht eine Art Platzangst überkommt.

Gegenlicht

Tiefstehende Sonne nach Kehren/Kurven kann plötzlich von vorne blenden. Dass die Sonne morgens und abends tief steht, weiß jeder, Autohersteller tragen dem selbstverständlich Rechnung, indem sie in ihre Produkte, sogar in die minimal ausgestatteten, eine Sonnenblende einbauen, die sich sogar zur Seite der Sonneneinstrahlung klappen lässt. Dass es inzwischen auch einige Motorradhelme mit eingebauter Sonnenblende gibt, wissen wir genauso. Allerdings halte ich es schlicht für einen Skandal, dass dies nicht obligatorisch ist. Die Begründung vollzieht jeder nach, der schon einmal frühmorgens oder nachmittags Serpentinen gefahren ist: U. U. schlagartig bekommt man von vorne die Sonneneinstrahlung, wenn man Pech hat mit ebenso schlagartigem Sichtverlust, den man zwar mit einer Schatten spendenden Hand sofort ausgleichen kann; aber dann ist man eben einhändig unterwegs, was in Schräglage, bergauf mit Gepäck und Sozius, bei Gegenverkehr u.s.w. nicht nur die reine Freude aufkommen lässt. Es ist schlicht gefährlich. Das

← **Licht im Dunkel – Überraschung Tunnel** (Foto: Großhans)

↓ **Schattenwelt: die beiden Radfahrer im Schatten sind schwer erkennbar** (Foto: Zeitschrift TOURENFAHRER)

wussten auch schon früh die Veranstalter der Rennen auf dem Mountain Course der Isle of Man und instruierten die Rennfahrer in einem Merkblatt entsprechend: »Remember that the sun can be tricky (a) in the mornings from Kirk Michael to Ramsey and (b) in the evenings from Quarterbridge to Ballacraine and again at the Gooseneck« (Aus: Klassik Motorrad 6 2009). Wohl dem, der heute eine eingebaute Sonnenblende herunterklappen kann. Hier sind die Helmproduzenten in der Pflicht, denn diese Technologie ist machbar, bezahlbar und überfällig. Niemand würde sich heute trauen, ein Auto ohne Sonnenblenden anzubieten oder einen Piloten ohne Sonnenbrille und -blende fliegen zu lassen.

Kontraste

Einfahrt in ein lichtes Waldstück im Sommer, wo auf der Straße die harten Schatten der Bäume mit den gleißend hellen Sonnenstreifen dazwischen kontrastieren. Schnelle Hell-Dunkel-Wechsel sind für die Augen unangenehm bis schmerzhaft, auf jeden Fall störend, weil sich das Auge nicht hinreichend anpassen kann. Kniffliger kann es noch dadurch werden, dass schnell wechselnde Licht-Schatten-Kontraste und obendrein (f)liegendes Laub je nach Jahreszeit sowohl an unser Sehen als auch an die Haftung der Reifen zusätzliche Anforderungen stellt.

Temperatur – heiß bis klamm

Motorradfahren, zumal längeres auf einer Tour, beim Renn- oder Sportfahrertraining, kann man getrost als sportliche Ausdauerbeanspruchung einordnen, mit allen sich daraus ergebenden Anforderungen und Folgen. Vor besondere Herausforderungen stellen dabei gelegentlich Temperaturschwankungen zwischen Hitze und Kälte. Jeder, der schon einmal auf dem Weg ans Mittelmeer die Alpen überquerte, weiß ein Lied davon zu singen. Kleidungshersteller, die vernünftige Angebote auf den Markt bringen, finden im Segment klimaregulierender Funktionskleidung nicht umsonst aufgeschlossene, dankbare Kunden, die Auskühlen und Schwitzen bei Temperaturschwankungen nicht mehr so unmittelbar am eigenen Leib erleben wollen. Mit beidem sind wir bestens vertraut, und doch würden wir gern darauf verzichten. Auskühlen führt über kurz oder lang zu sensorischen Einschränkungen, im Allgemeinen besser bekannt als klamme, steife oder stellenweise sogar taube Finger, von Füßen, die wie Eisklumpen in den Stiefeln stecken, gar nicht erst zu reden. Beides kann sich wegen der eingeschränkten, aber notwendigen Sensibilität zur Bedienung am Lenker oder den Pedalen zu einem erheblichen Sicherheitsrisiko auswachsen. Schwitzen, die andere unmittelbar erlebbare Auswirkung von Temperatur, nährt, außer vielleicht in der Sauna, auch nicht gerade den Traum vom Motorradfahren. Wer jemals auf dem Motorrad gegen Hitze und Auskühlen gekämpft hat, kennt aber auch die damit einhergehenden emotionalen Begleiterscheinungen, die mit der Zeit anstrengen, weil sie Leistungsfähigkeit und vor allem -bereitschaft langsam, aber stetig beeinträchtigen. Dank moderner klimatisierender Funktionsgewebe könnte man heute besser denn je in der Motorradgeschichte ganzjährig fahren, außer vielleicht bei Schnee oder glatten Straßen. Trotzdem scheint mir die Zahl der Ganzjahresfahrer eher ab- als zuzunehmen. Neben ihren körperklimatischen und emotionalen Wirkungen haben Hitze und Kälte aber auch noch Auswirkungen auf unsere Körperfunktionen, die man freilich erst spürt, wenn entsprechende Symptome auftreten, anfangs nur diffus, aber mit der Zeit schon recht markant. Die Rede ist von Konzentrationsabbau, Ermüdung, Schwächegefühl, Kopfschmerz oder Krämpfen. Als markante Auslöser dafür gelten Flüssigkeitsmangel (Dehydration) und Unterzuckerung (Hypoglykämie) durch Flüssigkeits- und Kohlehydratmangel. Hier geht es nicht mehr nur um Komfort-, sondern um handfeste Sicherheits-, weil Leistungseinbußen. Obwohl der Flüssigkeits- wie auch der Zuckerhaushalt unseres Körpers ein wunderbar reguliertes Geschehen ist, von dem wir normalerweise nichts mitbekommen, können sich durch sportliche Beanspruchung, Stress, Alkohol oder das Auslassen von Mahlzeiten Mangelerscheinungen über die genannten Symptome körperlich bemerkbar machen. Bei Beanspruchung geht das oft schneller, als einem lieb sein kann.

Flüssigkeitsmangel – Dehydrieren

Ordnet man Motorradfahren als Ausdauerbeanspruchung ein – wenn es nicht gerade Geländefahren ist, eher mäßig als intensiv –, kann man es ohne weiteres mit Joggen vergleichen. Und dabei, so weiß man, produziert der Körper je nach Trainingszustand und Tempo pro Stunde leicht einen Liter Schweiß, also Flüssigkeit, die ersetzt werden muss. Wissenswert ist dabei, dass schon ein Volumenverlust von 1–2% des Körpergewichts, bei 85 kg Körpergewicht wären das 0,85 bis 1,7 Liter, die Leistungsfähigkeit messbar einschränkt, bei 3–6% Volumenverlust gehen Sportmediziner gar von 30% aus. Man sollte – je nach Körpergewicht und Verfassung – einen Flüssigkeitsbedarf von ca. 0,5 Liter pro Stunde kalkulieren, um nicht zum rollenden Sicherheitsrisiko zu werden. Dass Schwitzen mit Flüssigkeitsverslust einhergeht, ist eine Binsenweisheit, dass aber eben dieser Flüssigkeitsverlust solch gravierende Einschränkungen im Konditionellen und Koordinativen auslöst, sollte man sich klarmachen.

Die meisten Motorradfahrer führen sich während ihrer Touren zu wenig Flüssigkeit zu und gehen damit, unterstützt durch im Sommer zwangsläufig oft recht warme Sicherheitskleidung, ein nicht zu unterschätzendes Risiko ein. Aus der Tauchmedizin ist das Sicherheitsrisiko der Überhitzung bei Tauchern bekannt, die ihre Anzüge zu lange tragen, bevor sie ihren Tauchgang im (kühlenden) Wasser beginnen, und so durch Schwitzen übermäßigen Flüssigkeitsverlust erleiden. Die Analogie zum Motorradanzug scheint hier recht naheliegend. Trinkzurückhaltung schutz- und sicherheitsbekleideter Motorradfahrer scheint angesichts des damit verbundenen Aufwands zum Trinken: Anhalten, Helm abnehmen (Vorteil Klapphelm!) etc. ohne Frage verständlich, vom notwendigen Stopp für situationsgemäßes Entsorgen gar nicht zu reden. Aus eigener leidvoller Erfahrung weiß ich aber zweierlei: Seiner Motorradkleidung nur für ein paar Momente zu entsteigen, ist sicher lästig. Als viel lästiger allerdings habe ich es erlebt, wenn einen jemand mit der Schere davon befreien muss. Und das ist der Punkt: Flüssigkeitsmangel ist ein gravierender, um nicht zu sagen bedrohlicher Mangelzustand. Aus der flug-, tauch- und höhenmedizinischen Forschung gilt es als gesicherter Sachverhalt, dass Flüssigkeitsmangel zu massiven körperlichen und mentalen Leistungseinbußen führt. Konzentrationsabbau, Reaktionsverlangsamung, beeinträchtigtes Entscheidungsverhalten gehen dabei mit zunehmender Ermüdung oder gar Erschöpfung einher. Wenig bedacht wird übrigens oft, dass auch bei kühlen Temperaturen und Kälte der Schweiß fließt. Alkoholgenuss und Kaffee dehydrieren zusätzlich, was Kaffee als ein gängiges Pausengetränk und ein »Bierchen«, das für viele auch beim Motorradfahren zum guten Ton gehört, wie sich bei vielen Treffen und Veranstaltungen beobachten lässt, in gänzlich anderem Licht erscheinen lassen.

Zu sich nehmen sollte man die notwendige Flüssigkeit in kleinen Portionen, wenige Schlucke, dafür öfter, weil sonst das Nass allzu schnell wieder entsorgt wird. Spätestens beim Tanken sind deshalb Fahrer und Motorrad dran, Benzin bzw. Wasser nachzufüllen. Beschränkt man sich allerdings auf die Tankstopps zum Trinken, läuft man naturgemäß Gefahr, auf einmal zu viel zu trinken und damit den natürlichen Kreislauf anzuregen. Lernen kann man in diesem Zusammenhang von Sechs-Tage-Radprofis, die, um ihren Flüssigkeitshaushalt zu pflegen, alle paar Runden ein von einem Pfleger bereitgehaltenes Flaschchen austrinken, um es während der Fahrt sofort wieder zurückzugeben.

Unterzuckern – Hypoglykämie

Mit der Regulation des Blutzucker-(Glukose-)Spiegels verhält es sich wie mit anderen Körperfunktionen auch, man merkt nur etwas davon, wenn es zu Störungen kommt, die in diesem Falle aber auch schleichend wirksam werden. Unser Blut hat einen natürlichen Zuckerspiegel oder Glukosegehalt, der wie der Wasserhaushalt einer feinen Regulation unterliegt. Wenn dieser absinkt, spricht man ab einer bestimmten Schwelle von Unterzuckerung oder Hypoglykämie. Dass dieser Zusammenhang für Motorradfahrer wichtig ist, leuchtet sofort ein, wenn man sich anschaut, welche Auswirkungen eine Unterzuckerung auf das gerade hierauf sehr empfindlich reagierende Gehirn hat: Konzentrationsabbau, Schwächegefühl, Krämpfe, Kopfschmerz und Müdigkeit. Als gängige Ursachen gelten das Auslassen von

Mahlzeiten, Stress, Alkohol und Sportbeanspruchung, womit sich der Bezug zum Motorradfahren zwanglos herstellen lässt: Auf einer Tour oder beim Sportfahrertraining lassen besonders Eifrige aufgrund irgendwelcher Vorgaben – sei es, dass sie noch ein bestimmtes Ziel erreichen wollen, oder dass sie unbedingt noch einen Turn fahren oder etwas schrauben müssen – das Essen schon mal ausfallen. Abends trinken sie gesellig die üblichen Dosen Alkohol und beanspruchen sich tagsüber auf dem Motorrad recht sportlich. Zusammengenommen ergibt das eine Konstellation, die Unterzuckern fördert und damit ein erhebliches Risikopotential darstellt. Mit regelmäßigem fettarmem, aber kohlehydratreichem Essen beugt man Unterzuckern auf bewährte Manier vor.

Wenn man sich die in diesem Kapitel im kurzen Überblick dargestellten mentalen Einflüsse (Schreck), aber auch die äußeren genauer anschaut, erkennt man leicht ein beachtliches Beanspruchungsrisiko aus dem Zusammenwirken verschiedener der angesprochenen Faktoren, aus deren Kombination sich schon eine respektabel gefährliche Mischung ergeben kann. Auf zwei für die Fahrpraxis typische Kombinationen, die durchaus erhebliche Leistungseinschränkungen und -risiken auszulösen vermögen, sei hier besonders verwiesen: Frieren + Flüssigkeitsmangel + Ermüdung + Unterzuckern und Hitze + Flüssigkeitsmangel + Ermüdung + Unterzuckern.

Ermüdung – DIN 33405

Hohe Beanspruchung beim Motorradfahren beeinträchtigt auf Dauer die mentale und körperliche Funktionstüchtigkeit, mit der Folge psychischer Ermüdung und ermüdungsähnlicher Zustände. Gelegentlich gerät man durch die Monotonie in Zustände, die gekennzeichnet sind durch herabgesetzte Wachheit, Schläfrigkeit, Müdigkeit, Leistungsabnahme und -schwankungen sowie Verminderung der Reaktionsfähigkeit. Besonders anfällig wird man hierfür auf langen Autobahnfahrten, auf denen Reizarmut Leistungsbeeinträchtigungen nach sich zieht. Mit gesteigerter, aber ermüdender Daueraufmerksamkeit (Vigilanz) sucht man dann gegenzusteuern, wo vielleicht eine lohnende Pause die bessere Alternative wäre.

Wiederkehrende Anforderungen können auch zur psychischen Sättigung führen, die man als Unruhe, Nervosität, als affektbetonte Ablehnung sich wiederholender Tätigkeiten erlebt: Man kommt einfach nicht mehr weiter, hat das Gefühl, auf der Stelle zu treten. Wenn die Beanspruchung als Folge der Anforderung die individuellen Leistungsmöglichkeiten über längere Zeit überfordert, kommt es zur Erschöpfung. Zur Regeneration bedarf es dann externer Hilfe, beispielsweise eines Sauerstoffzeltes oder diverser Medikamente. In diesem Fall ist also die Regeneration nicht mehr allein aus körpereigenen Ressourcen zu leisten – denken Sie hier nicht nur an Sportler, die erschöpft zusammenbrechen, sondern auch an entsprechende Alarmsituationen im Beruf. Diese Folgen fasst sogar eine DIN-Norm (DIN 33405) zusammen.

! **Regelmäßige Pausen sind zur Pflege von Flüssigkeits- und Kohlehydrathaushalt beim Motorradfahren ein erstrangiges Sicherheitserfordernis**

7. Das passende Motorrad

Die meisten Motorräder durchlaufen nach dem Kauf mehr oder weniger tiefgreifende Veränderungen, weil ihre Nutzer sie auf die unterschiedlichste Weise individualisieren, dem eigenen Geschmack anpassen. Das reicht von rein optischen, ästhetischen Accessoires in Richtung Custom Bike bis hin zur funktionalen Optimierung durch Zubehör wie Armaturen, Scheiben, Gepäcksysteme und vieles andere mehr nach dem Motto, dass Individualität nicht vom Band kommt. Die weitergehende Anpassung des Motorrads an den Fahrer und die Straßen, die er üblicherweise damit unter die Räder zu nehmen plant, Gelände mit eingeschlossen, gilt schon als ein tieferer Eingriff in die Technik eines Motorrads.

Es geht hier um Tuning, das üblicherweise in drei Richtungen zielt: Ergonomie, Fahrwerk und Motor. Wobei im Alltag für Letzteres angesichts des heutzutage ladenfrisch Angebotenen im Vergleich zu Ersteren seltener Bedarf besteht.

Zwei Grunderfordernisse

Ergonomie und Fahrwerk sind alleine schon deshalb recht vernünftige und lohnende Zielbereiche, weil Fahrer sich ja mit recht unterschiedlichen körperlichen Voraussetzungen aufs Motorrad setzen. Wo Differenzen in der Körperhöhe von einem halben Meter und im Gewicht von einem Zentner noch im Bereich der Norm liegen, wäre es einerseits unkomfortabel, andererseits nicht eben Sicherheit fördernd, wenn man hier nur Konfektion in Einheitsgrößen anbieten könnte.

Deshalb sehe ich zwei Grunderfordernisse bei der Anpassung eines Motorrads:

- Ergonomie, die Anpassung des Motorrads an den Fahrer, und
- Fahrwerkseinstellung, angepasst an Fahrstil und die Straßen verhältnisse.

Passung Fahrer – Maschine: Ergonomie

Entscheidungskriterien für die Wahl eines geeigneten Motorrads gibt es zahllose. Da spielt die ins Auge gefasste Fahrstrecke ebenso eine Rolle wie Können und Erfahrung oder welchen Einsatzzweck man plant, Straße oder auch Schotter. Wichtig ist auch, ob man viel alleine oder eher zu zweit unterwegs sein will. Nicht zu vergessen die Kosten nach der Anschaffung, deren Höhe schon so manchem Fahrer beim Kauf von Ausrüstung, Versicherungen, Wartungsarbeiten, Verschleiß etc. die Kinnlade nach unten klappen ließ. Aber auch der Einsatz- und Verwendungszweck will bedacht sein: steht man auf Geschwindigkeit, Alltagstauglichkeit oder Gemütlichkeit, soll das Gerät wartungsarm sein oder mechanisch herausfordernd? Fragen über Fragen. Leichter hat es hier, wer schon seit Jahren von seinem Motorrad – und genau dem – geträumt hat. Eine ganze Reihe dieser Fragen taucht dann kaum auf.

Bei all den Informationen, Überlegungen, Vergleichen und Entscheidungen, die man bei der Anschaffung eines Motorrads bewertet und abwägt, sollte man ein Ziel keinesfalls aus den Augen verlieren, nämlich am Ende auf dem richtigen, dem für einen selbst (für wen denn sonst?) passenden Motorrad zu sitzen. Gut, wenn es einem obendrein auch noch gefällt. Einfach ist das nicht, weshalb es allemal lohnt, sich genügend Zeit zu lassen und nichts zu überstürzen. Ein bedenkenswerter Weg führt zunächst über die Anschaffung eines preisgünstigen gebrauchten Motorrads, mit dem sich die eigenen Bedürfnisse und Interessen im alltäglichen Betrieb ausloten lassen.

Persönliche Wünsche und Vorstellungen konkretisieren sich damit viel entspannter, weil die Bedrohung durch Kratzer und Gebrauchsspuren beim anfangs zwangsläufig weniger sachgemäßen Umgang deutlich geringer erscheint und auch der ängstliche Blick auf den Reparaturetat nicht ständig präsent ist.

Der kleinste gemeinsame Nenner

Ganz gleich, wie man die angesprochenen und noch viele weitere Fragen für sich entscheidet: Mensch und Maschine sollten wenigstens einigermaßen zusammenpassen, denn sonst ist der fahrende Krampf programmiert. Nicht zuletzt geht es dabei auch um ergonomische Anforderungen, für die ich, auch angesichts einer nie gesehenen Angebotsvielfalt, so etwas wie den kleinsten gemeinsamen Nenner für die meisten Motorräder sehe. Und zwar unabhängig davon, ob man sich für einen Supersportler, Tourer, Chopper, Cruiser, eine Enduro oder was auch immer entscheidet. In der Ergonomie geht es um die wechselseitige Anpassung des Menschen an seine Umgebung, seien es Geräte, Werkzeuge, Möbel, Maschinen oder eben Motorräder. Ansprüche haben sich hier gewaltig gewandelt, weil Motorräder hierzulande inzwischen von Transport- zu Sport- und Freizeitgeräten mutierten. Ladekapazität und Verwendungszweck bemessen sich allenfalls

Transportmittel Motorrad (Foto: Dirk W. Köster)

an Urlaubs-, Spaß- und sportlichen Bedürfnissen und nicht mehr an Erfordernissen des Waren- und Personentransports, wie bei uns früher und in den meisten Ländern dieser Erde noch heute. Alleine Honda produzierte beispielsweise in den letzten 60 Jahren 200 Millionen Motorräder, davon gerade einmal 0,5% über 1000 ccm.

Sein Motorrad muss man nicht nur an sich anpassen, um es ermüdungsarm sicher zu bewegen, sondern auch, um persönliche Energie etwa beim Kampf um schmerzfreies Sitzen nicht unnötig zu verschleißen und es obendrein leidlich angstreduziert handhaben zu können. Wenn ich mir so manche Sozien auf Supersportlern anschaue, schwanke ich gelegentlich zwischen ernstem Zweifel oder der Gewissheit, dass da Liebe, nicht zum Motorrad, sondern zum Fahrer ausschlaggebend sein muss. So wie bei dem Pärchen, das ich nachmittags am Fähranleger Zeebrügge auf einer Reise zur Isle of Man mit seiner Honda SP2 traf, einem Superbike reinsten Wassers, auf dem für die Sozia eine Sitzfläche vom Format eines Brotlaibs bei GP-tauglichem Kniewinkel vorgesehen ist. Meine Frage nach der Dauer ihrer 1100 km langen Anreise aus Österreich beantworteten beide unisono, fast ungläubig staunend: Heute morgen losgefahren. »Deine Frau liebt Dich!« entfuhr es mir spontan »Dös woas i eh!«, antwortete der Fahrer entwaffnend und überzeugend zugleich.

Ergonomische Grundbedingungen

Beim passenden Motorrad sehe ich vorab drei ergonomische Grundbedingungen als bedenkenswert:

- Sitzend im Stand erreichen beide Füße den **Boden mit flacher Sohle.**
- Das Motorrad sollte nur so schwer sein, dass es Fahrerin oder Fahrer ohne fremde Hilfe im Stand **angstfrei bewegen** und gegebenenfalls nach einem nicht immer vermeidbaren Umfaller **aus eigener Kraft wieder aufstellen** können. Wer das anfangs nicht schafft, sollte etwas Übungszeit investieren, denn die Fahrzeugbeherrschung im Stand oder nach einem Umfaller ist eine bewährte Eingangsvoraussetzung für den entspannten Umgang mit seinem Motorrad (s. S. 83 ff. u. 203 ff).

Griffe, Hebel, Lenker, Sitz und Rasten einstellen
Grundanpassung und Feinabstimmung zwischen Fahrer und Maschine sind keineswegs nur eine Frage des Komforts, sondern ein vielfach leider geradezu fahrlässig unterschätztes Gebot der Sicherheit. Schon ein ganz einfaches Beispiel belegt dies zwingend: Wen beispielsweise seine nicht ergonomisch optimal eingestellten Bremshebel vor dem Griff in den Bremsgriff zwingen, für den ungehinderten Zugriff erst das Handgelenk an- oder abzuwinkeln, braucht dafür leicht eine halbe Sekunde. Nicht viel (ein Lidschlag dauert eine Drittelsekunde). Meint man! Die Fakten belegen die Auswirkung: Bei einer halben Sekunde Reaktions-Verzögerung aus 100 km/h (= 27,7 m/sec) bleiben beim Auftreffen auf das Hindernis ca. 13 m/sec Restgeschwindigkeit. Macht ca. 45 km/h! Mit großer Wahrscheinlichkeit folgt ein Sturz, was – im günstigsten Fall ebenso wahrscheinlich – mechanische Kaltverformung des Motorrads bedeutet und aller Erfahrung nach erhebliche Verletzungen des Fahrers. Deshalb gilt es, die Hebel so lange zu verstellen, bis man komfortabel und entspannt sitzen, dabei alle auf kürzestem Weg ohne Zusatzbewegung wie Anheben, Vor- oder Zurückschieben oder Anwinkeln erreichen und bedienen kann. Die fünf wichtigsten Systeme, mit denen man zur Optimierung am besten anfängt, sind: Griffe am Lenker, Hebel, Lenker, Sitzbank und Fußrasten.

- **Griffe am Lenker**
  Brems- und Kupplungsgriff in Verlängerung des Unterarms, den Abstand zum Lenker gilt es der Fingerlänge entsprechend so anzupassen, dass man alleine mit Fingerbewegungen gut zufassen kann, ohne sich am Griff bewegen zu müssen.
- **Hebel**
  Der Fußbremshebel befindet sich in Verlängerung des entspannt auf den Rasten ruhenden Fußes, Schalthebel ist zum Hochschalten so eingestellt, dass die Fußspitze problemlos darunterkommt.
- **Lenker**
  Um den Lenker anzupassen stellt man das Motorrad am besten auf den Hauptständer. Falls nicht vorhanden, hält eine zweite Person von hinten das Motorrad an der Sitzbank senkrecht oder man bedient sich eines Montageständers. Die Knie liegen

am Tank und die Hände umfassen bei leicht gebeugten Armen locker die Griffe. Die Schultern sind entspannt und der Lenker lässt sich, nur aus den Amen heraus, eine Handlänge hin und her bewegen. Findet sich diese Position nicht auf Anhieb, gilt es, zu verstellen. Möglichkeiten gibt es einige, allerdings nicht bei allen Motorrädern: Lenker nach vorne oder hinten kippen, Lenkerhöhe und/oder Abstand verstellen, indem man Lenkerblöcke einbaut, die Kröpfung so verändern, dass die Handgelenke seitwärts nicht unbequem abgewinkelt sein müssen. Dazu lassen sich an einigen Modellen die Lenkerhälften verstellen. Manches Mal hilft es nur, einen anderen Lenker zu montieren. Meine Faustregel: Die Lenkerstellung passt, wenn die Hände wie von selbst die Griffe zu fassen kriegen, sobald man auf dem Motorrad sitzt.

- **Sitzbank**
  Auf dem stehenden Motorrad hat man mit voller Sohle bei leicht gebeugten Beinen Bodenkontakt. Das gibt Sicherheit und Reaktionsmöglichkeiten, wenn das Motorrad aus welchen Gründen auch immer sich langsam in Schräglage verabschiedet, z.B. weil einem beim Wenden der Motor abstirbt. Dabei sind die Beine so weit gebeugt, dass man das Motorrad ohne Hilfe der Hände am Lenker ein paar Grad hin und her neigen kann.
  Die Polsterung darf nicht zu hart sein; aber zu weich wird sie

Sitzhöhe optimal (Fotos: Uli Daschinger)

Sitzhöhe unsicher, weil zu hoch

Komfortable Position auf dem Motorrad. Ergonomiedreieck Lenker, Sitzbank, Fußrasten (Foto: MOTORRAD)

mit der Zeit auch unbequem, weil man zu wenig Halt im Polster hat. Die Neigung kann einen entweder nach vorne schieben, was man durch auf Dauer ermüdenden Gegendruck zu kompensieren versucht, oder nach hinten, wodurch das Becken kippt, was Schmerzen in der Lendenwirbelsäule und am Steißbein auslösen und damit auf den Körper ausstrahlen kann. Kanten sind hilfreich, um den Druck darauf in Kurven und beim Einlenken zu spüren und aufbauen zu können, zu viel und zu hoher Druck, insbesondere punktuell, kann einem die schönste Fahrt allerdings nachhaltig vermiesen.

- **Rasten**

  Der Kniewinkel sollte so komfortabel sein, dass man nirgendwo Druck oder gar Schmerzen spürt. Natürlich darf der Anzug (in den Kniekehlen) nicht kneifen oder (an Hintern, Rücken und Schultern) spannen. Rasten lassen sich in der Höhe anpassen und in ihrer Position nach vorne und hinten verschieben. Rutschfest sollte sie sein, denn es ist nicht nur unnötig, sondern recht gefährlich, bei Regen auch noch abzurutschen, denn wer nicht in den Rasten steht, kann das Motorrad nicht mehr beherrschen.

Ergonomiedreieck

Verbindet man mit gedachten geraden Linien Lenkerenden, Sitzfläche und Rasten, entsteht ein oft gleichschenkeliges Dreieck, das Ergonomiedreieck, das als Voraussetzung für ein gutes Draufsetzen- und Wohlfühlen-Erlebnis gilt.

Abweichungen von dieser Relation des Ergonomiedreiecks sind je nach Einsatzzweck durchaus möglich und denkbar. Wer beispielsweise Straßenrennen gewinnen will, wird den Komfort bis zu einem gewissen Grad und für die Zeit von Training und Rennen der Aerodynamik unterordnen. Dieter Braun, der zweifache Weltmeister, einmal in der 125-ccm-Klasse, ist beinahe 1,90 Meter groß und hatte sich offensichtlich mit Erfolg hinter der Verkleidung so klein gemacht, dass die Konkurrenz das Nachsehen hatte – und ihn oft von hinten sah. Dass er sich dabei immer komfortabel gefühlt hat, bezweifle ich schon.

Wer Wüsten-Rallyes bestreiten will, richtet sich, in Abhängigkeit von der täglichen Arbeitszeit, auch entsprechend ein, zumal dort überwiegend im Stehen gefahren wird. Und die Erfinder des Choppers cruisten, dem Easy Rider-Feeling auf der Spur, über US-

Windvermeidung: Stromlinienposition (Foto: 2snap)

Chopper: Bitte viel Wind! (Foto: Harley-Davidson)

Highways, wo bei Temperaturen jenseits von Gut und Böse Kurven etwa so häufig vorkommen wie Pinguine. Luft in jeder Form ist da sehr herzlich willkommen.

Als Autofahrer, und das sind ja die meisten Motorradfahrer, kann man ob solcher Überlegungen und Erfordernisse zur Ergonomie nur ungläubig die Stirn runzeln. Bieten doch Autohersteller heute selbstverständlich an ihren Produkten schon in der Einsteiger- Preisklasse Verstellmöglichkeiten, die auf Knopfdruck oder allenfalls mit einigen Handgriffen, aber mit Sicherheit ohne Werkzeug oder gar Zusatzinvestitionen zu bewerkstelligen sind. Das gilt fürs in jeder Ebene verstellbare Lenkrad, für Sitze und Lehnen. Alleine im Fahrersitz einer Mittelklasse-Limousine justieren mehr als eine Dutzend Stellmotoren mit fast schon verwirrenden Optionen. Bis hin zu abblendbaren oder gar automatisch abblendenden Spiegeln bieten Autobauer alles Erdenkliche an, um den Fahrer optimal zu positionieren und seine perfekte Passung zum

Fahrzeug zu unterstützen. Verglichen damit, bietet auch heute noch die weit überwiegende Mehrzahl der Motorradhersteller geradezu archaisch anmutende Einschränkungen. Gedacht wird hier offensichtlich nach dem Prinzip, dass Motorradfahren Herausforderungen für die Anpassungsfähigen und -bereiten, die Harten mit gesunder Bereitschaft zur Eigenleistung bieten muss: Sitzbank zu hoch? Wofür gibt es schließlich Spezialisten? Lenker zu weit weg? Motorradfahren ist halt Sport! Bremsen mit Antiblockiersystem? Etwas für Warmduscher und Frühbucher. Stellen Sie sich als Autofahrer nur vor, diese Ratschläge würden Ihnen heute gegeben. Undenkbar. Zugegeben: Auch bei Motorrädern sehen wir in den letzten Jahren, wenigstens bei einigen wenigen Herstellern, inzwischen ergonomische Anpassungsmöglichkeiten, die schon einiges viel leichter machen; aber wie sagte der alte Cowboy auf die Frage nach seinem Befinden? »Thanks fine, but here is still room for improvement.«

! **Griffe, Lenker, Sitz, Fußrasten und Höhe an seinem Motorrad gilt es so lange zu verstellen, bis man gut und entspannt darauf sitzt, alle Hebel auf kürzestem Weg ohne Zusatzbewegung fassen und den Boden bequem mit voller Sohle erreichen kann**

Passung Maschine –Straße: Fahrwerk

Das Fahrwerk eines Motorrads muss den Fahrer, gelegentlich mit Gepäck, tragen können und die Kräfte des Motors so auf die Straße übertragen, dass das Fahrzeug samt Ladung hinreichend komfortabel sicher zu handhaben und zu lenken bleibt.

Straße und Reifen

Den einzigen Kontakt zwischen Motorrad und Straße bilden die Reifen, weshalb sie in Funktion und Bedeutung als ganz besonders wichtige Komponente des Fahrwerks gelten. Auf einer Fläche jeweils gerade so groß wie ein Handteller verzahnen sich Gummi und Fahrbahn, und zwar umso besser, je griffiger der Gummi und je rauer die Fahrbahn. An kürzeren Bremswegen und höheren Schräglagen erleben wir als Fahrer dann das, wonach jeder, auch jeder Rennfahrer permanent sucht: Haftung auf der Straße, neudeutsch: Grip, möglichst ohne Ende. In den Augen von Reifenexperten stellt sich das Ganze so einfach natürlich nicht dar, wenn sie über Haft- und Gleitreibung mit den jeweiligen Koeffizienten von Flächenpressung und Oberflächengeometrie reden. Mein Sachverstand als Motorradfahrer und damit Reifennutzer kommt im Umgang mit den schwarzen Wunderwerken auch deshalb recht schnell an seine Grenzen, weil die technische Entwicklung rasant voranschreitet. Die Folge dieser technischen Rasanz ist, dass inzwischen nicht nur Kommentatoren und Journalisten an jedem GP-Wochenende mehr über Mischung und Zustand von Reifen reden als über die Fahrer. Selbst Alltagsfahrer hat die Diskussion um Reifen inzwischen in einem Maß eingeholt, wie es noch vor wenigen Jahren allenfalls unter Spitzenrennfahrern üblich war.

Vorbei sind die Zeiten, wo ein Grand-Prix-Fahrer die Wahl zwischen einer Hand voll Profilen und Mischungen hatte. Wie hätten Sie es denn gern, welchen Einsatzzweck planen Sie, trocken, feucht, nass, können Sie sich einen Reifenwechsel nach 800 km leisten oder soll der Gummi zehnmal länger halten? Fragen über Fragen, Meinungen über Meinungen. Nicht zuletzt auch dazu, wie lange man denn bei den heute üblichen Fahrstrecken von wenigen Tausend Kilometern im Jahr einen Reifen nutzen kann, ob und in welchem Umfang er bei jahrelanger Lagerung und Nutzung altert (s. Kasten S. 253).

Ein grundlegendes Verständnis von Reibwert und Reifen erscheint mir hilfreich, gelegentlich gar überlebensnotwendig, weil sie halt schon ein gleichermaßen kompliziert aufgebautes und entsprechend anfälliges oder wenigstens anspruchsvolles wie sicherheitsrelevantes System sind. In meine Faustregel für den Umgang mit Reifen gehen vier Merkmale ein: Verwendungszweck, Alter, Profiltiefe und Druck. Auf dem Superbike, das gelegentlich auf einem Sportfahrertraining laufen muss, steht für diesen Verwendungszweck Haftung als Merkmal eher im Vordergrund als Ver-

Reifenalterung (von Helmut Dähne)

Helmut Dähne, von Beruf PR-Manager, international geschätzter Experte für Motorradreifen, steht für Motorradsport seit 1965. Seit 1972 26 Starts bei der Tourist Trophy auf der Isle of Man, 1976 1. Production Class; 1994 im 26. Rennen Sturz nach persönlicher Bestzeit (19:45, 114,6 Meilen). 1980 3. Endurance WM (Eckert Honda). Seit 1993 Halter des absoluten Rundenrekords Nordschleife Nürburgring: 7:49,72. 1000 km Hockenheim 18 Siege in 30 Teilnahmen. 15 Deutsche Meistertitel, 126 Siege in 372 Rennen (Foto: Futura Video).

Reifen altern. Alles altert. Wir Menschen, Holz, Aluminium, ja sogar Stahl und natürlich auch Gummi. Der Alterungsprozess schreitet allerdings extrem unterschiedlich voran. Gestein überdauert Jahrmillionen, zerbröselt aber doch irgendwann. Wo wird der Prozess offen sichtbar? An der Oberfläche. Nicht anders bei uns Menschen. Manche möchten gerne länger leben, oder anders ausgedrückt, länger gesund leben und testen alle möglichen Anti-Aging-Maßnahmen. Die Mittelchen, die es zu kaufen gibt, sind teuer und helfen einem am allerbesten – dem Hersteller. Anders bei Reifen. Die sogenannten Alterungsschutzmittel (oder auch Antidegradant) sind auch nicht billig, helfen aber enorm. Das sind sehr komplexe chemische Verbindungen, die sowohl flüssig, wachsartig oder auch in fester Form der Gummimischung zugesetzt werden.

Allgemein wird die Wirkungsweise dieser Substanzen wie folgt beschrieben: Alterungsschutzmittel verleihen dem fertigen Gummiartikel einen wirksamen Schutz gegen die verschiedensten Alterungsformen und verlängern so seine Lebensdauer. Man kann durch Auswahl bzw. Kombination von verschiedenen Substanzen einen optimalen Schutz z.B. gegen Ozonangriff, gegen dynamische Ermüdung (Risse in der Lauffläche und Seitenwand) und gegen Regeneration des Gummis durch Temperatur erreichen. Logischerweise müssen die einzelnen Bauteile eines Reifens anders geschützt werden. Dazu ein einfaches Beispiel: Eine Seitenwandmischung braucht einen Schutz gegen Ozon und UV-Strahlen, eine Karkassmischung, die ja im Innern des Reifens ist, braucht diesen Schutz nicht, sondern muss z. B. gegen schädliche Temperatureinflüsse geschützt werden.

Auch beim Reifen ist es die Oberfläche, die als Erstes sichtbar altert, runzelig wird und schließlich zerbröselt. Genauer genommen altert aber der komplette Reifen. Der besteht ja aus unterschiedlichen Bauteilen und Materialien, wie Geweben und Stahldrähten, die ebenfalls altern. Es ist aber hauptsächlich der Gummi, der sichtbar anfällig ist, da er besonders unter den äußeren Einflüssen leidet und dazu noch sehr stark dynamisch (Stauchung, Dehnung, Biegung usw.) und thermisch (Außentemperatur und Reibungswärme) beansprucht wird. Zu den äußeren Einflüssen zählen hauptsächlich das Sonnenlicht und die Atmosphäre.
Wir Menschen schützen uns vor den Folgen intensiver UV-Bestrahlung durch Sonnencreme mit unterschiedlichen Lichtschutz Faktoren und sollten nicht joggen, wenn die Ozonbelastung zu hoch ist. Gummi muss auch vor diesen Umwelteinflüssen geschützt werden. Das machen die beigemischten schon erwähnten Wachse. Die schützen so gut, dass man jahrelang ohne spürbares Nachlassen der Funktion damit fahren kann.
Vielfach wurde und wird das Reifenalter übertrieben in den Mittelpunkt gerückt.Tatsächlich gilt ein Reifen, der jahrelang im Lager ruhte, auch noch fünf Jahre nach seiner Fertigung als neuwertig. Das setzt allerdings voraus, dass er ordentlich gelagert war, nämlich kühl und dunkel. Hat er im Schaufenster gelegen, wird er nach fünf Jahren nicht mehr die Funktion aufbringen wie am ersten Tag nach seiner Fertigung. Stopp! Auch das ist nicht zutreffend. Auch der fabrikneue Reifen haftet noch nicht optimal auf der Straße. Erst nach ein paar hundert Kilometern »Einfahrstrecke« bietet sein Laufflächengummi den maximalen Grip! Der bleibt dann bei normalen Reifen jahrelang erhalten, bzw. baut so extrem langsam ab, dass man noch nach fünf Jahren keinen spürbaren Haftungsverlust bzw. verringerte Highspeedtauglichkeit bemerken würde, wenn der Reifen sich nicht inzwischen abgefahren hätte.
Aus eigener Renn- und Testerfahrung weiß ich, dass Reifen sehr lange funktionieren, wenn sie gut behandelt werden. Rennreifen, deren Laufflächenmischungen auf höchste Haftung optimiert sind und schnell verbraucht sind, brauchen nur wenig Schutzmittel. Sie würden schneller altern, kommen aber gar nicht erst in das Alter, in dem man ein Nachlassen bemerken würde. Sportreifen für den freien Markt haben selbstverständlich Schutzmittel in der Laufflächenmischung. Die öffentliche Diskussion über Alterung bei Motorradreifen ist meiner Meinung nach kräftig überzogen und trägt nicht zur Beruhigung der Motorradfahrer bei.

schleiß: Lieber gut kleben als lange laufen. Tourenfahrer setzen schon deshalb andere Prioritäten, weil sie auf der Urlaubstour nicht neue Reifen aufziehen lassen wollen. Hier zählt ein Kompromiss zwischen Laufleistung und Haftung bei ordentlicher, nervenberuhigender wie sicherheitsförderlicher Nasshaftung.

Als mindeste Profiltiefe sind gesetzlich 1,6 mm vorgeschrieben. Wer sicher unterwegs sein will, beispielsweise auch auf einer längeren Ausfahrt, die ja auf trockener, griffiger Straße schnell ein paar Zehntel abarbeitet, sollte sich auf diese Minimalvorgabe nicht einlassen und spätestens ab 3 mm zu neuem Material greifen. Den Luftdruck entsprechend der Herstellerangaben je nach Beladungszustand und Geschwindigkeit in kaltem Zustand regelmäßig zu prüfen, versteht sich von selbst und leuchtet umso nachdrücklicher ein, wenn man einmal erleben konnte oder gar erfahren musste, wie dramatisch sich das Fahrverhalten und die Fahrsicherheit eines Motorrads mit falschem Reifendruck verschlechtern kann.

Fahrwerk – der Wohlfühlfaktor

Das Fahrwerk soll die Kraft des Motorrads und Kräfte, die auf dieses einwirken, so auf die Straße bringen, dass es eine gute Straßenlage bei möglichst wenig Eigenbewegungen hat. Es soll weder schaukeln noch pendeln, schon gar nicht wackeln, springen oder rühren, vielmehr ruhig und ohne Lenkerflattern seine Bahn ziehen, weil es die Kommandos des Fahrers eins zu eins umsetzt. Es sollte also ruhig liegen und sich handlich fahren lassen. Dass dabei je nach Einsatzzweck mehr oder weniger Komfort angesagt ist, liegt nahe. Alleine schon diese kurze Aufzählung verdeutlicht aber sehr gut, dass Fahrwerkseinstellungen ein Buch mit sieben Siegeln und Spezialisten auf diesem Gebiet nicht umsonst gefragte Experten sind. Ein kaum überschaubarer Zubehör- und Tuningmarkt macht die Sache auch nicht gerade einfacher.

Gewicht

Obwohl heute eine beachtliche Modellpalette von Tourern schon ab Werk recht komfortabel und zweckmäßig mit Gepäcksystemen ausgestattet ist, muss man Tankrucksack, Seitenkoffer,

Motorrad-Fahrwerk – der Wohlfühlfaktor (von Wolfgang Zeyen)

Wolfgang Zeyen ist gelernter Journalist, leidenschaftlicher Motorradfahrer, fährt seit über 25 Jahren Rennen, hat Edwin Weibel und Christer Lindholm als Teamchef bei Ducati Deutschland zu insgesamt drei deutschen Superbike-Titeln geführt. Zeyen betreibt inzwischen in der Rennstadt Adenau in Sichtweite des Nürburgrings eine Ducati-Vertretung mit angeschlossenem Öhlins-Service-Center. Fahrwerkstechnik ist seine Leidenschaft, auch dokumentiert durch sein Buch »Moderne Fahrwerkstechnik«, an dessen Neuauflage der Autor aus der Eifel gerade arbeitet. Wer also mehr über diese Thema wissen möchte, dem sei die »Moderne Fahrwerkstechnik« ans Herz gelegt.

Die Bewegungsdynamik von Zweirädern allgemein und Motorrädern im Speziellen ist eines der komplexesten Themen im Bereich Fahrdynamik überhaupt. Welche geometrischen Parameter helfen, unser Motorrad sicher in der Spur zu halten, wie wir es schaffen, unserem Motorrad in Bereich Fahrverhalten das Optimum zu entlocken und damit vor allem auch uns als Fahrern das Leben so einfach wie möglich zu machen, steht auf den nächsten Seiten.

Warum ein Motorrad nicht umfällt

Das Motorrad ist ein Einspurfahrzeug mit der leidigen Tendenz, im Stand umzukippen. Es muss also irgendwie gestützt werden. Warum aber braucht es schon bei niedriger Fahrt keine Stützhilfen mehr? Die Antwort ist einfach: Bei sehr geringem Tempo – nahe Schrittgeschwindigkeit – sorgt der Fahrer mit seinem Balancegefühlt für die Stabilität der Fuhre. Hier wirken sich nämlich die stabilisierenden Kreiselkräfte der Räder kaum aus.
Mit wachsender Geschwindigkeit nimmt die Verantwortung des Fahrers für die Gleichgewichtslage der Maschine dann ab, weil die Kreiselkräfte und die stabilisierenden Kräfte, die aus der Konstruktion des Fahrwerks resultieren, sowie die Masse des Fahrzeugs inklusive Besatzung und Beladung mehr und mehr das Kommando übernehmen.

Kreiselkräfte – Physiker sagen dazu: »Ein kräftefrei rotierender Körper behält seine Lage im Raum bei.« Und genau das versuchen auch die Räder unserer Motorräder. Sie können sich zwar relativ leicht in alle Richtungen bewegen, die in oder senkrecht zu ihrer Rotationsebene liegen – also nach vorn und hinten, nach oben oder unten, links und rechts – drehen oder kippen lassen sie sich jedoch nur höchst ungern. Das ist wohl die Hauptursache für die erstaunliche Fahrstabilität unseres Einspurfahrzeugs.

Vor allem die Anordnung der beiden Räder eines Motorrads zueinander hat entscheidenden Einfluss auf das Fahrverhalten. Vorder- und Hinterrad sind über ein Gelenk miteinander verbunden. Ohne dieses Gelenk – bei fast allen Motorrädern, abgesehen von vor allem BMWs mit Televersystem vorn, bezeichnet man dies als Steuerkopf – würde man ja logischerweise gar nicht um die Ecke kommen. Doch was viel weniger offensichtlich ist: Ohne diese bewegliche Verbindung würden wir auch bei Geradeausfahrt binnen weniger Meter auf der Nase liegen. Warum das so ist? Nun, die Kreiselkräfte der beiden Räder mögen ja hoch und ihr Bestreben, stabil im Raum zu rotieren, groß sein, eine Störung – Seitenwind, Bodenunebenheiten, Schwerpunktverlagerung des Fahrers – bringt sie dennoch ziemlich schnell aus ihrer Rotationsebene. Und ohne Lenkung gibt's dann keine Möglichkeit mehr, wieder in die Senkrechte zu kommen – wir kippen um.

Radstand, Lenkwinkel, Nachlauf

Drei entscheidende Größen bestimmen die Lenkung eines Motorrads:
- Radstand,
- Lenkwinkel und
- Nachlauf.

Als Radstand bezeichnet man den Abstand der beiden Radachsen zueinander. Lenkwinkel bedeutet die Neigung der Lenkachse. Entscheidender für die Geradeauslaufstabilität als diese beiden Faktoren ist jedoch der Nachlauf.

Sehen wir uns ein Motorrad mal von der Seite an: Wenn wir uns eine Linie vorstellen, die den Steuerkopf nach unten verlängert – also im geringen

Abstand parallel hinter der Gabel verläuft –, schneidet diese irgendwann die Fahrbahnoberfläche. Dieser Punkt liegt im normalen Fahrbetrieb immer vor der Reifenaufstandsfläche – zu den Ausnahmen kommen wir gleich. Die Strecke zwischen diesen beiden Punkten bezeichnet man als Nachlauf. Nachlauf heißt dieser Wert deshalb, weil das Vorderrad praktisch um diesen Abstand der Lenkachse hinterherläuft.

Verändert sich nun die Stellung der Lenkung durch eine äußere Störung, steht der Reifenaufstandspunkt plötzlich nicht mehr genau hinter der Lenkachse, sondern seitlich versetzt. Die Reibung des Reifengummis auf der Straße drückt nun das Rad wieder hinter die Lenkachse zurück, die Fuhre läuft geradeaus. Diese Vorgänge wiederholen sich unzählige Male, im Grunde fahren wir immerzu Schlangenlinien. Bei der Konstruktion eines Motorrads strebt der Hersteller jenen Nachlauf an, den er für sein Motorrad für den besten hält. Der liegt bei Serien-Motorrädern in der Regel zwischen mindestens 60 und bis zu 130 Millimetern bei Motorrädern, die auf guten Geradeauslauf getrimmt werden sollen. Tendenziell stimmt: Je länger der Nachlauf, desto höher die Rückstellkraft, die das Rad wieder hinter die Lenkachse zurückdrückt, desto stabiler beziehungsweise unhandlicher wird das Motorrad.

Blöd ist nur, dass der Nachlauf, wenn die Fuhre einmal in Fahrt ist, keine konstante Größe mehr ist. Er schwankt schon deshalb stark, weil die Maschine in Bewegung ja vorn wie hinten ein- und ausfedert, womit sich der Lenkwinkel und damit gleichzeitig auch der Nachlauf ändert. Federt die Maschine hinten ein, wird der Lenkwinkel flacher, der Nachlauf länger. Anders, wenn die Maschine vorn einfedert: Jetzt wird der Lenkwinkel steiler, der Nachlauf kürzer.

Das alles hört sich ungeheuer kompliziert an, ist es schlussendlich tatsächlich auch. Andererseits beherrschen aber Millionen von Motorradfahrern ihr Fahrzeug recht gut, ohne je einen Gedanken an die komplexe Physik ihres Untersatzes verschwendet zu haben. Was aber gleichzeitig dann auch bedeuten müsste, dass bessere Kenntnis der Dynamik unseres Motorrads unsere eigene Fahrtechnik verbessern helfen sollte.

Fahrwerkseinstellung

Besser geht's aber vor allem auch dann, wenn wir in der Lage sind, unserem Motorrad im Bereich Fahrwerkseinstellung das Optimum abzuringen. Warum aber muss das Fahrwerk eines Motorrad eigentlich eingestellt werden, beim Auto gibt's das doch auch nicht? Nun, anders als ein Auto reagiert ein Motorrad sehr deutlich auf Veränderung der Beladung, was die Geometrie des Fahrzeugs und damit sein Fahrverhalten beeinflusst. Außerdem treten im Fahrbetrieb – wie wir weiter oben bereits gelernt haben – deutliche Veränderungen im Bereich der Geometrie auf, die wir mittels Einstellung unserer Federungskomponenten in den Griff bekommen sollten, damit unser Motorrad auch so fährt, wie sich das der Konstrukteur oder auch wir selber es wünschen würden.

Einstellung des Niveaus

Der wichtigste Schritt bei der Einstellung eines Fahrwerks ist die Einstellung des Niveaus, denn nur dann fährt das Motorrad so, wie es das eigentlich tun soll. Was aber verstehen wir an dieser Stelle unter Niveau? Dass ein Motorrad in die Federn sackt, wenn es vom Ständer genommen wird und die Besatzung schließlich draufhockt, haben wir sicher alle beim ersten Kontakt mit einem motorisierten Zweirad sofort bemerkt. Durch das Eigengewicht von Maschine und Besatzung werden die Federn vorn und hinten bereits ein Stück weit zusammengedrückt – die Maschine steht praktisch auf den Federn und pendelt sich auf einem gewissen Höhenniveau über der Fahrbahn ein. Im englischen Sprachraum bezeichnet man dieses Niveau treffend als »Ride Hight« – zu Deutsch Fahrhöhe.

Klar, dass ein gewisses Maß des Federwegs quasi nun bereits aufgebraucht ist. Den Weg, um den die Maschine vorn und hinten eingesackt ist, bezeichnet man als Negativfederweg, den bis zum Anschlag noch zur Verfügung stehenden Weg logischerweise als Positivfederweg. Zur groben Orientierung sollte das Verhältnis von Negativ- zu Positivfederweg zirka ein zu zwei Drittel betragen. Beispiel: Ein Motorrad mit 120 Millimetern Federweg vorn und hinten sollte also im fahrbereiten Zustand – also inklusive Besatzung und eventuellem Gepäck – um ein Drittel des Gesamtfederwegs, in diesem Falle also 40 Millimeter einsacken. Dies als grobe Richtlinie, die idealen Werte können im Einzelfall geringfügig von dieser abweichen.

Es sollte jetzt also auch klar sein, dass man die Einstellung der Federung immer abhängig von der Beladung vornehmen muss, schließlich sackt die Maschine ja mit einem Sozius besetzt zumindest hinten weiter ein als bei Solobetrieb. Es ist sicher ein manchmal mühevoller Vorgang, bei jedem Beladungswechsel eine Neuanpassung der Federung vornehmen zu müssen – wenn man das Optimum von seinem Fahrwerk erwartet, bleibt jedoch keine andere Wahl.

Wie aber stellt man das Niveau ein? Nun, für diesen Fall verfügen fast alle Motorräder zumindest für das oder die Federbeine hinten über eine einstellbare Federvorspannung. Wie der Name schon sagt, wird mit dieser Einstellmöglichkeit nicht – wie vielfach angenommen wird – die Federhärte verändert, sondern lediglich die Vorspannung der Feder. Man hebt das Motorrad mit dieser Einstellung praktisch an oder senkt es im umgekehrten Falle ab. Auf die Federhärte hat diese Verstellung keinen Einfluss.

Zur Einstellung markiert man (am besten mit einem Helfer) am Rahmenheck und an der Schwinge je einen Punkt – mit einem Filzstift zum Beispiel – und misst bei vollständig ausgefedertem Motorrad den Abstand zwischen diesen beiden Markierungen. Nun sollte die Besatzung Platz nehmen – das Motorrad muss natürlich vom Ständer genommen werden. Jetzt wird wiederum der Abstand zwischen den beiden Markierungen gemessen – die Differenz zwischen den beiden gemessenen Werten ist der Negativfederweg. Dieser sollte bei etwa einem Drittel des Gesamtfederwegs liegen. Stimmt der Wert nicht, wird die Vorspannung des Federbeins so lange verstellt, bis man auf einen etwa passenden Negativfederweg kommt. Bei der Gabel geht man ganz ähnlich vor: Man misst den Abstand zwischen zwei Punkten – zum Beispiel der unteren Gabelbrücke und dem oberen Ende des Tauchrohrs – bei ausgefedertem Motorrad und anschließend den Abstand zwischen den gleichen Punkten im eingefederten Zustand. Wieder ergibt die Differenz zwischen beiden Werten den Negativfederweg. Leider gibt es bei vielen Motorrädern an der Telegabel keine Verstellmöglichkeiten für die Federvorspannung – insofern nützt einem die Erkenntnis an dieser Stelle herzlich wenig.

Ob das Ganze zu hart oder zu weich abgestimmt ist, kann jetzt nur noch der Fahrbetrieb klären. An dieser Stelle nur so viel: Sollte die Federung sich eindeutig zu weich anfühlen – gleich ob vorn oder hinten – hilft die Erhöhung der Vorspannung nicht. Noch einmal: Mit der Änderung der Vorspannung ändert man nur das Fahrzeugniveau, nicht die Härte der Federung. Sollten die Federn vorn oder hinten zu weich oder zu hart ausgefallen sein, hilft nur der Tausch gegen ein besser abgestimmtes Exemplar aus dem Zubehörhandel – von etablierten Herstellern wie Baehr, Öhlins, White Power, Wilbers oder Wirth zum Beispiel. Denn während man bei einer Telegabel ja relativ leicht und preiswert die Feder allein tauschen kann – das gesamte Dämpfungssystem verbleibt ja in der Gabel –, gibt es nur für wenige Serienfederbeine eine alternative Feder. So bleibt in einem Fall, wo die Feder zu weich ist, keine andere Alternative als der Gang zum Zubehörhandel, wo dann ein komplettes Federbein – also Feder samt Dämpfersystem – erworben werden muss. Das aber hat dann wenigstens den Vorteil, dass man damit ein meist auch im Dämpferbereich besser abgestimmtes Exemplar erhält.

Dämpfung

Die Bewegung der Federelemente muss gedämpft werden, damit die Maschine nicht haltlos auf- und abschwingt und den Fahrer so in Teufels Küche bringt. Gedämpft wird dabei sowohl die Auf- als auch die Abbewegung der Federung. Wobei das Einfedern – wenn also die Maschine vorn oder hinten in die Federn taucht – als Druckstufe, das Ausfedern als Zugstufe bezeichnet wird. Generell ist es so, dass die Zugstufendämpfung immer deutlich straffer ausgelegt ist als die Druckstufe, da letztere ja – bildlich gesprochen – mit der Feder zusammenarbeitet. So viel als Grundlage noch einmal vorweg.

Bevor man sich nun an die Einstellung der Dämpfung begibt, sollte man sich über ein paar Sachen klar werden: Erstens ist die Beurteilung der Dämpfung im Stand ausgesprochen schwierig und eigentlich nur von Experten, die schon auf eine Menge Motorräder gedrückt haben, einigermaßen zuverlässig zu leisten. Einen ersten Eindruck kann man aber auch als Laie bereits im Stand gewinnen. Zweitens: Selbst im Fahrversuch sind kleine Änderungen an der Dämpfung fast nicht zu spüren, dazu ist der Einstellbereich bei den meisten Seriendämpfern einfach zu klein. Hier heißt es also: Keine Scheu vor großen Schritten, ruhig mal die Dämpfung von ganz stark auf ganz schwach drehen. Das Motorrad wird immer noch sicher fahren, man bekommt aber wenigstens mal einen Eindruck, was Änderungen an der Dämpfung eigentlich bewirken. Drittens: Über die Einstellung der Dämpfung muss man Buch führen. Allzu schnell hat man sich sonst im Dickicht der oft unzähligen Einstellmöglichkeiten verirrt und weiß nicht mehr, wo man eigentlich mal angefangen hat und welche Einstellung die beste war.

Die Beurteilung der Dämpfung im Stand ist zumindest im Bereich Druckstufe sehr schwierig bis unmöglich. Bei der Zugstufe allerdings schon eher machbar. Die Platzierung der Einstellschräubchen ist bei praktisch allen Motorrädern gleich oder zumindest ähnlich: Oben auf der Gabel findet man neben der Einstellung der Vorspannung auch die kleinen Schräubchen für die Dämpferzugstufe. Das ist nur in ganz seltenen Fällen anders – sicherheitshalber in der Betriebsanleitung nachschlagen. Die Druckstufeneinstellung findet man unten an der Gabel, meist auf der Rückseite unterhalb der Bremssättel. Bei den hinteren Federbeinen kann es mehr Variationsmöglichkeiten geben. Doch auch hier findet man die Zugstufe fast immer am unteren Ende, die Einstelleinrichtung für die Druckstufe oben am Ausgleichsbehälter. Sollte dieser nicht vorhanden sein, gibt's in der Regel auch keine Druckstufen-Verstellung.

Bei der Einstellung der Dämpfung geht man zunächst von der Werkseinstellung aus – so sie noch vorhanden oder in der Betriebsanleitung der Maschine nachschlagbar ist. Bei allen Motorrädern werden die Einstellwerte von der maximal geschlossenen Position aus gezählt. Also: Von den Werkseinstellungen ausgehend zunächst Klick für Klick nach rechts drehen und dabei genau mitzählen. Zahl der Klicks notieren. Jetzt mal die Dämpfung vorn und hinten auf die jeweilige Maximal- und Minimal-Einstellung drehen und Gabel beziehungsweise Federbein kräftig zusammendrücken. Spürt man einen Unterschied?

Zugstufe

Zur Grundeinstellung Zugstufe – zunächst vorn: Wenn man die Gabel kräftig zusammendrückt und gleich wieder ausfedern lässt, sollte sie ein paar Millimeter über die Ausgangslage zurückfedern, aber keinesfalls auf- und abschwingen. Logisch: Immer die Änderung an beiden Gabelholmen gleichmäßig vornehmen. Die Zugstufe kann durchaus etwas zu schwach dämpfen, das erhöht den Fahrkomfort oft deutlich, ohne allzu große Einbußen bei der Fahrstabilität mitzubringen. Ganz ähnlich geht man beim Heck vor: Maschine kräftig einfedern und gleich wieder loslassen, beobachten, wie das Heck ausfedert. Es sollte in einem Zeitraum von etwa einer Sekunde satt nach oben gehen, ohne jedoch deutlich an den Anschlag zu knallen. Steckt das Heck spürbar tief in der Dämpfung fest, Zugstufe reduzieren, knallt es hingegen schlagartig nach oben, Zugstufe verstärken. Tipp: Auch hier kann zu viel Zugstufe das Fahrverhalten deutlich beeinträchtigen. Das überdämpfte Ausfedern führt auf holpriger Fahrbahn zu einem tiefen Heck mit entsprechend unhandlichem und unkomfortablem Fahrverhalten.

Druckstufe

Grundeinstellung Druckstufe – wieder zunächst vorn: Die Druckstufeneinstellung im Stand ist deutlich schwieriger, als das bei der Zugstufe der Fall ist. Hier hilft eigentlich nur der Fahrversuch. Eine mittlere Einstellung wählen und sehen, ob die Maschine beim harten Bremsen sehr schnell weit eintaucht oder die Gabel gar fühlbar auf Block geht. Wenn das Vorderrad beim Bremsen springt, ist auf jeden Fall mehr Druckstufe gefragt. Ähnlich schwierig ist die Druckstufenabstimmung am Heck: Der ungeübte Abstimmer kann kaum unterscheiden, ob der Widerstand, den ihm die Federung beim Herunterdrücken entgegensetzt, von der Feder, einer eventuell stark progressiven Hebelei oder einer straffen Druckstufendämpfung herrührt. Grundregel: Bei hoher Beladung braucht man auch eine straffe Druckstufe, die bringt Stabilität vor allem in Schräglage und verhindert das Durchschlagen des Hecks. Zu viel Druckstufe mündet unter Umständen in deutliches Lenkerschlagen auf unebener Piste. Doch wie gesagt: Für eine gelungene Dämpferabstimmung braucht man den Fahrversuch.

Top-Case und Gepäckrolle bei den meisten Modellen doch noch nachrüsten. Man muss sich dabei bitte klarmachen, dass das ein Motorrad in seiner Fahrdynamik sehr spürbar beeinträchtigen kann. Nicht nur das Gewicht steigt, auch die Schwerpunktlage wandert nach hinten oben und verändert damit das Handling im Stand, aber auch während der Fahrt, besonders in Kurven, und macht die Fuhre anfälliger für Seitenwind. Der Luftwiderstand erhöht sich und damit der Verbrauch, nach meiner Erfahrung locker um 20%, was man bei der Kalkulation des Treibstoffetats und der Tagesetappen einbeziehen sollte. Dass sich Bremswege bei gleichen Reifen um bis zu 10% verlängern, ist zwar naheliegend, wird aber nicht immer gesehen, dabei bringt ein voll beladenes Motorrad wie in Abbildung auf Seite 265 nicht selten noch mit Beifahrer, nicht selten locker das doppelte Gewicht im Vergleich zum unbeladenen auf die Waage. Wenn obendrein die Straßenverhältnisse zur Herausforderung geraten, wie etwa für Doris Wiedemann auf einer F800 GS bei ihrem Wintertrip durch Alaska, gerät die innere und äußere Passung zur notwendigen Bedingung für gutes Gelingen.

Beladenes Motorrad: Doris Wiedemann auf winterlicher Straße durch Alaska
(Foto: Archiv Doris Wiedemann) ➔

8. Kleidung: Schutz- und Klimazone

Streitgespräche, nicht selten der hitzigen Art, darüber, wie viel an Schutz- und Sicherheitskleidung denn angemessen noch mit der vielbeschworenen Freiheit und dem Erleben auf zwei Rädern vereinbar sei, fallen so unterschiedlich wie kontrovers aus. Sie haben wahrscheinlich schon so manchen Motorrad-Stammtisch an den Rand des Zerbrechens, wenn nicht darüber hinaus geführt. In Sachen Schutzkleidung gehöre ich zu den eingefleischten Befürwortern, einfach weil ich schon zu viele Unfälle und Stürze gesehen habe. Ich bewege mich lieber auf Seiten derer, die sich schon in Jeans auf einem Motorrad richtig unwohl fühlen, auch im sommerlichen Innenstadtverkehrschaos einer mediterranen Großstadt. Denn die meisten Unfälle, in die Jahr für Jahr Auto- und Motorradfahrer verwickelt sind, gehen laut Statistik des Gesamtverbandes der Versicherungswirtschaft (GDV) auf Fehlverhalten der beteiligten Autofahrer zurück. 2005 waren es 72%, sieben Autoinsassen starben dabei; aber 345 Motorradfahrer (vgl. Kasten von Ingo Gach, Seite 281). So erfreulich die seit vielen Jahren rückläufige Zahl tödlich verunglückter Motorradfahrer ist, erscheint doch Schutzkleidung heute wichtiger denn je, ganz einfach, weil sie noch nie einen solch hohen Standard hatte wie heutzutage. Man denke nur an Protektoren und Helme als passive Schutzmaßnahmen. Nicht nur beim Thema Balance, Gewicht, Fahrer- oder Beifahrer-Bewegung und deren Koordination spielt der Körper beim Motorradfahren eine Rolle, nicht zuletzt ist er, so abgeschmackt der Spruch auch scheinen mag, die einzige und leider naturgemäß bescheidene Knautschzone eines Motorradfahrers. Dies lässt es nicht nur ratsam, sondern schlicht existentiell notwendig erscheinen, sich und seinen Körper gegen mechanische (Sturz, Aufprall) und klimatische Einflüsse (Wetter, Klima) möglichst gut zu schützen. Damit hätte man in Sachen Ausrüstung einen optimalen Beitrag geleistet, um einem Vergnügen nachgehen zu können, das beim Bremsen, Kurvenfahren, Ausweichen und im Regen gelegentlich recht sportlichen Körpereinsatz erfordert. Wo beim Bremsen mit dem Auto der Sicherheitsgurt den Fahrer am Platz hält, müssen sich Motorradfahrer per Knieschluss, gepaart mit Liegestütz Richtung Lenker, selbst auf ihrem Gefährt halten und dabei möglichst fein koordiniert agieren.

Bezüglich der Wahlmöglichkeiten stehen Motorradfahrer und -fahrerinnen heute vor einer nie gesehenen Angebotsvielfalt in Sachen Kleidung und Fahrerausrüstung. Hersteller scheinen sogar entdeckt zu haben, dass Frauen sich jenseits anatomischer Unterschiede möglicherweise auch hinsichtlich ihres Geschmacks, was Kleidung anbetrifft, von Männern unterscheiden! Aber nicht nur die Auswahl, auch die Kleidungsstile differenzieren sich zunehmend. Die denkbar freieste Spielart im Umgang mit Schutzkleidung erlebte ich vorletzten Sommer im Stau vor San Fransisco, als sich zwei Unerschrockene ohne Helm auf ihren Superbikes, angetan mit Flip-Flops, Shorts und T-Shirt, zwischen den träge dahin stauenden Autoreihen mit Wheelies vergnügten – Freiheit im Land der unbegrenzten Möglichkeiten.

Angebote für Motorradkleidung findet man heute bei jedem Motorradhändler, ob online oder vor Ort, auch in nie zuvor gesehener Qualität. Die beste Schutzkleidung kann ihre Funktion aber nur übernehmen, wenn sie auch getragen wird. Wobei die Bezeichnung eigentlich nur die ganz normale Bestimmung jeder Kleidung betont, nämlich funktional zu sein, dabei zu schützen und obendrein ansehnlich zu wirken. Letzteres öffnet allerdings die weitesten Interpretationsspielräume. Schmücken soll sie und schützen, obendrein das Klima angenehm regulieren. Die Gewichte zwischen den ersten beiden Funktionen unterliegen natürlich heftigsten Geschmacksausprägungen bis hin zu Kleidungsstücken, die nur schmücken, und solchen, die nur schützen und leider auch noch so aussehen. Kompromisse sind angesagt, damit man auf dem Motorrad nicht eben daherkommt wie ein Überlebender der letzten Marsinvasion.

Motorradkleidung soll nicht nur trockenes Wohlfühlklima vermitteln, sondern auch, im Sinne des Wortes, für den Fall des Falles

Schutz bieten. Und was als passives Unfallschutzpotenzial gerne und nur zu oft vergessen wird: Sie soll, wenn schon nicht wie ein Signal wirken, so doch deutlich genug sichtbar machen, um von anderen Verkehrsteilnehmern besser wahrgenommen zu werden. Das gilt besonders deshalb als wesentliche Funktion, weil Motorradfahrer ob ihrer schmalen Silhouette nur zu häufig einfach übersehen werden.

Bei all diesen Überlegungen muss man einräumen, dass die passive Unfallsicherheit unserer Motorradkleidung heute um ein Vielfaches höher liegt als jemals zuvor. Man denke nur, dass die Motorsportbehörde über Jahrzehnte zwischen Helmschale und Kopf zwei Zentimeter Luft als Sicherheits»polster« vorschrieb. Ganz abgesehen davon, dass die Helmpflicht eine Errungenschaft der jüngeren Motorradgeschichte ist.

Als ich 1980 nach Protektoren für meine ungefütterte Kombi fragte, bot der renommierte Hersteller an, in Knie und Ellbogen Hirschleder einzuarbeiten. Die Zeiten sind vorbei. Vieles hat sich getan, und trotzdem müssen gerade wir Motorradfahrer uns mehr um vernünftige Schutzkleidung kümmern als Vierradfahrer.

Klima-Schutz

Oberkleidung

Kälte, Nässe und Wind erscheinen als die drei größten klimatischen Herausforderungen auf dem Motorrad. Wo man im Auto den Scheibenwischer anstellt oder die Temperatur etwas nach oben regelt, stehen auf dem Motorrad, je nach Ausrüstung, in unseren Breiten Umkleideaktionen ganz unterschiedlichen Ausmaßes an. Mit atmungsaktiver wasserdichter Außenschicht hätte man hier schon die wesentliche Maßnahme getroffen. Ein- oder zweiteilig scheint mir dabei nicht die vorrangige Frage, wohl aber, ob über entsprechend regulierbare Öffnungen je nach Bedarf kalte Luft draußen- oder warme Luft kühlend hereinlassen kann. Schlüsselstellen sind nach meiner Erfahrung dabei Hals- und Handschuhabschluss bzw., wenn man sich für Zweiteiliges entschieden hat, der Jackenabschluss. Denn die bestklimatisierte Kleidung nützt wenig, wenn sie an allen Öffnungen weniger geschützt hält. Hier wie anderswo gilt die Sache mit dem schwächsten Glied, das die Leistung eines Systems bestimmt. Ganz clevere Zeitgenossen ersparen sich solcherlei Überlegungen, indem sie nur fahren, wenn es trocken, hinreichend temperiert und bei stabiler Hochdrucklage dahingeht, was natürlich den Jahreskilometer- Umfang und damit die Routine und Sicherheit nicht gerade fördert.

Ganz abgesehen von der ständig mitfahrenden Angst oder wenigstens den Bedenken, es könnte regnen oder abkühlen oder, oder, oder. Manche sehen in solcher Herangehensweise eine mitfahrende Spaßbremse.

Unterkleidung

Nach dem altbekannten und bewährten Zwiebelschalenprinzip empfehlen sich stets mehrere Lagen so, dass auf der Haut trockenes Wohlfühlklima herrscht. Weil sich das Klima etwa auf einer Tour nur selten gut voraussagen lässt, verfahre ich aus der Erfahrung nach dem Prinzip: Eine Schicht Unterwäsche, eine Schicht Oberkleidung, über die bei Bedarf noch eine weitere Schicht passt, sei es in Form einer Weste oder einer zweiten Jacke, denn beides ist schneller und komfortabler als zusätzliche Unterkleidung an- oder auszuziehen.

Ski- und Laufunterwäsche zur Klimatisierung je nach Jahreszeit gibt es in vielfältigsten Qualitäten im Sportfachhandel. Ein wichtiges Argument für Unterwäsche (lang!) hört man von erfahrenen Rennärzten und wird doch oft übergangen: Sie schützen vor Abschürfungen und Verbrennungen (!), die das, besonders wenn es schweißfeucht ist, förmlich auf der Haut klebende, direkt aufliegende Leder verursachen kann.

Unterkleidung wirkt als Gleitschicht zwischen Haut und Leder. Abgesehen davon regulieren moderne Klimagewebe Feuchtigkeit. Wer an einem heißen Sommertag unterwegs ist, weiß das zu schätzen. Die gute alte Baumwolle eignet sich bestimmt für trocken-heißes Wüstenklima. Bei uns erlebt man damit nicht selten großflächig am Körper klebende, ewig nicht trocknende und schließlich sogar auskühlende Kleidung.

Schutz-Kleidung

Mich erstaunt immer wieder, unter welch unbefangen beengtem Blickwinkel Motorradfahrer ihre Kleidung auszuwählen scheinen. Schaut man sich das alltägliche Straßenbild an, so scheint vielen das Oben-hui-unten-pfui-Prinzip zu gelten. Helm tragen die meisten, sieht man von sogenannten brain shells, diesen umgestülpten Eierbechern, ab. Die Jacke macht meist auch noch etwas her, genießt sie doch als Biker-Statussymbol hohe soziale Zuwendung. Danach steiles Gefälle nach unten: Handschuhe oft Fehlanzeige, scheinen nicht zu Jeans und Turnschuhen zu passen, welche die »Schutzkleidung« nach unten abschließen. Und fertig ist der »Streetfighter«. Selbst komplette, mit Knieschleifern versehene Leder sieht man nicht selten mit Turnschuhen kombiniert, womit die so Gewandeten wohl Sportlichkeit zu signalisieren versuchen.

Anzug

Die Wahl hängt hier mehr als bei allen anderen Kleidungsstücken vom Einsatzweck ab. Beim Sportfahrer- oder Renntraining ist ein einteiliges Leder einfach notwendig, weil es im Ganzen den besten Schutz bietet. Die Protektoren bleiben durch den engen Sitz im Falle eines Falles genau da, wo man sie braucht, weil sie nicht verrutschen. Wem geschlossene Lederhäute im Sommer zu schweißtreibend sind, der greift zum perforierten Leder, bedenkt aber bitte, dass Abreiß-Stellen am Papier genau dadurch entstehen, dass es dort perforiert ist.

Wer mit einem Einteiler in den Mittelmeer- oder Skandinavienurlaub fährt, wird den Sicherheitsgewinn mit deutlich eingeschränktem Alltagskomfort aufwiegen müssen. Die Lösung ist schon seit Jahrzehnten der mit Reißverschluss in der Mitte teilbare Lederanzug. Leder gilt mit seiner Reißfestigkeit als konkurrenzlos, obwohl in letzter Zeit Textilanzüge auf den Markt kommen, die langsam als ernsthafte Alternative gelten, wenn halt im Falle des Falles die Protektoren an den dafür vorgesehenen Stellen blieben! Aber weil es komfortabel sein soll im Textilanzug, ist er in der Regel etwas

Optimaler Schutz: Protektoren, hier von SaS-Tec
(Foto: Bähren)

Einteilige TC-Protektorenkombi neuester Bauart für den Sporteinsatz

weiter geschnitten. Denn Leder schützt nicht vor Nässe, da liegen Textilanzüge klar im Vorteil. Eine gute Idee scheinen mir deshalb die neu auf den Markt kommenden wasserdichten Lederanzüge, die in der Fachpresse beste Kritiken erhalten. Protektoren: Bitte keine Hartschalen verwenden, wegen der Gefahr des Einschneidens beim Sturz, sondern Material, das sich erst beim Aufprall verhärtet.

In welches Material bzw. welchen Anzug man seine Protektoren steckt, ist eine persönliche Entscheidung abhängig vom Einsatzzweck, verzichten sollte man nach Möglichkeit nicht darauf.

Helm

Jet, Integral, Klapp, Halbschale, Cross und Enduro, je nach Einsatzzweck. Schüttel- und Abstreiftests geben Hilfen bei der Auswahl der Größe. Der Helm passt, wenn er bei Kopfschütteln sich nicht verschiebt und wenn er sich verschlossen nicht über den Hinterkopf nach vorne abziehen lässt (keine Scheu vor kräftigem Zug!). Die Kopfschmerzen, die man sich mit einem zu kleinen Helm einkauft, lassen sich vermeiden, wenn man die inzwischen vielfach angeboten Möglichkeiten einer ausführlichen Probefahrt nutzt. Dabei sollte man auf Pfeif- und Klappergeräusche, aber auch auf Zugluft achten, beides kann im Alltagsgebrauch auf Dauer mehr als nerven. Wirksame Belüftung zieht nicht, und man erkennt sie am Nicht-Beschlagen des Visiers, das bei aufgesetztem Helm mit einer Hand (Handschuhe!) zu bedienen sein sollte. Beschlagfreie Visiere und waschbare Innenfutter sind ein Muss. Bei schneller Fahrt sollte das Drehen des Kopfes für den Blick nach hinten nicht zu unliebsamen Überraschungen in Form von unerwartet stark angreifenden Kräften führen. Dass der Helm ECE-Norm R22 für Visiere und ECE-Norm 22.05 entspricht, sei hier nur der Form halber erwähnt.

Weil Motorradfahren eine ziemlich laute Angelegenheit ist, empfiehlt es sich zur Schonung des Gehörs dringend, Gehörschutz, am einfachsten in Form geeigneter Ohrstöpsel, zu tragen. Ich kenne zu viele ältere ehemalige Rennfahrer, die erkennbare Hörschäden davongetragen haben, als dass ich darauf verzichten wollte. Die Schutzwirkung des Helms wird durch Ohrstöpsel oder gar mit vom Hörgeräte-Akustiker maßgefertigtem Gehörschutz um eine Komfort-Dimension erweitert. Auch das Gewicht eines Helms ist beim Kauf zu beachten. Wenn zwei infrage kommen, empfiehlt sich der leichtere, denn unter Sicherheitsgesichtspunkten ist das Gewicht ein wichtiges Kriterium. Je höher es ausfällt, umso größer ist die Aufprallenergie.

Neben der entsprechenden ECE-Norm, der Passform und dem Gewicht ist auch die Qualität, Pflege und der Zustand des Visiers ein wichtiges Sicherheitsthema. Verzerrungsfrei gut gepflegt, d.h. ohne Schlieren und Kratzer, soll es schon sein. Zur Pflege sollte es ohne Werkzeug leicht abzunehmen sein. Zum Reinigen reicht in aller Regel die Auflage nasser Küchen- oder Papiertaschentücher, bitte nicht reiben! Nach einigen Minuten lässt sich auch die letzte Fliege abstreifen. Glasreiniger von Zeit zu Zeit. Gegen Beschlagen hilft Anti-Beschlagspray. Sehr viel eleganter, freilich entsprechend teurer, ist eine Doppelscheibe als Visier, wie sie mehr und mehr Anbieter heute auf den Markt bringen.

Stiefel

Bei Stiefeln verhält es sich ganz ähnlich wie bei Handschuhen. Füße und Unterschenkel sind, wenn Asphalt ans Leder kommt, bei Stürzen und Unfällen Kontaktstellen ersten Ranges und damit höchst gefährdet. Immerhin liegt das Verletzungsrisiko im Rennsport nach Dr. Christoph Scholl, dem seit Jahrzehnten erfahrensten Renn- und Motorradfahrerarzt, bei 80%, im Straßenverkehr noch bei 60%. Stiefel, am besten wasserdicht, gehören deshalb unbedingt zur Fahrerausstattung, schicke Turnschuhe gehören zum Joggen. Motorradstiefel sollen Gehkomfort mit Rutschfestigkeit bei flexibler Sohle und einem guten Gefühl für die Fußhebel mit hohen Sicherheitserfordernissen bezüglich des Schutzes von Fuß und Unterschenkel verbinden. Entsprechende schlag- und abriebfeste (Hartschalen-)Protektoren zum Schutz und zur Stabilisierung des Sprunggelenks sind heute bei guten Stiefeln Standard. Besonders eindrücklich wurde mir die Wichtigkeit einer Investition

Wenn Straße ans Leder kommt (Foto: 2snap)

in gute Stiefel deutlich, nachdem mir im Hockenheimer Motodrom bei einem von mir verursachten und nur mich schädigenden Sturz, mein gut und gerne 200 kg schweres Motorrad genau auf den Knöchel zu liegen kam. Trotzdem hatte ich, außer einer Schwellung, keinerlei Verletzungen zu beklagen. Diese Erfahrung machte aus einem Fan für gute Sicherheitskleidung einen bedingungslosen Anhänger der dort getragenen Stiefel mit Kevlar-Innenleben. Vielfach wird einfach unterschätzt, dass die Füße neben den Händen die Erstkontakt-Puffer im Fall des Falles sind, deren Rehabilitation meist langwierig und hinsichtlich möglicher Langzeiteinschränkungen keineswegs stets ohne Risiko verläuft. Keinerlei Verständnis habe ich deshalb für Menschen, die ihren Supersportler, offensichtlich einem Missverständnis aufliegend, auch gleich mit Supersport-Joggingschuhen bewegen. Springerstiefel und ähnliches knöchelhohes Schuhwerk ist dagegen zwar schon ein Fortschritt, schützt aber die Unterschenkel in keiner Weise.

Handschuhe

Wenn man sieht, wie viele Motorradfahrer besonders im Sommer offensichtlich gerne die frische Luft an ihre Hände lassen, möchte man ihnen zurufen: »Denkt nach Leute, was ihr da riskiert!« Hände sind nämlich unsere wichtigsten Instrumente, um etwas zu handhaben; aber eben auch, um uns zu schützen. Beim Fallen z.B. gehen die Hände reflexartig nach vorne – auch beim Stürzen im Gehen und Laufen, aber eben auch von Fahrrädern oder gar Motorrädern. Unzählige Motorradrennfahrer verfügen entsprechend nur noch über einen reduzierten Satz Finger, weil sie bei Stürzen förmlich abgeschliffen wurden! Die jahreszeitlich angepasste Auswahl von Handschuhen erleichtert einem heute das notwendige permanente Tragen. Wasserdicht sind, außer den speziellen Geländehandschuhen, inzwischen viele. Und mit der jüngsten Technik, bei der die Klimamembran eingeklebt wird, bei Komfort und Klimaeigenschaften in nie gekannte Ausmaße vorstoßend.

H **Gute Motorradkleidung sieht gut aus, passt, klimatisiert und schützt**

9. Stürze und Unfälle

Warum Motorradfahrer stürzen

Die einzigen Kontaktstellen zwischen dem rollenden Motorrad und der Straße sind die handtellergroßen Aufstandsflächen der Reifen, sofern man nicht gerade auf der Rennstrecke Knieschleifer abarbeitet. Beim stehenden Motorrad kommen noch die Fußsohlen des Fahrers hinzu. Alle anderen Bodenkontakte dokumentieren einen Sieg der Schwerkraft. Sie gehen je nach Geschwindigkeit und Richtung als Umfaller, Stürze oder Unfälle mit mehr oder weniger umfassender Deformation des Motorrads und leider viel zu häufig auch mit den schlimmsten Folgen für den Fahrer einher. Fragte man sie nach der wohl häufigsten Sturzursache, so würden die meisten Motorradfahrer das Wegrutschen in Schräglage angeben, Polizisten übrigens routiniert lapidar überhöhte, unangepasste Geschwindigkeit. Dabei dürften die meisten nicht aufgrund ihrer Schräglage verunglücken, sondern im Gegenteil, weil sie die Schräglage scheuen. Ihr Sturzrisiko steigt aufgrund falscher, gefährlich unzweckmäßiger Blickführung, die sich geradewegs auf Hindernisse zu und nicht auf der freien Fahrbahn daran vorbei orientiert. Anders lässt sich die häufigste Sturzkonstellation außerorts ohne Beteiligung anderer Verkehrsteilnehmer schwerlich erklären: Abkommen von der Fahrbahn in einer Linkskurve. Hier wäre mehr Schräglage sicherlich hilfreicher als das offensichtliche schreckstarre Fixieren des rechten Fahrbahnrands, vielleicht sogar der dort verbauten Leitplanke oder Mauer (Figur-Grund-Problematik, S. 41).

Im Laufe meiner Jahre als Instruktor und der vielen gefahrenen Runden auf der Nordschleife habe ich dort zweimal am eigenen Leib, aber oft eben auch bei Teilnehmern Umfaller und leider auch Stürze erlebt. Und natürlich hat mich immer die Frage nach dem Warum interessiert. »Warum bist Du …?« Egal, wie man es dreht und wendet, Stürze erfährt leider fast jeder auf dem Motorrad früher oder später und bezahlt damit oft teures Lehrgeld. Dass Asphaltkontakt auch Könnern nicht erspart bleibt, spendet da nur schwachen Trost. Stürze bieten, wenn man sie denn erfahren und erleiden musste, aber durchaus Lerngelegenheiten, denn man lernt Motorradfahren gewissermaßen »von Fall zu Fall«, wie Kinder das Laufen. Gottlob sind Lerngelegenheiten aber nicht zwingend an eigene Erfahrungen gekoppelt, weil man sie, wie in der lernpsychologischen Forschung vielfach belegt, auch stellvertretend machen kann: Über die Beobachtung der Lernprozesse bei anderen, mit allen Fehlern, aber auch Fortschritten.

Am meisten überrascht war ich am Anfang meiner Erfahrungen aus Gesprächen mit Gestürzten und Verunfallten vom Grundtenor ihrer Erklärungsversuche. Bei den weitaus meisten Gestürzten, die mir dann im Laufe der Zeit zum déja-vue-Erlebnis gerieten, hieß es: Es ist etwas passiert – mit dem Motorrad! Der Reifen ist weggerutscht, die Bremse hat blockiert, etwas hat aufgesetzt, ein Ölfleck war's – überraschend, nicht vorherzusehen. Ihren eigenen Beitrag haben allenfalls einige wenige der Betroffenen gesehen. Bei den meisten anderen kam ihr Eigenanteil erst bei genauerem Nachfragen so langsam zu Tage. In diesem Zusammenhang erscheint ein trauriger wie wichtiger Sachverhalt in ganz neuem Licht: 72% der 2007 tödlich verunglückten Motorradfahrer haben ihren Unfall selbst, offensichtlich durch ihr eigenes Verhalten, ohne die Beteiligung anderer, verschuldet. Hier begründet sich für mich die Notwendigkeit hoher Eigenverantwortlichkeit, die es zu entwickeln gilt, bei gleichzeitigem Bestreben, sein Fahrkönnen immer noch stetig weiter zu trainieren: »Was kann ich tun … was habe ich beigetragen …?« Denn unbestritten sind und bleiben Sturzursache Nummer 1 die Fahrer mit ihrem Verhalten und Versagen. Nur in seltenen Ausnahmefällen gehen Fachleute von technischem Versagen des Motorrads aus.

Typische »Fälle«

In den folgenden Abschnitten möchte ich eine Reihe von ganz typischen »Fällen« bzw. Sturzmechanismen beschreiben, die mir so oder so ähnlich immer wieder begegnet sind.

Fall1:
Vorderrad plötzlich weggerutscht –
»Bremse nicht berührt!«

Das Vorderrad ist beim Bremsen eines Motorrads ohne Zweifel eine kritischere Fahrwerkskomponente als das Hinterrad, mit dem man beinahe alles machen kann, vom Rutschen bis zum Blockieren. Rutschende und blockierende Vorderräder dagegen haben sofort etwas Bedrohliches, denn wenn sie rutschen, hilft gelegentlich nur noch Glück, es sei denn, man kann ähnlich schnell und kompetent reagieren wie Carl Fogarty. Der vielfache Superbike-Champion empfahl, die Parabolica in Monza, wegen ihrer Form so genannt und von Fans als die Mutter aller Kurven angebetet, leicht übers Vorderrad schiebend einzulenken – mit ca. 260 km/h … Viele Vorderradstürze, die ich analysierte verliefen nach dem Erklärungsmuster »Ich habe die Bremse nicht berührt und bin plötzlich weggerutscht.« Das mag durchaus so gewesen sein, braucht es aber nicht, denn oftmals erinnern sich die Gestürzten nicht und bedenken schon gar nicht, dass beim Gaswegnehmen, besonders in einem niederen Gang, das Motorrad vorne einfedert und damit das Vorderrad noch mehr belastet und vielleicht gleichzeitig noch eingelenkt in Schräglage kommt. Wenn es nun dazu noch etwas bergab geht, was das Gewicht des Fahrers zusätzlich nach vorne drückt, genügen schon kleinste Unebenheiten oder Reibwertsprünge der Straßen, um ein Rutschen auszulösen. Der reflexhafte Griff in die Vorderradbremse, um noch zu retten, was vermeintlich noch zu retten ist, besiegelt dann den Sturz oft vollends.

Lernen: Rechtzeitig vor dem Einlenken in Kurven Geschwindigkeit anpassen, Bremsvorgang vorher abschließen, um nicht auf der Bremse einzulenken. Wenn wider Erwarten eine kritische Situation in der Kurve Bremsen erfordert, dann eher mit der Hinterradbremse, vorne allenfalls durch Anlegen der Bremse. Durch die Kurve ruhig rollen, Gangwechsel, Gas und Bremse sind tabu. Rennfahrer sehen diese Abläufe anders, haben aber den Vorteil des im Vergleich zum Straßenverkehr Runde für Runde wiederkehrend stabilen Straßenzustandes und Kurvenverlaufs. Alltagsfahrer rechnen klugerweise mit Unkalkulierbarem bezüglich Verlauf, Verkehrsaufkommen und Straßenzustand.

Fall 2:
Sekundenzweifel: »Vielleicht reicht es doch nicht?«
Im Sportunterricht hat fast jeder diese Erfahrung gemacht: Springen über einen Bock/Kasten ist angesagt, Hocke, Bücke o. Ä. Man stand zum Anlauf bereit, wild entschlossen zum Sprung, lief an und lief, um kurz vor dem Absprung nach kippendem Selbstgespräch »... ah, neee ...« voll auf das eigentlich zu überspringende Hindernis zu prallen. Zweifel für einen Sekundenbruchteil, Sekundenzweifel haben einen überkommen und das ganze Vorhaben gekippt. Man ist damit einem berüchtigten Unfallmechanismus aufgesessen, den auch Skifahrer und natürlich Motorradfahrer kennen, die mitten in der Kurve zweifeln, ob mit der gewählten Geschwindigkeit und Schräglage das Unterfangen abzuschließen ist. Konsequenz dieses Zweifels ist dann nicht selten ein Griff in die Vorderbremse, der das Motorrad aufstellt, folglich aus der Kurve und nicht weiter hinein fahren lässt. Obendrein löst sich der Blick vom Kurvenausgang und richtet sich in die neue Fahrtrichtung, also aus der Kurve hinaus, was in Linkskurven den rechten Rand in den Wahrnehmungsfokus rückt, in Rechtskurven die bedrohliche, hoffentlich in diesem Augenblick verkehrsfreie Gegenfahrbahn. Dabei, machen wir uns nichts vor, kann man durchaus schnell und schräg sein, im Zweifelsfalle aber wäre dann das zweckmäßigere, weil rettende Fahrmanöver, das Motorrad noch weiter umzulegen und sich dabei noch konsequenter Richtung Kurvenausgang zu orientieren.
Lernen: Geschwindigkeit beim Einlenken besser anpassen, im Zweifel die Schräglage zu erhöhen scheint nach aller Erfahrung in prekären Situationen die bessere Lösung als der recht häufige, vielleicht sogar noch schreckhafte Griff oder Tritt in die Bremse. Wenn schon bremsen, dann das Pedal oder den Griff wie einen Dimmer bedienen und nie wie einen Kippschalter. Dabei weiter vorausschauen.

Fall 3: Einfedern in der Kurve
Vor Jahren ist mir in der Nähe von Chamonix, am Fuß des Mont Blanc, folgendes passiert: Meine voll beladene 750er federte in einer engen Linkskurve leicht bergauf, nach einer leichten Boden-

welle, wieder ein. Das brachte ihre Schräglagenfreiheit augenblicklich auf Null. Und schwups lag ich da. Warum? Der Seitenständer, genauer seine Aufnahme, grub sich in den Asphalt und hob das durch die hohe Beladung nieder liegende Motorrad aus. **Lernen:** Hohe Beladung hebt den Schwerpunkt an und reduziert gleichzeitig die Schräglagenfreiheit. Weniger Schräglage auf welliger Straße gerät hier zum Sicherheitserfordernis.

Fall 4:
Die Autofahrerbremse

An der Leitplanke vor dem Streckenabschnitt Schwalbenschwanz saß er, mit bleichem Gesicht wie ein Häufchen Elend umgeben von seinen Kumpels, die sich um ihn kümmerten und die Unfallstelle absicherten, als ich dazukam. Er hielt sich den linken, offensichtlich heftig schmerzenden und, wie sich später herausstellte, glatt gebrochen Arm. Was war passiert? Die kurze Gerade vor dem Schwalbenschwanz fährt man über eine 3.-Gang-Bergauf-Linkskurve zunächst blind an. Es treibt einen nach rechts, und wenn man nicht sehr überzeugt ist vom Verlauf, rücken die rotweißen Kerbs rechts zügig näher. Vorne tauchen die ersten Platten des »kleinen Karusells« Schwalbenschwanz auf. Die Spurensuche, um den Sturzhergang zu rekonstruieren, zeigte in der Linkskurve eine recht lange (Hinterrad-)Bremsspur. Der Gestürzte hatte sich mit seiner Geschwindigkeit offensichtlich etwas verschätzt, oder glaubte es zumindest, und verzögerte deshalb mit der Hinterradbremse. Vorne, dazu war er zu erfahren, schien ihm das nicht ratsam. Die Bremswirkung am Hinterrad war kläglich, aber dafür wurde das Motorrad unruhig, die rechten Kerbs, auf die er unversehens zuschoss, wirkten wie eine Rampe. Hallo Leitplanke! Diese Hinterradbremse nenne ich Autofahrerbremse, weil sie über ein Pedal bedient wird und, außer Unruhe ins Fahrwerk zu bringen, in dieser Situation wenig Bremswirkung brachte, dafür Schlimmeres bewirkte.
Lernen: Wenn schon in Kurven bremsen, dann konsequenter nach dem Dimmer-Prinzip, vorne, und mit der hinteren Bremse stabilisiert man; aber blockiert nicht.

Fall 5:
Erschrecken

Ein Teilnehmer eines Sportfahrertrainings stand mit einer wunderschön im Werksrenner-Stil dekorierten und, wie sich herausstellte, wieder aufgebauten Fireblade neben dem Fahrbetrieb und schaut zu. Ich ging auf ihn zu und fragte, warum er nicht fahre, und bekam als Antwort: »Ich habe einfach Angst seit meinem Sturz, bei dem ich plötzlich unter dem Motorrad lag und heute noch nicht weiß, warum«. Was war passiert? Ausfahrt in den Alpen, Serpentinen. Der vermeintlich endlose Kurvenrausch fand sein jähes Ende, als sich das Motorrad an einem Kurvenausgang überschlug und seinen Fahrer unter sich begrub. Eine Erklärung dafür fand unser Blade-Freund bis dato keine. Einige Fragen später klärte sich verblüffend schnell, was ihm bei seinem Sturz passierte und wie das geschehen konnte: Gesunde 180 PS, zweiter Gang, sich mit viel Schräglage in die Kurve hineinfallen gelassen und am Ausgang, um wieder zur etwas enteilten Gruppe aufzuschließen, sofort, aber etwas zu heftig am Kabel gezogen. Kein Wunder, bei der Leistung steigt das Vorderrad, der Fahrer erschrickt, verkrampft, hält geradezu panisch am Lenker fest, zieht damit bei steigendem Vorderrad das Gas ungewollt weiter auf und provoziert so den Überschlag.

Lernen: Vom Wheelie zum Überschlag ist es besonders bei sehr starken Motorrädern ein kurzer Weg, deshalb vorsichtshalber Fuß auf die Fußbremse legen, um das steigende Vorderrad gegebenenfalls wieder auf die Straße zu bringen. Vor dem Einlenken seinen Gang kennen, damit man durch einen zu niederen Gang am Kurvenausgang beim Beschleunigen nicht durch ein rutschendes Hinter- oder gar ein steigendes Vorderrad überrascht wird. Am Kurvenausgang besonders mit PS-starken Motorrädern behutsam ans Gas.

Warum Motorradfahrer verunfallen

Motorradunfälle in Deutschland (von Ingo Gach)

Ingo Gach ist seit vielen Jahren Journalist und Buch-Autor. Er schreibt für diverse Motorradmagazine und Zeitschriften. Seine Spezialität sind die besonderen Themen rund um das Motorrad. Er lebt und arbeitet in Köln.

Zunächst einmal die gute Nachricht: Die Zahl der Motorradunfälle in Deutschland nimmt seit fünfzehn Jahren kontinuierlich ab, auch wenn es in manchen Jahren leichte Ausreißerwerte nach oben gibt. Dennoch sterben hierzulande jedes Jahr rund 800 Motorradfahrer, und weit über 30.000 verletzen sich im Straßenverkehr.

Zwei Drittel aller Unfälle innerorts

Die amtliche Statistik erfasst Unfälle sowohl inner- als auch außerorts. Da in den Innenstädten die Verkehrsdichte extrem hoch ist und zuweilen chaotische Zustände herrschen, verwundert es nicht, dass dort rund zwei Drittel aller Unfälle passieren, in die Motorräder verwickelt sind. Allerdings geschehen mehr als 70 Prozent der Motorradunfälle mit tödlichem Ausgang außerhalb geschlossener Ortschaften. Die überwältigende Mehrheit der verunglückten Motorradfahrer fand auf Landstraßen den Tod, nur weniger als zehn Prozent auf den Autobahnen. Bedenklich ist die Tatsache, dass in den letzten Jahren rund 80 Prozent der Motorradfahrer bei Tageslicht und etwa 90 Prozent bei Trockenheit verunglückten. Die meis ten Unfälle waren also nicht auf schlechte Witterungsverhältnisse oder mangelnde Sicht zurückzuführen. Woran lag es dann? Zunächst einmal muss man zwei Arten von Unfällen unterscheiden, die selbstverschuldeten und die fremdverschuldeten. In der letzteren Kategorie sind es mehrheitlich unaufmerksame oder rücksichtslose Autofahrer, die Motorradfahrer zu Sturz bringen. Im Jahr 2005 wurden 72 Prozent aller Unfälle, in die Motorräder und Pkw verwickelt waren, von Autofahrern verursacht. Wobei wir naturgemäß immer die schlechteren Karten haben: 345 Motorradfahrer kamen dabei ums Leben, aber nur sieben Pkw-Insassen starben.

Tödliche Unfälle durch eigenes Verschulden

Es kommen aber, entgegen einer weit verbreiteten Meinung, inzwischen mehr Motorradfahrer durch eigenes Verschulden zu Tode als durch Fremdeinwirkung. Im Jahr 2005 waren es 53 Prozent, im folgenden Jahr stieg die Zahl sogar auf 67 Prozent. Die Polizei ermittelte als Unfallursache in den meisten Fälle

- **»nicht angepasste Geschwindigkeit«.** Wobei diese Formulierung nicht immer aussagekräftig ist, denn jeder Unfall hätte logischerweise vermieden werden können, wenn die Beteiligten langsamer gefahren wären. So kann es also durchaus sein, dass sich der Motorradfahrer sehr wohl an das Tempolimit gehalten hat, die Polizei aber aus Mangel an näherer Erkenntnis in den Unfallbericht »nicht angepasste Geschwindigkeit« einträgt. An zweiter Stelle der Unfallursachen folgt
- **»ungenügender Sicherheitsabstand«** und an dritter
- **»Überholen trotz unklarer Verkehrslage«**. Was nichts anderes bedeutet, als dass die betreffenden verunglückten Motorradpiloten sich selbst überschätzten bzw. zu leichtsinnig waren. Auch wenn der Bremsweg moderner Motorräder denen von Autos kaum noch nachsteht (rund 40 Meter aus 100 km/h), ist eine Vollbremsung auf einem Zweirad immer riskanter als auf vier Rädern. Doch seit der Einführung des ABS hat sich die Situation für die Motorradfahrer verbessert. Stürze durch blockierende Vorderräder haben abgenommen.

Motorradunfälle mit Personenschäden

Eine Studie des Gesamtverbands der Deutschen Versicherungswirtschaft (GDV) ermittelte als häufigste Art von Motorradunfällen mit Personenschäden

- **»Alleinunfall außerorts mit Abkommen nach rechts«**.
  Im Klartext: Der Motorradfahrer ist aus einer Linkskurve geflogen. Die Gründe dafür sind vielfältig: zu schnell in die Kurve gefahren, Ausweichmanöver, schlechte Witterung, verschmutzte Fahrbahn etc.
- An zweiter Stelle folgen **Kollisionen mit Autos,** die außerhalb von geschlossenen Ortschaften von rechts aus einmündenden Straßen gezogen sind. Aufgrund der schmalen Silhouette werden Motorradfahrer leicht übersehen, oder Autofahrer unterschätzen Geschwindigkeit und Abstand des Zweirads.
- Gleich an dritter Stelle kommt erneut **»Alleinunfälle mit Abkommen nach rechts«**, diesmal allerdings innerorts. Platz vier ist mit der Situation von Platz zwei identisch (Kollision mit Fahrzeugen von aus rechts einmündenden Straßen), allerdings in geschlossenen Ortschaften. Auf Rang fünf folgt »Kollision innerorts an Kreuzungen«, wobei der Unfallgegner von rechts kommt und entweder nach links abbiegt oder geradeaus fährt.

Mangelhafter Straßenzustand
Einen beträchtlichen Teil zur Unfallquote trägt die Tatsache bei, dass auf Abschnitten mit hoher Unfalldichte der Straßenzustand zu 43 Prozent erhebliche Mängel aufwies (Löcher, Bitumenflicken, Rollsplit etc.), in 40 Prozent der Fälle waren Straßenbahnschienen verlegt. Viele Unfälle sind daher auf rutschigen Untergrund zurückzuführen und nicht auf überhöhte Geschwindigkeit oder Leichtsinn der Motorradfahrer. Häufig finden sich an Unfallschwerpunkten auch Sichteinschränkungen durch Gebäude, Bäume, Straßenschilder oder Ähnliches. Eine der wichtigsten Maßnahmen zur Prävention von tödlichen Motorradunfällen ist die Entschärfung von Leitplanken. Entweder, indem die Leitplanke bis zum Boden gezogen wird, oder indem passive Schutzeinrichtungen angebracht werden.

Analyse – was war, warum?

Wer dazulernen will, sei es nach Stürzen und Unfällen beim Motorradfahren oder auf welchem Gebiet auch immer, tut gut daran, seine Schritte und Ergebnisse alleine oder besser noch mit Hilfe eines sachkundigen Gesprächspartners sorgfältig zu analysieren, um zweckmäßige Schlussfolgerungen daraus zu ziehen: Was war, warum war es so und welche Lehren lassen sich für die Zukunft daraus ziehen? Von Rennfahrern kann man die unabdingliche Notwendigkeit solcher Analysen als Voraussetzung, einer soliden sportlichen Entwicklung lernen. Gefragt sind die wirklich ausschlaggebenden Gründe, nicht die für einen persönlich angenehmen. Analysen sind auch die Voraussetzung, um Stürze und Unfälle mental zu verarbeiten. Nach seinem Sturz beim GP der USA 2009 in Indianapolis antwortete Valentino Rossi auf die Frage, warum er gestürzt sei: »Zuerst habe ich es selber nicht verstanden. Dann habe ich die Bilder und die Daten angesehen – und es ist mir klar geworden. Es sah zuerst aus, als wäre es die Bodenwelle. Doch schlimmer war, dass ich 1,5 Meter neben der Ideallinie war, wo wegen dem Dreck der Grip fehlte« (Motorsport aktuell 37 2009). Erst die Analyse, die auf den tatsächlichen Abläufen aufbaut, gilt als solide Basis, um darauf den anstehenden Neuanfang zu bauen. Leider kann man nicht jede Analyse als solide bezeichnen, insbesondere nach Misserfolgen oder Versagen. Viele versuchen, das Malheur den äußeren Umständen zuzuschreiben, um dabei ihren eigenen Anteil auszublenden, getreu dem Motto: »Was kann ich dafür, dass dieser ›Sch ...‹-Reifen wegrutschte?« Ich nenne solche Analysen psychohygienisch, weil sie den eigenen Anteil, der in jedem Sturz steckt, schlicht ignorieren. Hygiene beseitigt Rückstände, die ein System nicht selbst »recyceln« kann, weshalb wir z.B. WC haben. Psychohygiene beseitigt psychische, mentale Rückstände: Damit man sich nicht weiter Gedanken zu machen braucht, waren es die Reifen – Schluss und fertig!

Meine Empfehlung, um das Geschehene für neues Lernen nutzen zu können, geht in zwei Richtungen: Analysen sind grundsätzlich bei Misserfolg, aber natürlich auch bei Erfolg notwendig, denn wie sagt der Altmeister aller Motorsport-Analysten, Niki Lauda?: »Wer nicht weiß, warum er schnell fährt, weiß auch nicht, warum er langsam fährt!« Analog: »Wer nicht weiß, warum er gestürzt ist, weiß auch nicht, warum er sicher fährt.« Dass man Erfolge lieber den eigenen Fähigkeiten zuschreibt und weniger den Umständen, ist der menschlichen Eitelkeit geschuldet; aber eben genauso wenig der weiteren Entwicklung dienlich wie die »I am a perfect guy in an ugly world«-Einstellung, die ja jegliche Weiterentwicklung im Keime erstickt, weil sie erst gar keinen Eigenanteil am (misslungenen) Geschehen sieht. Eine gelungene Analyse fragt stets und zuerst nach dem Eigenanteil, um dann die Umstände zu prüfen, die natürlich auch wirksam waren. Aber eingedenk der inzwischen verbreiteten und richtigen Ansicht, dass es kein schlechtes Wetter, sondern allenfalls unzweckmäßige Kleidung gibt, sollte man daraus lernen, Eigenverantwortung gerade bei einer so ausgesetzten Bewegungsart wie dem Motorradfahren hoch anzusiedeln.

Desensibilisieren – wieder locker fahren können

»Immer wenn ich jetzt an der Stelle vorbeifahre, habe ich ein verkrampftes, komisches Gefühl«, sagte mir ein Teilnehmer beim Perfektionstraining auf der Nordschleife, der im Streckenabschnitt

Kallenhard über sein wegrutschendes Vorderrad gestürzt war und keine Erklärung dafür hatte. An dieser Stelle geht es bergab, wie steil, merkt man erst, wenn man gegen die Richtung geht, dabei lenkt man mit herzhafter Schräglage in eine enge Rechtskurve bergab ein. Die Erklärung seines Sturzes: Bergab hat das Vorderrad mehr Last als auf der Ebene, er erhöhte diese Last noch durch Gaswegnehmen, bremste, wenn auch nur sachte, und lenkte gleichzeitig ein. Vier Aktionen welche die Haftung seines Vorderreifens über die Grenzen beanspruchten und ein Wegrutschen provozierten. Er war durch diesen Sturz sensibel für diese Stelle geworden. Jeder kennt das, dem Ähnliches widerfahren ist. Was ist zu tun, um dieses Sensibel-geworden-Sein loszukriegen und einfach wieder ganz normal zu fahren? Man muss sich Desensibilisieren, also die Sensibilität abtrainieren. Und das geht, wenn man einige Prinzipien beherzigt und systematisch arbeitet.

1. Prinzip:

Wer entspannt ist, hat keine Angst. Also: Entspannung trainieren (Anweisung s. Kapitel 2, S. 76)

2. Prinzip:

Neu lernen und mit dem anfangen, was man entspannt und mit gutem Gefühl fahren kann. Bei unserem Fahrer geht es um Rechtskurven bergab. Also fängt er mit einfachen Rechtskurven bei geringer Schräglage wieder an, steigert Schräglage und Geschwindigkeit erst dann, wenn er sich sicher und wohl fühlt. Mit der Zeit kann er sich an gerade Bergabfahrten heranwagen; aber nur, wenn es entspannt geht, wenn nicht: Zurück zur vorherigen Schwierigkeitsstufe. Schließlich Kurven bergab, links und rechts mit immer engeren Radien etc. (Hinweise finden sich in Kapitel 6)

3. Prinzip:

Den Zeitpunkt zu dem man sich (entspannt!) an die nächste Anforderung heranwagt, bestimmt man selbst und sonst niemand, auch nicht der Freund oder die Freundin oder die Kumpels.

4. Prinzip:

Geduld und stetiges Weiterüben, auch wenn es zeitweise schwer fällt oder gar aussichtslos erscheint. Seine Fortschritte mit seinem eigenen Können zu vergleichen und nicht mit dem anderer, hilft über Tiefs hinweg: »Gestern ging es nur so …, heute schon besser …«

Ersthilfe – systematisches Vorgehen

Unfallstelle absichern
- Warnblinklicht
- Warndreieck/Warnhaube
- Warnweste

Ggf. Hilfe rufen

Verletzte aus der Gefahrenzone bringen (wenn nötig)

Ggf. gleichzeitig

Atmung vorhanden

Stabile Seitenlage
- weiterhin die Atmung kontrollieren

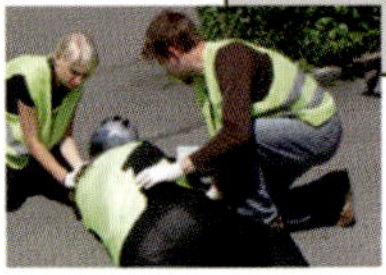

Atmung vorhanden

Rettungsdienst übernimmt

keine Atmung vorhanden

Die wichtigsten Schritte der Ersten Hilfe

Verletzten ansprechen
- Bewusstlosigkeit prüfen

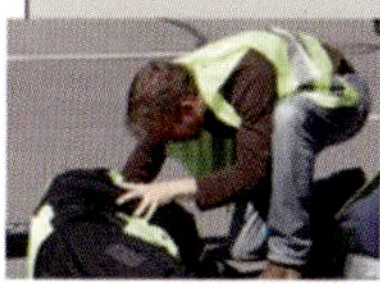

Notruf 112

bei Bewusstsein → **Situationsgerecht versorgen**
- Verband
- Schocklage
- ...

bewusstlo → **Helmabnahme**
(bei Motorradfahrern)

Atemkontrolle
- ggf. Mund- und Rachenraum freimachen
- Oberkörper entkleiden
- Kopf überstrecken
- Horchen, Sehen, Fühlen

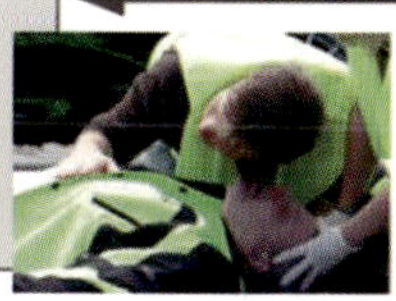

keine Atmung vorhanden

Herz-Lungen-Wiederbelebung

-30 x Pumpen (Herzdruckmassage)

im Wechsel

-2 x Beatmen (Mund-zu-Mund, alternativ Mund-zu-Nase)

-ohne Unterbrechung fortführen, bis Atmung einsetzt, bzw. der Rettungsdienst übernimmt

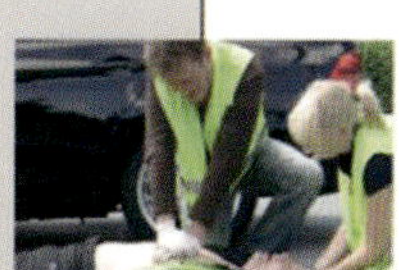

Ersthilfe – was tun?

Ersthilfe-Situationen nach Stürzen und Unfällen sind Stress-Situationen. Emotionen und Helfen-Wollen diktieren das Geschehen, oft sind die Umstände unübersichtlich und die Beteiligten emotional aufgeladen, wo systematisches Denken und Vorgehen erforderlich wäre. Deshalb wird der 1. Schritt oft im Getriebe des aktuellen Geschehens beim Helfen und Bewältigen vergessen: Das Sichern der Sturz- bzw. Unfallstelle. Danach folgt, wenn es als nötig erachtet wird: Notruf 112 und Ersthilfe-Maßnahmen, wie sie in der Abbildung auf den Seiten 286 und 287 systematisch dargestellt sind.

NOTRUF 112

Wo (Standort der Unfallstelle)

Was (Art des Unfalls)

Wie viele (Anzahl Betroffene/Verletzte)

Welche (Art der Verletzung)

Warten (auf Rückfragen)

10. P-E-R-F-E-K-T-E-S Motoradfahren – Die Checkliste

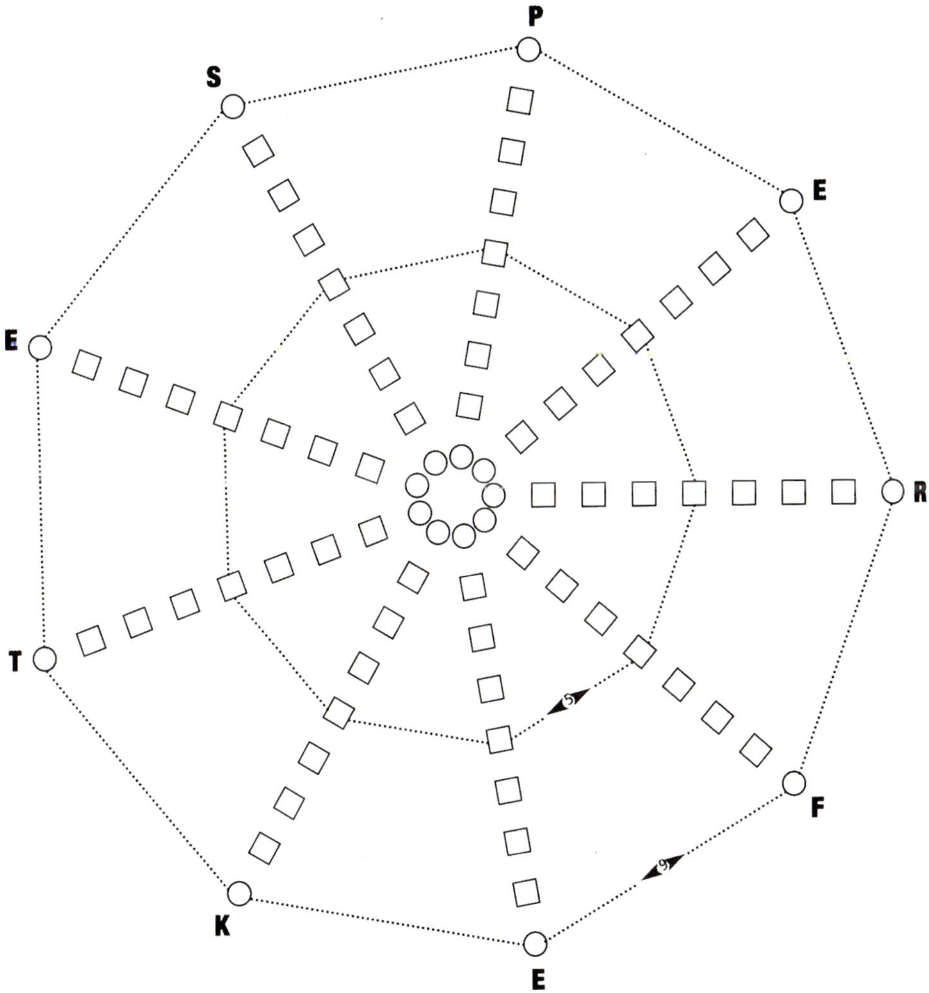

So machen Sie Ihren persönlichen Sicherheitscheck:
Die folgende Checkliste hilft Ihnen, Ihr Fahrkönnen in neun Kategorien von P (Passendes Motorrad) bis S (Schutzkleidung) durchchecken und einschätzen zu lernen. Kreuzen Sie Ihre Antwort zu den einzelnen Fragen auf der danebenstehenden Skala an.

① □ □ □ 5 □ □ □ ⑨

1 bedeutet den schwächsten, 9 den stärksten Wert. Addieren Sie Ihre Punkte pro Kategorie (insgesamt 9 von »Passendes Motorrad« bis »Schutzkleidung«), teilen Sie die Summe durch die Zahl der Antworten, und Sie erhalten Ihren Wert.

Beispiel für die Auswertung
Bei »Passendes Motorrad« z.B. erreichen Sie mit 5 Antworten, sagen wir, als Summe 38 Punkte (von maximal 45 und minimal 5 möglichen Punkten). Teilen Sie diese Summe jetzt durch 5, um Ihren Wert (arithmetisches Mittel) für Kategorie 1 zu erhalten: Ihr Wert betrüge in diesem Fall 7,6. (Für die Entspannung im Profilkreis auf Seite 289 dürfen Sie diesen Wert auf- bzw. abrunden.)

Passendes Motorrad

Frage	Skala
– Bleibt nach der Anschaffung genug Geld für Schutzkleidung und Wartung des Motorrads?	① □ □ □ 5 □ □ □ ⑨
– Komme ich im Sitzen entspannt an den Lenker und mit beiden Sohlen voll auf den Boden?	① □ □ □ 5 □ □ □ ⑨
– Sind alle Hebel ohne Zusatzbewegung auf dem kürzesten Weg direkt erreichbar?	① □ □ □ 5 □ □ □ ⑨
– kann ich mein Motorrad auch im Stand sicher bewegen?	① □ □ □ 5 □ □ □ ⑨
– Könnte ich mein umgefallenes Motorrad aufrichten?	① □ □ □ 5 □ □ □ ⑨

Summe = **: 5 =**
Mein Wert = ______________

Entspannung

Frage	Skala
– Kann ich mich während des Fahrens entspannen?	① □ □ □ 5 □ □ □ ⑨
– Fahre ich mit entspannter Unterlippe?	① □ □ □ 5 □ □ □ ⑨
– Sind Sitzbank und Kniewinkel komfortabel?	① □ □ □ 5 □ □ □ ⑨
– Sind meine Arme beim Fahren leicht angewinkelt?	① □ □ □ 5 □ □ □ ⑨
– Fahre ich auch mit dem beladenen Motorrad sicher und entspannt?	① □ □ □ 5 □ □ □ ⑨

Summe = **: 5 =**
Mein Wert = ______________

Realistische Selbsteinschätzung

– Kann ich Geschwindigkeit, Bremswege und Schräglage realistisch einschätzen? ① ☐ ☐ ☐ 5 ☐ ☐ ☐ ⑨
– Könnte ich jederzeit optimal bremsen? ① ☐ ☐ ☐ 5 ☐ ☐ ☐ ⑨
– Habe ich in allen Fahrsituationen noch Reserven? ① ☐ ☐ ☐ 5 ☐ ☐ ☐ ⑨
– Bin ich in der Lage, Anforderungen, die mich in meinem Können überfordern, abzulehnen? ① ☐ ☐ ☐ 5 ☐ ☐ ☐ ⑨

Summe = : 4 =
Mein Wert = ____________

Fahrbahn und Motorrad getrennt wahrnehmen

– Kann ich eine Kurve fahren, ohne mein Motorrad per Blick zu kontrollieren? ① ☐ ☐ ☐ 5 ☐ ☐ ☐ ⑨
– Unterstütze ich mit der Blickführung mein Fahren? ① ☐ ☐ ☐ 5 ☐ ☐ ☐ ⑨
– Kann ich mich in Kurven körperlich entspannen und den Lenker locker halten? ① ☐ ☐ ☐ 5 ☐ ☐ ☐ ⑨

Summe = : 3 =
Mein Wert = ____________

Eigenverantwortung

– Bin ich bereit und in der Lage, meinen Beitrag zu gelungenen, aber auch zu weniger gelungenen Aktionen realistisch einzuschätzen? ① ☐ ☐ ☐ 5 ☐ ☐ ☐ ⑨
– Kann ich nach kritischen Situationen analysieren, was und warum es geschehen ist? ① ☐ ☐ ☐ 5 ☐ ☐ ☐ ⑨
– Ziehe ich daraus die richtigen Lehren? ① ☐ ☐ ☐ 5 ☐ ☐ ☐ ⑨
– Bin ich bereit, mein Fahrkönnen ständig weiter zu verbessern? ① ☐ ☐ ☐ 5 ☐ ☐ ☐ ⑨
– Mache ich, wenn ich unterwegs bin, genügend Erholungs- und Trink-Pausen? ① ☐ ☐ ☐ 5 ☐ ☐ ☐ ⑨

Summe = : 5 =
Mein Wert = ____________

Klare Vorstellungen

– Risiken ① ☐ ☐ ☐ 5 ☐ ☐ ☐ ⑨
– Beanspruchung ① ☐ ☐ ☐ 5 ☐ ☐ ☐ ⑨
– Fahrtechnik ① ☐ ☐ ☐ 5 ☐ ☐ ☐ ⑨
– Training ① ☐ ☐ ☐ 5 ☐ ☐ ☐ ⑨

Summe = : 4 =
Mein Wert = ____________

Trainieren

- Bin ich fit genug für diese Strecken, um ohne körperliche und mentale Ermüdung zu fahren? ① □ □ □ 5 □ □ □ ⑨
- Habe ich einen Plan und ein Programm, um meine körperliche und mentale Fitness weiterzuentwickeln? ① □ □ □ 5 □ □ □ ⑨
- Bin ich in der Lage, mich bewusst zu entspannen? ① □ □ □ 5 □ □ □ ⑨

Summe = : 3 =
Mein Wert = ________

Einsichten

- Sind mir die Grundlagen des gelungenen Motorradfahrens geläufig? ① □ □ □ 5 □ □ □ ⑨
- Kenne ich die wichtigsten Prinzipien des Bremsens, Ausweichens, Kurvenfahrens und des Fahrens bei Nässe und im Regen? ① □ □ □ 5 □ □ □ ⑨
- Kenne ich die Hauptrisiken des Motorradfahrens? ① □ □ □ 5 □ □ □ ⑨

Summe = : 3 =
Mein Wert = ________

Schutzkleidung

- Habe ich als Schutz- und Klimaausrüstung zweckmäßige Kleidung, die passt, schützt und dem Klima angemessen ist? ① □ □ □ 5 □ □ □ ⑨
- Kann ich mit meiner Kleidung auch im Kühlen, Nassen und bei Regen ohne Komforteinbußen fahren? ① □ □ □ 5 □ □ □ ⑨

Summe = : 2 =
Mein Wert = ________

Auswertung:

Tragen Sie Ihre Werte jetzt in den Stern auf Seite 289 ein. Wenn Sie am Schluss alle neun Kategorien (von P bis S) eingetragen haben und mit einer Linie verbinden, erhalten Sie Ihr persönliches Profil. Mit Werten unter 3 kommen Sie in den roten Bereich, der ein Potenzial signalisiert, an dem Sie arbeiten können.

Zum Weiterlesen aus dem Motorbuch Verlag

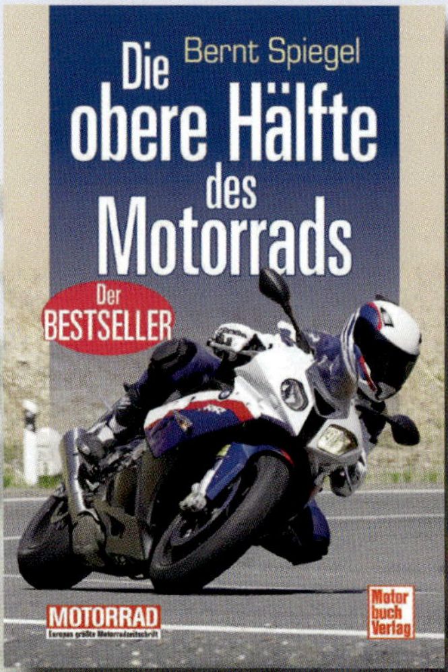

Die obere Hälfte des Motorrads
Nur wenn Mensch und Maschine eine Einheit bilden, fährt man schnell, sicher und vor allem gut. Doch das, was so spielerisch-leicht aussieht, ist eine komplexe Angelegenheit, die ein hohes Maß an Koordination, Konzentration und Anpassungsfähigkeit erfordert. Bernt Spiegel zeigt, wie man die Einheit von Fahrer und Maschine wirklich erreicht.

304 Seiten, Format 140 x 204 mm
ISBN 978-3-613-03386-3
€ 24,90 / sFr 34,90 / € (A) 25,60

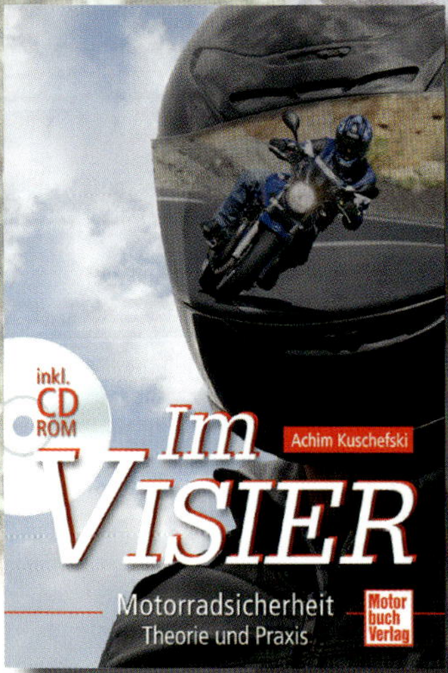

Im Visier
Motorradfahren will gelernt sein – viele Gefahren lauern, wenn man unvorbereitet auf ein Zweirad steigt. Dieser Band schlägt die Brücke von den mentalen Voraussetzungen hin zum technisch-praktischen Verständnis. Als Extra dabei: Eine CD-ROM mit diversen Programmen zum Thema Fahrphysik.

224 Seiten, Format 140 x 205 mm
ISBN 978-3-613-03287-3
€ 24,90 / sFr 34,90 / € (A) 25,60

Stand Februar 2012
Änderungen in Preis und Lieferfähigkeit vorbehalten.

Meine Welt